21世纪高等学校规划教材 | 计算机应用

国家精品课程配套教材

多媒体技术基础与实践

董卫军 索琦 邢为民 编著

清华大学出版社
北 京

内容简介

本书是国家级精品课程《计算机基础》课程群后继课程的配套教材，以教育部计算机基础教育教学指导委员会关于高等学校计算机基础教育基本要求作指导，立足于“以理论为基础，以应用为目的”，适应新时期大学生的媒体信息处理需求。

本书采用“理论＋技术”的内容组织方式，系统介绍了多媒体技术的基本理论和处理技术。

全书共9章，主要包括多媒体技术、图形图像处理技术、图形图像处理软件 Photoshop、数字音频技术、数字音频编辑软件 Audition、计算机动画制作技术、动画编辑软件 Flash CS5、视频处理技术、视频处理软件 Premiere。

本书体系完整、实用易学、注重应用、强调实践。本书可作为高等学校计算机专业和非计算机专业“数字媒体技术”课程和相关课程的教材，也可作为专业媒体处理人员和业余爱好者的参考书和工具书。

图书在版编目(CIP)数据

多媒体技术基础与实践/董卫军等编著. --北京：清华大学出版社，2013 (2023.1 重印)
21世纪高等学校规划教材·计算机应用
ISBN 978-7-302-30998-7

Ⅰ.①多…　Ⅱ.①董…　Ⅲ.①多媒体技术　Ⅳ.①TP37

中国版本图书馆 CIP 数据核字(2012)第303918号

责任编辑：魏江江　王冰飞
封面设计：傅瑞学
责任校对：时翠兰
责任印制：丛怀宇

出版发行：清华大学出版社
　　网　址：http://www.tup.com.cn，http://www.wqbook.com
　　地　址：北京清华大学学研大厦A座　　**邮　编**：100084
　　社 总 机：010-83470000　　**邮　购**：010-62786544
　　投稿与读者服务：010-62776969，c-service@tup.tsinghua.edu.cn
　　质量反馈：010-62772015，zhiliang@tup.tsinghua.edu.cn
　　课件下载：http://www.tup.com.cn，010-83470236
印 装 者：三河市龙大印装有限公司
经　销：全国新华书店
开　本：185mm×260mm　　**印　张**：16　　**字　数**：387千字
版　次：2013年5月第1版　　**印　次**：2023年1月第10次印刷
印　数：16001～16300
定　价：29.00元

产品编号：050463-01

出版说明

随着我国改革开放的进一步深化，高等教育也得到了快速发展，各地高校紧密结合地方经济建设发展需要，科学运用市场调节机制，加大了使用信息科学等现代科学技术提升、改造传统学科专业的投入力度，通过教育改革合理调整和配置了教育资源，优化了传统学科专业，积极为地方经济建设输送人才，为我国经济社会的快速、健康和可持续发展以及高等教育自身的改革发展做出了巨大贡献。但是，高等教育质量还需要进一步提高以适应经济社会发展的需要，不少高校的专业设置和结构不尽合理，教师队伍整体素质亟待提高，人才培养模式、教学内容和方法需要进一步转变，学生的实践能力和创新精神亟待加强。

教育部一直十分重视高等教育质量工作。2007 年 1 月，教育部下发了《关于实施高等学校本科教学质量与教学改革工程的意见》，计划实施"高等学校本科教学质量与教学改革工程"(简称"质量工程")，通过专业结构调整、课程教材建设、实践教学改革、教学团队建设等多项内容，进一步深化高等学校教学改革，提高人才培养的能力和水平，更好地满足经济社会发展对高素质人才的需要。在贯彻和落实教育部"质量工程"的过程中，各地高校发挥师资力量强、办学经验丰富、教学资源充裕等优势，对其特色专业及特色课程(群)加以规划、整理和总结，更新教学内容、改革课程体系，建设了一大批内容新、体系新、方法新、手段新的特色课程。在此基础上，经教育部相关教学指导委员会专家的指导和建议，清华大学出版社在多个领域精选各高校的特色课程，分别规划出版系列教材，以配合"质量工程"的实施，满足各高校教学质量和教学改革的需要。

为了深入贯彻落实教育部《关于加强高等学校本科教学工作，提高教学质量的若干意见》精神，紧密配合教育部已经启动的"高等学校教学质量与教学改革工程精品课程建设工作"，在有关专家、教授的倡议和有关部门的大力支持下，我们组织并成立了"清华大学出版社教材编审委员会"(以下简称"编委会")，旨在配合教育部制定精品课程教材的出版规划，讨论并实施精品课程教材的编写与出版工作。"编委会"成员皆来自全国各类高等学校教学与科研第一线的骨干教师，其中许多教师为各校相关院、系主管教学的院长或系主任。

按照教育部的要求，"编委会"一致认为，精品课程的建设工作从开始就要坚持高标准、严要求，处于一个比较高的起点上。精品课程教材应该能够反映各高校教学改革与课程建设的需要，要有特色风格、有创新性(新体系、新内容、新手段、新思路，教材的内容体系有较高的科学创新、技术创新和理念创新的含量)、先进性(对原有的学科体系有实质性的改革和发展，顺应并符合21世纪教学发展的规律，代表并引领课程发展的趋势和方向)、示范性(教材所体现的课程体系具有较广泛的辐射性和示范性)和一定的前瞻性。教材由个人申报或各校推荐(通过所在高校的“编委会”成员推荐)，经“编委会”认真评审，最后由清华大学出版社审定出版。

目前，针对计算机类和电子信息类相关专业成立了两个“编委会”，即“清华大学出版社计算机教材编审委员会”和“清华大学出版社电子信息教材编审委员会”。推出的特色精品教材包括：

(1) 21世纪高等学校规划教材·计算机应用——高等学校各类专业，特别是非计算机专业的计算机应用类教材。

(2) 21世纪高等学校规划教材·计算机科学与技术——高等学校计算机相关专业的教材。

(3) 21世纪高等学校规划教材·电子信息——高等学校电子信息相关专业的教材。

(4) 21世纪高等学校规划教材·软件工程——高等学校软件工程相关专业的教材。

(5) 21世纪高等学校规划教材·信息管理与信息系统。

(6) 21世纪高等学校规划教材·财经管理与应用。

(7) 21世纪高等学校规划教材·电子商务。

(8) 21世纪高等学校规划教材·物联网。

清华大学出版社经过三十多年的努力，在教材尤其是计算机和电子信息类专业教材出版方面树立了权威品牌，为我国的高等教育事业做出了重要贡献。清华版教材形成了技术准确、内容严谨的独特风格，这种风格将延续并反映在特色精品教材的建设中。

清华大学出版社教材编审委员会

联系人：魏江江

E-mail：weijj@tup.tsinghua.edu.cn

前言

“大学计算机”面向文、理、工科学生，学科专业众多，要求各不相同。基于目前“大学计算机”的教学现状，依托国家级精品课程《计算机基础》，遵循教育部计算机基础教学指导委员会最新的高等学校计算机基础教育基本要求，构建“以老师为指导，以学生为中心，以专业为基础”的“计算机导论＋专业结合后继课程”的大学计算机分类培养课程体系已成为共识。本书是大学计算机分类培养课程体系中“多媒体技术”的配套教材。

在深入分析本科学生媒体信息处理需求的基础上，编者总结多年的教学经验，梳理出适应非计算机专业学生多媒体技术和应用能力培养的教材内容体系。

全书共分为9章，采用“理论＋技术”的内容组织方式，对多媒体技术的基本概念、原理和方法由浅入深、循序渐进地进行讲解。

本书理论部分通过对多媒体技术、图形图像处理技术、数字音频技术、计算机动画制作技术、视频处理技术的介绍，使读者对多媒体技术的基本理论有初步的了解，而又不至于困扰于理论细节；技术部分主要介绍了图形图像处理软件Photoshop、数字音频编辑软件Audition、动画编辑软件Flash CS5、视频处理软件Premiere等主流媒体处理软件的使用，使读者在最短的时间内具备媒体处理能力。这样的组织方式，既照顾到掌握扎实的理论基础知识，又强调技术实践的应用。

本书由多年从事计算机教学的一线教师编写。其中，董卫军编写第1～2章和第9章，邢为民编写第4～5章，索琦编写第3章和第6～7章，王安文编写第8章。全书由董卫军统稿，由西北大学耿国华教授主审。在成书之际，感谢教学团队成员的帮助。由于编者编写水平有限，书中难免有不妥之处，恳请广大读者指正。

编　者

2013年2月于西安·西北大学

目 录

多媒体技术

多媒体技术的出现和发展极大地改变了信息处理的方式，信息传播和表达方式从早期的单一、单向逐步发展为将文字、图形图像、声音、动画等多种媒体进行综合、交互处理的多媒体方式，使得人和计算机之间的信息交流更加方便和自然。

1.1 媒体与多媒体

1.1.1 媒体

媒体是信息表示和传播的载体。媒体在计算机领域有两种含义：一种是媒质，即存储信息的实体，如磁盘、光盘、磁带、半导体存储器等；另一种是传递信息的载体，如数字、文字、声音、图形和图像等。

国际电话与电报咨询委员会(CCITT)将媒体分为5大类。

1. 感觉媒体

感觉媒体指能直接作用于人的感官，使人直接产生感觉的媒体。例如，人类的语言、音乐、声音、画面、影像等。

2. 表示媒体

表示媒体是为加工、处理和传输感觉媒体而对感觉媒体进行的抽象表示。例如，语言编码、文本编码、图像编码等，表示媒体在计算机中最终表现为不同类型的文件。

3. 表现媒体

表现媒体是指用于感觉媒体和通信电信号之间转换的一类媒体。表现媒体分为两种：一种是输入表现媒体，如键盘、摄像机、光笔、话筒等；另一种是输出表现媒体，如显示器、音箱、打印机等。

4. 存储媒体

存储媒体是指用来存放表示媒体的计算机外部存储设备,如光盘、各种存储卡等。

5. 传输媒体

传输媒体是通信中的信息载体,如双绞线、同轴电缆、光纤、微波、红外线等。

1.1.2 多媒体技术中的媒体类型

多媒体技术中的媒体主要有以下 5 种。

1. 文字

文字是早期计算机人机交互的主要形式,也是用得最多的一种符号媒体形式,在计算机中用二进制编码表示。相对于图像而言,文字媒体的数据量很小,它不像图像记录特定区域中的所有内容,只是按需要抽象出事物的本质特征加以表示。

2. 音频

音频属于听觉媒体,如波形声音、语音和音乐等。波形声音包含了所有的声音形式,包括麦克风、磁带录音、无线电和电视广播、光盘等各种声源所产生的声音。人的声音不仅是一种波形,而且还有内在的语言、语音学内涵,可以利用特殊的方法进行抽取。音乐是符号化了的声音,这种符号就是乐曲。

3. 图形与图像

图形与图像是两个不同的概念。

1) 图形

图形也称矢量图(向量图),是指从点、线、面到三维空间的黑白或彩色几何图形。图形文件保存的是一组描述点、线、面等几何图形的大小、形状、位置、维数等其他属性的指令集合。以直线为例,在向量图中,有一数据说明该元件为直线,另外一些数据注明该直线的起始坐标及其方向、长度或终止坐标。所以,图形文件比图像文件的数据量小很多。

2) 图像

图像是客观对象的一种相似性的、生动性的描述或写真,是人类社会活动中最常用的信息载体。从广义上讲,图像就是所有具有视觉效果的画面,包括纸介质上的,底片或照片上的,电视、投影仪或计算机屏幕上的视觉画面。图像根据记录方式的不同可分为两大类:模拟图像和数字图像。模拟图像可以通过某种物理量(如光、电等)的强弱变化来记录图像亮度信息,例如模拟电视图像;数字图像则是用计算机存储的数据来记录图像上各点的颜色和亮度信息。

4. 动画

利用人眼的视觉暂留特征，每隔一段时间在屏幕上展现一幅有上下关联的图像、图形，就形成了动态图像，动态图像中的每幅图像称为一帧。如果连续图像序列的每一帧图像是由人工或计算机生成的图形，则称其为动画；如果每帧图像是计算机产生的具有真实感的图像，则称其为三维真实感动画。

5. 视频

“视频”一词来源于电视技术，与电视视频不同的是，计算机视频是数字信号。计算机视频图像可来自录像带、摄像机等视频信号源。由于视频信号源的输出一般是标准的彩色全电视信号，所以在将其输入到计算机之前，要先进行数字化处理。

1.1.3 多媒体

媒体是人与人之间实现信息交流的中介。多媒体是指组合两种或两种以上媒体的一种信息交流和传播媒体。组合的媒体包括文字、图片、照片、声音(包含音乐、语音旁白、特殊音效)、动画和影片等。但多媒体不是多个单一媒体的简单集合，而是有机集成。

1. 多媒体数据的特点

多媒体是两个或两个以上媒体的组合信息载体，因此，多媒体数据具有以下特点：

(1) 数据量大。一幅分辨率为 2560×1920 的 24 位真彩色照片，不进行压缩，存储量约为 14MB，经过压缩后，存储量约为 2MB。CD 音质的一首 5 分钟的歌曲，存储量约为 25MB，经过压缩后，存储量约为 4MB。

(2) 数据类型多。多媒体数据包括文字、图形、图像、声音、文本、动画等多种形式，数据类型丰富多彩。

(3) 数据类型间差距大。媒体数据的内容、格式不同，其在处理方法、组织方式、管理形式上存在很大的差别。

(4) 多媒体数据的输入和输出复杂。由于信息输入与输出都与多种设备相连，输出结果(如声音播放与画面显示的配合等)往往需要同步合成，较为复杂。

2. 多媒体技术

多媒体不仅是多种媒体的有机集成，而且包含处理和应用它的一整套技术，即多媒体技术。多媒体技术包含了计算机领域内较新的硬件技术和软件技术，并将不同性质的设备和媒体处理软件集成为一体，以计算机为中心综合处理各种信息。所用技术主要包括数字信号处理技术、音频和视频压缩技术、计算机硬件和软件技术、人工智能和模式识别技术、网络通信技术等。通过多媒体技术能够将文本、图形、图像和声音等媒体形式集成起来，使人们能以更加自然的方式与计算机进行交流。

1）多媒体技术的主要特征

多媒体技术具有4个显著的特征。

（1）集成性。集成性包括两个方面。一方面是媒体信息的集成，即文字、声音、图形、图像、视频等的集成。多媒体信息的集成处理把信息看成一个有机的整体，采用多种途径获取信息，以统一的格式存储、组织和合成信息，对信息进行集成化处理。另一方面是显示或表现媒体设备的集成，即多媒体系统不仅包括计算机本身，而且包括电视、音响、摄像机、DVD播放机等设备，把不同功能、不同种类的设备集成在一起使其共同完成信息处理工作。

（2）实时性。实时性指在多媒体系统中声音及活动的视频图像是实时的，多媒体系统需提供对这些与时间密切相关的媒体实时处理的能力。

（3）数字化。数字化指多媒体系统中的各种媒体信息都以数字形式存储在计算机中。

（4）交互性。用户可以通过多媒体计算机系统对多媒体信息进行加工、处理，控制多媒体信息的输入、输出和播放。交互对象是多样化的信息，如文字、图像、动画及语言等。

2）多媒体技术的研究内容

多媒体技术研究内容主要包括感觉媒体的表示技术、数据压缩技术、多媒体数据存储技术、多媒体数据的传输技术、多媒体计算机及外围设备、多媒体系统软件平台等。尽管多媒体技术涉及的范围很广，但研究的主要内容可归纳如下：

（1）多媒体数据的压缩与解压缩。在多媒体计算机系统中，声音、图像等信息占用大量的存储空间，为了解决存储和传输问题，高效的压缩和解压缩算法是多媒体系统运行的关键。

（2）多媒体数据的存储。高效快速的存储设备是多媒体系统的基本部件之一，光盘系统是目前较好的多媒体数据存储设备。目前流行的U盘和移动硬盘，主要用于多媒体数据文件的转移存储。

（3）多媒体计算机硬件平台和软件平台。多媒体计算机系统硬件平台一般包括较大的内存和外存（硬盘），并配有光驱、声卡、视频卡、音像输入/输出设备等。软件平台主要指支持多媒体功能的操作系统。

（4）多媒体开发和编辑工具。为了便于用户编程开发多媒体应用系统，在多媒体操作系统之上需要提供相应的多媒体开发工具（有些是对图形、视频、声音等文件进行转换和编辑的工具）。另外，为了方便多媒体节目的开发，多媒体计算机系统还需要提供一些直观、可视化的交互式编辑工具，如动画制作类软件Flash、Director、3ds Max等，多媒体节目编辑类工具Authorware、ToolBook等。

（5）网络多媒体与Web技术。网络多媒体是多媒体技术的一个重要分支，要在网络上存储与传输多媒体信息，需要一些特殊的条件和支持。此外，超文本和超媒体采用非线性的网状结构组织块状信息，实现了多媒体信息的有效管理。

（6）多媒体数据库技术。和传统的数据库相比，多媒体数据库包含了多种数据类型，数据关系更为复杂，需要一种更为有效的管理系统来对多媒体数据库进行管理，这就是多媒体数据库技术需要解决的问题。

1.1.4　多媒体技术的应用

多媒体技术的应用越来越广泛，一方面，多媒体技术的标准化、集成化以及多媒体软件技术的发展，使信息的接收、处理和传输更加方便、快捷。另一方面，多媒体应用系统可以处理的信息种类和数量越来越多，极大地缩短了人与人之间、人与计算机之间的距离。多媒体技术的应用领域主要可以归纳为5个方面。

1. 教育培训领域

教育培训领域是目前多媒体技术应用最为广泛的领域之一，主要包括计算机辅助教学、光盘制作、多媒体演示、导游及介绍系统等。其中，多媒体辅助教学已经在教育教学中得到了广泛的应用，多媒体教材通过图、文、声、像的有机组合，能多角度、多侧面地展示教学内容。多媒体教学网络系统突破了传统的教学模式，使学生在学习时间、学习地点上有了更多的自由选择的空间。

2. 电子出版领域

电子出版物可以将文字、声音、图像、动画、影像等种类繁多的信息集成为一体，具有纸质印刷品所不能比拟的高存储密度。同时，电子出版物中信息的输入、编辑、制作和复制都借助计算机完成，使用方式灵活、方便、交互性强。电子出版物的出版形式主要有电子网络出版和电子书刊两大类。电子网络出版是以数据库和计算机网络为基础的一种出版形式，通过计算机向用户提供网络联机、电子报刊、电子邮件及影视作品等服务，具有信息传播速度快、更新快的特点；电子书刊主要以只读光盘、交互式光盘等为载体，具有容量大、成本低的特点。

3. 娱乐领域

随着多媒体技术的日益成熟，多媒体系统已大量进入娱乐领域。多媒体计算机游戏和网络游戏不仅具有很强的交互性，而且人物造型逼真、情节引人入胜，使人容易进入游戏情景，如同身临其境一般。

4. 咨询服务领域

多媒体技术在咨询服务领域的应用主要是使用触摸屏查询相应的多媒体信息，查询系统的信息存储量较大，使用非常方便，查询的信息内容可以是文字、图形、图像、声音和视频等，如宾馆饭店查询、展览信息查询、图书情报查询、导购信息查询等。

5. 多媒体网络通信领域

多媒体网络实现图像、语音、动画和视频等多媒体信息的实时传输，其应用系统主要包括可视电话、多媒体会议系统、视频点播系统、远程教育系统、远程医疗诊断、IP电话等。

1.2 多媒体计算机的组成

多媒体计算机系统改善了人机交互的接口，使计算机具有多媒体信息处理能力。从目前多媒体系统的开发和应用趋势来看，多媒体系统大致可以分为两大类：一类是具有编辑和播放双重功能的开发系统，这种系统适合于专业人员制作多媒体软件产品；另一类则是面向普通用户的多媒体应用系统。

多媒体系统一般由多媒体硬件系统和多媒体软件系统组成，后者通常包括多媒体操作系统、多媒体创作工具和多媒体应用系统等。

1.2.1 多媒体硬件系统

多媒体硬件系统主要包括计算机传统硬件设备、光盘存储器、音频输入/输出和处理设备、视频输入/输出和处理设备。

图1.1是典型的多媒体计算机的硬件配置。

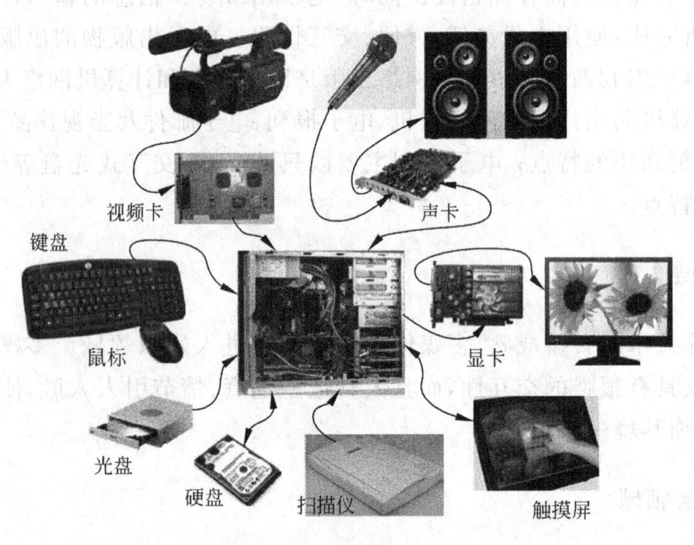

图1.1 多媒体计算机的标准硬件配置

其中，显示器要求是分辨率在1024×768以上的彩显；要具有一台DVD刻录机；声音录制及播放选用64位三维立体声声卡，其录入音质可达到制作多媒体软件的基本要求；声卡的输出端接上立体声音箱；另外还有视频卡及摄像机、录像机等设备。

1. 新一代的处理器

高性能的CPU芯片会使多媒体数据的处理更加顺畅，为专业级水平的多媒体制作与播放提供基础。

2. 光盘存储器

多媒体信息的数据量庞大，仅靠硬盘存储是远远不够的，多媒体信息内容大多来自于CD-ROM、DVD-ROM。因此，大容量光盘存储器是多媒体系统必备的标准部件之一。

3. 音频信号处理子系统

音频信号处理子系统包括声卡、麦克风、音箱、耳机等。其中，声卡是最为关键的设备，它含有可将模拟声音信号与数字声音信号互相转换的器件，具有声音的采样、编码、合成、重放等功能。

4. 视频信号处理子系统

视频信号处理子系统具有影像的采集、压缩、编码、转换、显示、播放等功能。常见的设备有图形加速卡、视频卡等。视频卡通过插入主板扩展槽与主机相连，通过卡上的输入/输出接口与录像机、摄像机、影碟机和电视机等连接，使之能采集来自这些设备的模拟信号，并以数字化的形式在计算机中进行处理。通常，在视频卡中已固化了用于视频信号采集的压缩/解压缩程序。

5. 其他交互设备

其他交互设备包括鼠标、游戏操作杆、手写笔、触摸屏等。这些设备有助于用户和多媒体系统交互信息，控制多媒体系统的执行。

1.2.2 多媒体软件系统

多媒体软件系统大致可分为3个层次。

1. 多媒体操作系统

由于多媒体系统中处理的音频信号和视频信号都是实时信号，要求操作系统一方面具有实时处理能力，另一方面具备多任务功能，同时提供多媒体软件的执行环境以及编程工具等。Windows Vista、Windows 7就是目前被广泛应用的多媒体操作系统。

2. 多媒体创作工具软件

多媒体创作工具软件大大简化了多媒体作品的开发制作过程。借助这些软件，制作者可以简单直观地编制程序、调度各种媒体信息、设计用户界面等，从而摆脱了烦琐的底层设计工作，将注意力集中于多媒体作品的创意和设计。到目前为止，几乎没有一种集成软件能够独立完成多媒体作品制作的全过程，在多媒体作品开发的不同阶段用到的多媒体软件有所不同。从多媒体作品的开发过程来看，多媒体软件可以分为素材制作软件、多媒体数据库、多媒体应用设计软件和多媒体播放软件等几类。

1）素材制作软件

多媒体素材包括文字、图像、图形、动画、声音、影像等。根据素材种类的不同，素材制作软件可分为文字编辑软件、图像处理软件、动画制作软件、音频处理软件和视频处理软件等。由于各素材制作软件自身的局限性，在制作和处理一些复杂的素材时，往往需要使用多种软件协调完成。

2）多媒体数据库

多媒体数据库是数据库技术与多媒体技术结合的产物，是为了实现对多媒体数据的存取、检索和管理而出现的一种新型数据库技术。多媒体数据库用于存放文本数据、声音数据、静止图像数据、视频与动画数据等多种媒体及其整合的数据，这些数据是非格式化的、不规则的，没有统一的取值范围，没有相同的数据量级，也没有相似的属性集。

3）多媒体应用设计软件

在创作多媒体作品的过程中，通常先利用素材制作软件对各种媒体进行加工和制作。然后再使用专门的软件工具把制作好的多媒体素材按照创意与设计要求有机地整合在一起，生成图、文、声、形并茂的多媒体作品。这些专门的软件工具被称为多媒体应用设计软件，又称为多媒体创作工具、多媒体编辑工具或多媒体集成工具。

按多媒体作品的创作方式，多媒体应用设计软件可分为以下 4 类：

(1) 基于页面的应用设计软件，以 PowerPoint 为代表。

(2) 基于流程图的应用设计软件，以 Authorware 为代表。

(3) 基于脚本的应用设计软件，以 Director 为代表。

(4) 基于可视化编程环境的应用设计软件，以 Visual Basic 为代表。

4）多媒体播放软件

不同格式的多媒体文件要求系统中安装有对应的播放软件，这些软件大致可分为两类：可独立运行的多媒体播放软件以及依赖于浏览器的多媒体应用插件。

多媒体播放软件通常与多媒体文件一一对应，为了能够播放多种格式的多媒体文件，用户必须安装不同的播放软件。常用的多媒体播放器有 Windows Media Player、RealPlayer、QuickTime 等。

Internet 上的信息量大且格式复杂，要让浏览器识别每一种格式的多媒体文件非常困难，而插件作为一种嵌入到浏览器内部的小程序，能扩充浏览器的功能，识别不同格式的文件。对于常用的插件可免费下载，通常情况下，这些插件安装程序除了安装供浏览器使用的应用插件之外，往往还同时安装可独立运行的播放软件。

3. 多媒体应用软件

多媒体应用软件是开发人员利用多媒体创作工具或者计算机语言制作的多媒体产

品，直接面向用户。目前，多媒体应用系统所涉及的应用领域主要有网站建设、环境艺术、文化教育、电子出版、音像制作、影视制作、咨询服务、信息系统、通信和娱乐等。

1.3 多媒体系统的主要技术

多媒体技术是多学科交汇的技术，正向着高分辨率化、高速化、高维化、智能化、标准化的方向发展。

1.3.1 多媒体数据压缩技术

1. 数据压缩的重要性

数字化后的多媒体信息数据量巨大，例如，未经压缩的1024×768的真彩色视频图像每秒数据量约54MB，为了存储和传输多媒体数据，需要较大的容量和带宽。但目前硬件技术所能提供的计算机存储资源和网络带宽与实际要求相差甚远。因此，以压缩方式存储和传输数字化的多媒体信息是解决该问题的唯一途径。

2. 压缩方法的基本分类

压缩的前提是数据中存在大量的冗余信息。数字化的多媒体数据的信息量与数据量的关系可表示为：信息量＝数据量－冗余量，信息量是要传输的主要数据，冗余数据是无用的数据，没有必要传输。常见的数据冗余有空间冗余、时间冗余、视觉冗余等。

压缩方法一般分为两类：一类是冗余压缩法，也称为无损压缩；另一类是熵压缩法，也称为有损压缩法。有损压缩会减少信息量，损失的信息不能再恢复。

1）无损压缩

无损压缩也称无失真压缩，即压缩前和解压缩后的数据完全一样。无损压缩一般利用数据的统计特性来进行数据压缩，对数据流中出现的各种数据进行概率统计，对出现概率大的数据采用短编码，对于出现概率小的数据采用较长编码，这样就使得数据流经过压缩后形成的代码流位数大大减少。它的特点是能百分之百地恢复原始数据，但压缩量比较小，如常用的哈夫曼编码就是无损压缩。

2）有损压缩

有损压缩也称有失真压缩，在压缩的过程中会丢失一些人眼和人耳不敏感的图像或音频信息。虽然丢失的信息不可恢复，但根据人的视觉和听觉的主观评价是可以接受的。有损压缩的压缩比可以由几十倍调到上百倍，几乎所有高压缩的算法都采用有损压缩。常用的有损压缩的编码技术有预测编码、变换编码等。

1.3.2 多媒体数据的采集与存储

1. 常用存储卡

存储卡也称为“闪存”，是一种新型的EEPROM(电可擦可编程只读存储器)内存。一般而言，除标准规格的CF卡、SM卡、MMC卡以外，还有各个厂商自定标准的闪存，如索尼公司的记忆棒、松下公司的SD卡等。

1) CF卡

CF卡的全称是“Compact Flash”，是由美国SanDisk公司于1994年推出的。其大小为43mm×36mm×3.3mm，重量大约在15g以内，由于推出时间早，所以在发展上较为成熟。采用ATA协议的CF卡的接口为50针，优点是存储容量高、坚固小巧、数据传输快。图1.2为金士顿8GB CF卡。

CF卡分TYPE I型与TYPE II型两种规格。TYPE I型的卡体积为43mm×36mm×3.3mm，TYPE II型的卡和TYPE I型一样，使用50针接口，只是厚度增加了2～3mm。CF卡上内置了ATA/IDE控制器，具备即插即用功能，所以兼容性很好。很多数码相机生产厂家都采用CF卡作为存储介质，而且广泛应用于掌上电脑、电视机顶盒甚至多媒体手机中。

2) SM卡

SM卡的全称是“SmartMedia”，由东芝公司于1995年推出。其大小为45mm×37mm×0.76mm，仅重1.8g。SM卡采用22针接口，由于控制格式不统一，会出现格式互不兼容的现象，有时会出现在不同厂商的数码相机或MP3上使用的SM卡互不能直接使用，或者新的大容量SM卡不能被旧的SM读取设备所读取等怪现象。

由于SM卡没有内置控制电路，所以成本比CF卡要低一点。但由于SM卡采用单芯片存储方式，因此它的最大容量受到了限制。图1.3为富士通128MB SM卡。

图1.2 金士顿8GB CF卡

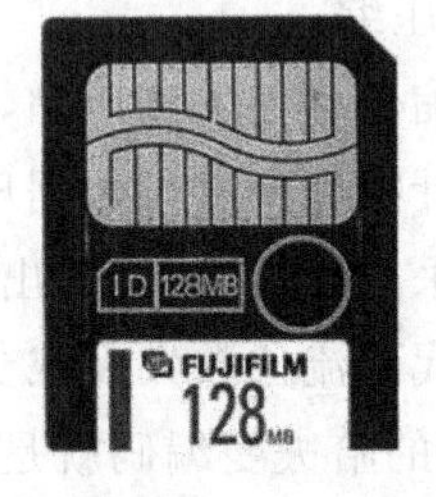

图1.3 富士通128MB SM卡

3) MS卡

MS卡的全称是“Memory Stick”，由SONY公司于1997年推出。图1.4为索尼4GB MS卡。

SONY的MS卡因外形尺寸大小的不同，又分成3种规格，即Memory Stick、Memory Stick PRO、Memory Stick DUO。MS卡目前广泛应用在索尼数码相机和新的基于 Palm OS 的掌上电脑等索尼专属数码设备中。

4）MMC 卡

MMC 的全称是"MultiMediaCard"，是一种小巧、大容量的快闪存储卡，由西门子公司和 SanDisk 于 1997 年推出。它的外形尺寸大约为 32mm×24mm×1.4mm，重量在 2g 以下，7 针引脚，它的体积甚至比 SM 卡还要小，可反复读/写记录 30 万次，驱动电压在 2.7～3.6V。MMC 卡广泛用于移动电话、数码相机、数码摄像机、MP3 等多种数码产品上。图 1.5 为金士顿 2GB MMC 卡。

图 1.4　索尼 4GB MS 卡

图 1.5　金士顿 2GB MMC 卡

5）SD 卡

SD 卡的全称是"Secure Digital"，意为"安全数码"，由松下电器、东芝和 SanDisk 于 1999 年联合推出。由于 SD 卡的数据传送和物理规范皆由 MMC 卡发展而来，因此大小和 MMC 卡差不多，为 32mm×24mm×2.1mm，仅比 MMC 卡厚了 0.7mm，重约 1.6g。重要的是，SD 卡与 MMC 卡保持着向上兼容，也就是说，MMC 卡可以被更新的 SD 设备存取，但 SD 卡却不可以被 MMC 设备存取。从外观上来看，SD 接口除了保留 MMC 卡的 7 针外，还在两边多加了两针作为数据线，并且带了物理写保护开关。图 1.6 为创见 32GB SD 卡。

图 1.6　创见 32GB SD 卡

2. 图像素材的采集与存储

1）图像素材的采集

对于图像素材的采集，常用的方法有 3 种。

（1）通过扫描仪扫描。扫描仪主要用于将已有的照片或图案扫描到计算机中。扫描时，需要将有图案的一面扣放在扫描仪上，启动相应的扫描软件进行扫描。Windows 下"附件"中的"图像处理"程序或者其他专业的图像处理软件（如 Photoshop 等）都支持通过扫描仪扫描图片。安装不同的扫描仪弹出的界面可能不同，但设置的项目基本一样，要根据扫描的情况正确设置扫描分辨率、扫描的种类、扫描的颜色数和扫描的范围，还可以调节扫描的亮度和对比度等，设置好后，可以先进行"预扫"预览效果，然后再进行正式扫描。扫描完成后保存所扫描的结果，就完成了以扫描方式进行的素材采集。

（2）通过数码相机拍摄。用数码相机拍摄感兴趣的画面，拍摄完成后画面以图像文件形式存储在数码相机的存储卡中。然后通过 USB 接口连接数码相机和计算机，启动随数码相机配送的图像获取和编辑软件，就可以轻松地把数码相机中的图像文件下载到本地计算机中。

(3) 通过相关软件创建。用户可以通过相关软件自己绘制图像。简单的图像可以使用Windows下的“画笔”,专业的可以使用Photoshop或者CorelDRAW,绘制完成后存储成特定格式的图像,完成素材的采集。

2) 图像素材的存储

数字图像在计算机中以多种文件格式存放,下面简单介绍常用的图像存储格式。

(1) PSD格式。PSD格式是由Adobe公司专门开发的适用于Photoshop、ImageReady的图像压缩格式,其压缩比和JPEG差不多,并且压缩后不失真,不会影响图像的质量。

(2) TIFF格式。TIFF(Tagged Image File Format,带标记的图像文件格式)是WWW上最流行的一种图像文件格式。

(3) JPEG格式。JPEG格式是使用最广泛的图像格式之一,JPEG使用的是有损压缩方案。也就是说,有些图像数据在压缩过程中丢失了。

(4) BMP格式。BMP格式是Windows操作系统的固有格式。在Windows系统中系统所用的大部分图像都是以该格式保存的,如墙纸图像、屏幕保护图像等。

(5) GIF格式。GIF(Graphics Interchange Format,图形交换格式)文件是由CompuServe公司开发的图形文件格式,GIF图像最多支持256色。GIF文件内部被分成许多存储块,用来存储多幅图像或者决定图像表现行为的控制块,用于实现动画和交互式应用。

3. 音频素材的采集与存储

1) 音频素材的采集

对于音频素材的采集,常用的方法有3种。

(1) 通过声卡采集。音频素材最常见的采集方法就是利用声卡进行录音采集。如果使用麦克风录制语音,需要把麦克风和声卡连接,即将麦克风连线插头插入声卡的“MIC”插孔。如果要录制其他音源的声音,如磁带、广播等,需要将其他音源的声音输出接口和声卡的“Line in”插孔连接。

(2) 通过软件采集。除了通过录制声音的方式采集音频素材外,还可以从VCD电影光碟或者CD音乐碟中采集想要的音频素材。因为CD音乐碟中的音乐以音轨的形式存放,不能直接复制到计算机中形成文件,所以需要特殊的抓音轨软件从CD音乐碟中获取音乐。同样,VCD电影光碟中的声音和影像是同步播出的,声音也不易分离出来单独形成音频文件,这也需要特殊的软件才能做到。国产多媒体播放软件“超级解霸”就可以轻松做到从CD音乐碟和VCD电影光碟中获取音频素材。

(3) 通过MIDI输入设备采集。用户可以通过MIDI输入设备弹奏音乐,然后让音序器软件自动记录,最后在计算机中形成音频文件,完成数字化的采集。

2) 音频素材的存储

数字音频在计算机中以多种文件格式存放,下面简单介绍常用的音频存储格式。

(1) WAV格式。WAV格式的文件又称波形文件,是用不同的采样频率对声音的模拟波形进行采样得到的一系列离散的采样点,是以不同的量化位数(16位、32位或64位)量化这些采样点得到的二进制序列。WAV格式的还原音质较好,但所需存储空间较大。

(2) MIDI格式。MIDI(Musical Instrument Digital Interface,乐器数字接口)是由世界上主要的电子乐器制造厂商建立起来的一个通信标准。MIDI标准规定了电子乐器与计算机连接的电缆硬件以及电子乐器之间、乐器与计算机之间传送数据的通信协议等规范。MIDI文件记录的是一系列指令而不是数字化后的波形数据,所以其占用的存储空间比WAV文件要小很多。

(3) MP3格式。MP3是采用MPEG Layer 3标准对WAVE音频文件进行压缩而成的。特点是能以较小的比特率、较大的压缩率达到近乎CD音质。其压缩率可达1∶12,网上很多音乐使用的就是这种格式。

(4) WMA格式。WMA(Windows Media Audio)支持流式播放,用它来制作接近CD品质的音频文件,其文件大小仅相当于MP3的1/3。WMA格式的可保护性极强,可以限定播放机器、播放时间及播放次数,具有相当好的版权保护能力。

4. 视频素材的采集与存储

1) 视频素材的采集

对于视频素材的采集,常用的方法有3种。

(1) 从模拟设备中采集。如果从录像机、电视机等模拟视频设备中采集,需要安装和使用视频采集卡来完成模拟信号向数字信号的转换。把模拟视频设备的视频输出和声音输出分别连接到视频采集卡的视频输入和声音输入接口,启动相应的视频采集和编辑软件便可进行捕捉和采集。比较好的采集卡带有实时压缩功能,采集完成时同时完成压缩。

(2) 从数字设备中采集。如果从数字摄像机等数字设备中采集视频素材,也可以仿照模拟设备采用视频采集卡来完成,但最好的方式是通过数字接口将数字设备与计算机连接,启动相应的软件采集压缩。

(3) 从影碟中采集。对于VCD或者DVD影碟中的影片,可以通过专用的视频编辑软件截取片断作为视频素材。

2) 视频素材的存储

数字视频在计算机中以多种文件格式存放,下面简单介绍常用的视频存储格式。

(1) MPEG格式。MPEG(Motion Experts Group)是目前最常见的视频压缩方式,采用中间帧的压缩技术,可对包括声音在内的运动图像进行压缩。MPEG包括了MPGE-1、MPEG-2和MPEG-4在内的多种视频格式。MPEG-1被广泛地应用在VCD制作中和一些视频片段下载的网络应用上,可以说,99%的VCD都是用MPEG-1格式压缩的;MPEG-2应用在DVD的制作和一些HDTV(高清晰度电视)的编辑、处理上;MPEG-4是一种新的压缩算法,使用该算法的ASF格式可以把一部120分钟长的电影压缩成300MB左右的视频流,供用户在网上观看。

另外,除*.mpeg和*.mpg之外,部分采用MPEG格式压缩的视频文件以.dat为扩展名,对于这些文件,用户应注意不要与同名的*.dat数据文件相混淆。

(2) AVI格式。AVI格式是对视频文件采用的一种有损压缩方式,该方式的压缩率较高,并可将音频和视频混合到一起使用。AVI文件目前主要应用在多媒体光盘上,用来保存电影、电视等各种影像信息，Internet 上的一些供用户下载、欣赏的精彩影片片断有时也是 AVI 格式。

(3) MOV 格式。MOV 格式是苹果公司创立的一种视频格式，它是图像及视频处理软件 QuickTime 所支持的视频格式。

(4) ASF 格式。ASF(Advanced Streaming Format)格式是微软公司推出的高级流媒体格式，它也是一个在 Internet 上实时传播多媒体的技术标准，主要优点包括本地或网络回放、可扩充的媒体类型、部件下载、扩展性等。由于它使用了 MPEG-4 的压缩算法，所以压缩率和图像的质量都很不错。

(5) RM 格式。RM 格式是 Real Networks 公司开发的一种新型流式视频文件格式，又称 Real Media，它是目前 Internet 上最流行的跨平台的客户/服务器结构多媒体应用标准，采用音频/视频流和同步回放技术，实现了网上全带宽的多媒体回放。

(6) WMV 格式。WMV 格式是一种独立于编码方式的在 Internet 上实时传播多媒体的技术标准，WMV 的主要优点包括本地或网络回放、可扩充的媒体类型、部件下载、可伸缩的媒体类型、流的优先级化、多语言支持、环境独立性、丰富的流间关系及扩展性等。

1.3.3 流媒体技术

流媒体是从英语 Streaming Media 翻译过来的，它是一种可以使音频、视频和其他多媒体信息能够在 Internet 及 Intranet 上以实时的、无须下载等待的方式进行播放的技术。流式传播方式的核心是将动画、视频、音频等多媒体文件经过特殊的压缩方式分成一个个压缩包，由视频服务器向用户计算机连续、实时地传递。

1. 流式传输的概念和分类

随着多媒体技术在因特网上的广泛应用，迫切要求解决视频、音频、计算机动画等媒体文件的实时传送。

1) 流式传输

通俗地讲，流式传输就是在因特网上的音视频服务器将声音、图像或动画等媒体文件从服务器向客户端实时、连续地传输，用户不必等待全部媒体文件下载完毕，只需延迟几秒或十几秒，就可以在用户的计算机上播放，而文件的其余部分则由用户计算机在后台继续接收，直至播放完毕或用户中止。这种技术使用户播放音视频或动画等媒体时的等待时间减少，而且不需要太多的缓存。

2) 流式传输的分类

实现流式传输有两种：顺序流式传输和实时流式传输。

(1) 顺序流式传输。顺序流式传输是指顺序下载，在下载文件的同时用户可在线观看。在给定时刻，用户只能观看已下载的部分，不能跳到还未下载的部分。顺序流式传输不能在传输期间根据用户连接的速度进行传输调整。由于标准的 HTTP 服务器可发送这种形式的文件，也不需要其他特殊协议，顺序流式传输经常被称为 HTTP 流式传输。

顺序流式传输比较适合高质量的短片段，如片头、片尾和广告。顺序流式传输不适合长片段和有随机访问要求的视频，如讲座、演说与演示。另外，顺序流式传输不支持现场广播。

(2) 实时流式传输。实时流式传输可保证媒体信号带宽与网络连接匹配，实现媒体实时观看。实时流与 HTTP 流式传输不同，它需要专用的流媒体服务器，如 QuickTime Streaming Server、Real Server 与 Windows Media Server，这些服务器允许对媒体发送进行更多级别的控制，因而系统设置、管理比标准 HTTP 服务器更复杂。并且，实时流式传输还需要特殊的网络协议，如 RSTP(real time streaming protocol)或 MMS(Microsoft Media Server)。

实时流式传输特别适合现场事件，也支持随机访问，用户可快进或后退，以观看前面或后面的内容。

2. 流媒体播放

为了让多媒体数据在网络中更好的传播，并且可以在客户端精确的回放，人们提出了更多新的技术。

1) 单播

单播指在客户端与服务器之间建立一个单独的数据通道，从一台服务器送出的每个数据包只能传送给一个客户机。每个用户必须对媒体服务器发出单独的请求，媒体服务器也必须向每个用户发送巨大的多媒体数据包副本，还要保证双方的协调。在单播方式下，服务器负担重、响应慢，难以保证服务质量。

2) 点播与广播

点播连接是客户端与服务器之间的主动连接。此时，用户通过选择内容项目来初始化客户端的连接。用户可以开始、停止、后退、快进或暂停多媒体数据流。

广播指用户被动地接收流。在广播过程中，客户端接收流，但不能像点播那样控制流。这时，任何数据包的一个单独副本将发送给网络上的所有用户，根本不管用户是否需要，这会造成网络带宽的巨大浪费。

3) 多播

多播技术对应于组通信技术，构建一种具有多播能力的网络，允许路由器一次将数据包复制到多个通道上。这样，单台服务器可以对多台客户机同时发送连接数据流而无延时。媒体服务器只需要发送一个消息包，信息可以发送到任意地址的客户机，减少了网络上传输的信息包的总量，因此网络利用效率大大提高，成本大大下降。总的来说，多播占用网络的带宽较小。

3. 流媒体常见的文件格式

无论是流式的还是非流式的多媒体文件格式，在传输与播放时都需要压缩，以得到品质和数据量的基本平衡。流媒体文件适合在网络上边下载边观看。为此，必须向流媒体文件中加入一些其他的附加信息，例如版权、计时等。

表 1.1 列出了常见的流媒体文件格式。

表 1.1 常见流媒体文件格式

公　司	文 件 格 式
微软	ASF(Advanced Stream Format)
	WMV(Windows Media Video)
	WMA(Windows Media Audio)
RealNetworks	RM(Real Video)
	RA(Real Audio)
	RP(Real Pix)
	RT(Real Text)
苹果	MOV(QuickTime Movie)
	QT(QuickTime Movie)

1.3.4 虚拟现实技术

虚拟现实技术是伴随多媒体技术发展起来的计算机新技术，它利用三维图像生成技术、多传感交互技术及高分辨率显示技术，生成逼真的三维虚拟环境，用户需要通过特殊的交互设备才能进入虚拟环境中。虚拟现实技术融合了数字图像处理、计算机图形学、多媒体技术、传感器技术等多个信息技术分支，大大推进了计算机技术和多媒体技术的发展。

1. 主要特征

虚拟现实技术始于军事和航空航天领域的需求，但近年来，虚拟现实技术已广泛地用于工业、建筑设计、教育培训、文化娱乐等方面。虚拟现实技术主要包含 4 个基本特征。

(1) 多感知性。多感知是指除了一般计算机技术所具有的视觉感知之外，还有听觉感知、力觉感知、触觉感知、运动感知，甚至味觉感知、嗅觉感知等。理想的虚拟现实技术应该具有一切人所具有的感知功能。由于相关技术，特别是传感技术的限制，目前，虚拟现实技术所具有的感知功能仅限于视觉、听觉、力觉、触觉、运动等。

(2) 浸没感。浸没感又称临场感或存在感，指用户感到作为主角存在于模拟环境中的真实程度。理想的模拟环境应该使用户难以分辨真假，而全身心地投入到计算机创建的三维虚拟环境中。该环境中的一切看上去是真的，听上去是真的，动起来是真的，甚至闻起来、尝起来等一切感觉都是真的，如同在现实世界中的感觉一样。

(3) 交互性。交互性指用户对模拟环境内物体的可操作程度和从环境得到反馈的自然程度(包括实时性)。例如，用户可以用手直接抓取模拟环境中虚拟的物体，这时手有握着东西的感觉，并可以感觉物体的重量，视野中被抓的物体也能立刻随着手的移动而移动。

(4) 构想性。构想性又称为自主性，强调虚拟现实技术应具有广阔的可想象空间，可拓宽人类认知范围，不仅可再现真实存在的环境，还可以随意构造客观不存在的甚至是不可能发生的环境。

2. 虚拟现实系统的基本组成

一个完整的虚拟现实系统由以高性能计算机为核心的虚拟环境处理器，以头盔显示器为核心的视觉系统，以语音识别、声音合成和声音定位为核心的听觉系统，以方位跟踪器、数据手套和数据衣为主体的身体方位姿态跟踪设备，以及味觉、嗅觉、触觉与力觉反馈系统等功能单元构成。

沉浸式虚拟现实系统是一种高级的、较理想的、较复杂的虚拟现实系统。其基本组成如图 1.7 所示。它采用封闭的场景和音响系统将用户的视/听觉与外界隔离，使用户完全置身于计算机生成的环境之中，用户通过利用空间位置跟踪器、数据手套和三维鼠标等输入设备输入相关数据和命令，计算机根据获取的数据测得用户的运动和姿态，并将其反馈到生成的视景中，使用户产生一种身临其境、完全投入和沉浸其中的感觉。

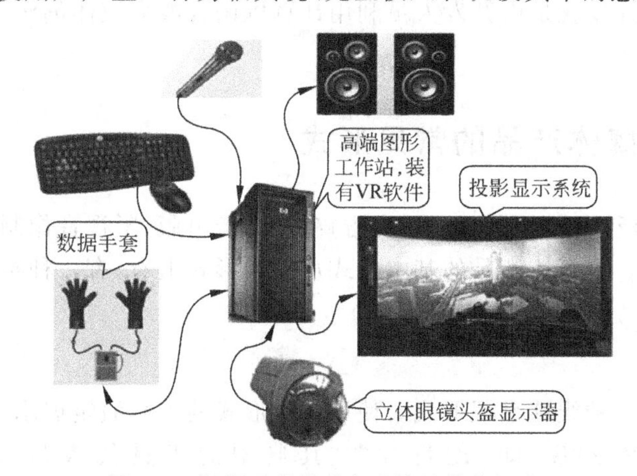

图 1.7 沉浸式虚拟现实系统的基本组成

3. 虚拟现实的关键技术

虚拟现实是多种技术的综合，其关键技术包括以下 4 个方面。

1) 动态环境建模技术

虚拟环境的建立是虚拟现实技术的核心内容。动态环境建模技术的目的是获取实际环境的三维数据，并根据应用的需要，利用获取的三维数据建立相应的虚拟环境模型，以求有真实感。三维数据的获取可以采用 CAD 技术，而更多的环境则需要采用非接触式的视觉建模技术，两者的有机结合可以有效地提高数据获取的效率。

2) 实时三维图形系统和虚拟现实交互技术

实时三维图形系统可以生成具有三维全彩色、明暗、纹理和阴影等特征的逼真感图形，而双向对话是虚拟现实的一种重要工作方式。

3) 传感器技术

虚拟现实的交互能力依赖于传感器技术的发展，而现有的传感器的精度还远远不能满足系统的需要。例如，数据手套的专用传感器就存在工作频带窄、分辨率低、作用范围小、使用不便等缺陷,因而寻找和制作新型、高质量的传感器成了该领域的重要问题。

4) 开发工具和系统集成技术

虚拟现实应用的关键是如何发挥想象力和创造力,大幅度地提高生产效率,提高产品开发质量。为了达到这一目的,必须研究高效的虚拟现实开发工具。另一方面,由于虚拟现实中包括大量的感知信息和模型,因此系统的集成技术起着至关重要的作用。集成技术包括信息的同步技术、模型的标定技术、数据转换技术、数据管理模型、识别和合成技术等。

1.4 多媒体产品的开发

多媒体产品的开发就是由开发人员利用计算机语言或多媒体创作工具设计制作多媒体应用软件的过程。

1.4.1 多媒体产品的常见形式

多媒体产品广泛应用于文化教育、广告宣传、电子出版、影视音像制作、通信和信息咨询服务等相关行业。多媒体产品的基本模式从创作形式上看,有 7 种常见形式。

1. 幻灯片形式

幻灯片形式是一种线性呈现形式。使用这种形式的工具假定展示过程可以分成一系列顺序呈现的分离屏幕,即“幻灯片”。其典型的工具代表是 Microsoft 公司的 PowerPoint、Lotus 公司的 Freelance 等。这种方法是创作线性展示的最好方法。

2. 层次形式

层次形式假定目标程序可以按一个树形结构组织,最适合于菜单驱动的程序,如主菜单分为二级菜单序列等。设计为层次形式的集成工具,具有容易建立菜单并控制使用的特征,如方正奥恩、多媒体创作工具 Author Tool 都是一种以层次形式为主的多媒体创作工具,其他工具,例如 Visual Basic 和 ToolBook 等也都含有层次形式的成分。

3. 书页形式

书页形式假定目标程序就像组织一本“书”,按照称为“页”的分离屏幕来组织内容。在这一点上,该形式类似于幻灯呈现模式。但是,在页之间通常还支持更多的交互,就像在一本真的书里能前后浏览一样。其典型的工具代表是 Asymetrix 公司的 ToolBook。

4. 窗口形式

窗口形式假定目标程序按分离的屏幕对象组织为窗口的一个序列。在每一个窗口中，制作类似于幻灯呈现模式。这种形式的重要特征是可以同时有多个窗口呈现在屏幕上，并且都是活动的。这类工具能制作窗口、控制窗口及其内容。其典型的工具代表是Visual Basic。

5. 时基形式

时基形式假定目标程序主要由动画、声音及视频组成的应用程序呈现过程，可以按时间轴的顺序来制作。整个程序中的事件按一个时间轴的顺序制作和放置，当用户没有交互控制时，按时间轴顺序完成默认的工作。其典型的工具代表是Director、Flash和Action。

6. 网络形式

网络形式假定目标程序是一个“从任何地方到其他任意地”的自由形式结构。创作者需要根据需求建立程序结构，以保证很好的灵活性。所以，网络形式是所有形式中最能适应建立一个包含有多种层次交互应用程序的工具。其典型的工具代表是Netware Technology Corporation公司的Media Script。

7. 图标形式

在图标形式中，创作工作由制作多媒体对象和构建基于图标的流程图组成。媒体素材和程序控制用给出内容线索的图标表示，在制作过程中，整个工作就是构建和调试这张流程图。图标形式的主要特征是图标自身及流程图显示。其典型的工具代表是Macromedia公司的AuthorWare。

1.4.2 常见开发工具

目前，多媒体产品的开发工具有很多，即使在同一类中，不同工具所面向的应用也各不相同。从多媒体项目开发的角度来看，需要根据项目的特点，选择合适的多媒体创作工具。下面简单介绍目前常用的多媒体产品创作工具。

1. PowerPoint

PowerPoint是一种用于制作演示文稿的多媒体幻灯片工具。它以页为单位来组织演示，由一个一个页面(幻灯片)组成一个完整的演示。PowerPoint可以非常方便地编辑文字、绘制图形、播放图像、播放声音、展示动画和视频影像，并且可以根据需要设计各种演示效果。制作的演示文稿需要在PowerPoint中或用PowerPoint播放器进行播放。PowerPoint操作简单、使用方便，但是流程控制能力和交互能力不强，不适合开发商用于多媒体产品。

2. Action

Action是一种面向对象的多媒体创作工具，适合制作投影演示，也可用于制作简单交互的多媒体系统。Action 制作基于时间线，具有较强的时间控制能力，在组织链接媒体时不仅可以设置内容和顺序，还可以同步合成，如定义每个对象的起止时间、重叠区域、播放长度等。与 PowerPoint 相比，Action 的交互功能大大增强，因此可以利用它制作功能不太复杂的多媒体系统。

3. AuthorWare

AuthorWare 是一种基于流程图的可视化多媒体创作工具，具有交互功能强和支持流程图开发策略的特点。AuthorWare 通过各种代表功能或流程控制的图标建立流程图，每一个图标都可以激活相应的属性对话框或界面编辑器，从而方便地加入各种媒体内容，整个设计过程具有整体性和结构化的特点。目前，AuthorWare 已成为多媒体创作工具中的主流工具。

4. ToolBook

ToolBook 是一种面向对象的多媒体创作工具。利用 ToolBook 开发多媒体系统，就像在写一本“电子书”。首先需要定义一个书的框架，然后将页面加入书中，在页面上可以包含文字、图像、按钮等对象，最后使用 ToolBook 提供的脚本语言 OpenScript 编写脚本，对系统的行为进行定义，最终形成一本“电子书”。ToolBook 可以很好地支持人机交互设计，并且由于使用脚本语言，在设计上具有很好的灵活性，可以用它制作多媒体读物或各种课件。

5. Director

Director 是一种以二维动画创作为核心的多媒体创作工具。Director 通过看得见的时间线来进行创作，有着非常好的二维动画创作环境。通过其脚本语言 Lingo 可以使开发的应用程序具有令人满意的交互能力。Director 非常适合制作交互式多媒体演示产品和娱乐光盘。

6. Flash

Flash 最初只是一个单纯的矢量动画制作软件，但是随着软件版本的升级，特别是 Flash 内置 ActionScript 脚本语言之后，Flash 逐渐演变为功能强大的多媒体程序开发工具。使用 Flash 能开发桌面多媒体产品、网络多媒体程序及流媒体产品。

7. 方正奥思多媒体创作工具

方正奥思是北大方正公司研制的一种以页为创作单位的多媒体创作工具。它操作简便、直观，具有良好的文字、图形图像编辑功能和灵活的多媒体同步控制，能以 HTML 网页格式或 EXE 可执行文件格式发布产品。

1.4.3 基本开发流程

同任何其他事物一样，一个软件产品或软件系统也要经历孕育、产生、成长、成熟、衰亡等阶段，一般称为软件生存周期（软件生命周期），即从软件的产生直到软件消亡的周期。可以把整个软件生存周期划分为若干阶段，使得每个阶段有明确的任务。通常，软件生存周期包括可行性分析、需求分析、系统设计（概要设计和详细设计）、编码、测试、维护等阶段，如图 1.8 所示。

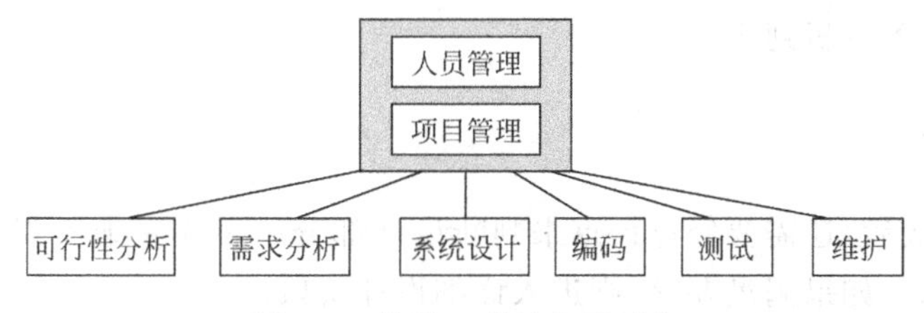

图 1.8　软件工程的主要环节

（1）可行性分析。确定软件系统开发目标和总的要求，给出功能、性能、可靠性及接口等方面的可能方案，制定完成开发任务的实施计划。

（2）需求分析。对用户提出的需求进行分析并给出详细定义，编写软件规格说明书及初步的用户手册，提交评审。

（3）系统设计。系统设计人员和程序设计人员在反复理解软件需求的基础上给出软件结构、模块划分、功能分配及处理流程。当系统比较复杂时，设计阶段可分解成概要设计阶段（总体设计）和详细设计阶段，要编写概要设计说明书、详细设计说明书和测试计划初稿，提交评审。

（4）编码。把系统设计转换为程序代码，即完成程序编码，编写用户手册、操作手册等面向用户的文档，编写单元测试计划。

（5）测试。在设计测试用例基础上，检验软件的各个组成部分，编写测试分析报告。

（6）维护。交付软件，投入运行，并在运行中不断维护，根据新提出的需求进行必要的扩充和修改。

结合多媒体的特点，多媒体产品的开发流程可概括如下：

1. 需求分析

需求分析处于软件开发过程的初期，对于整个软件开发过程及软件产品质量至关重要。在该阶段，开发人员要准确理解用户的要求，进行细致的调查分析，将用户非形式的需求陈述转化为完整的需求定义，再由需求定义转化为相应的形式功能规约（需求规格说明）。

随着软件系统复杂性的提高及规模的扩大，需求分析在软件开发中的地位愈加突出，也愈加困难。对于多媒体应用系统而言，需求分析阶段主要是确定项目的目标和规格。也就是说，要搞清楚产品做什么、为谁做、在什么平台上做。

2. 总体设计

在软件需求分析阶段,已经搞清楚了软件"做什么"的问题,并把这些需求通过规格说明书进行了详细描述,这也是目标系统的逻辑模型。系统分析员审查软件计划、软件需求分析提供的文档,提出候选的最佳推荐方案供专家审定,审定后进行总体设计。

总体设计的目的在于确定应用系统的结构。多媒体应用系统的特点之一是通过各种媒体形式来展现内容或传播知识。因此,在总体设计阶段,要明确产品所展现信息的层次(即目录)主题,得到各部分的逻辑关系,画出流程图,确定浏览顺序,并要进行各部分常用任务分析,得到任务分析列表。

3. 详细设计

总体设计完成后,还需要经过评审来判断设计部分是否完整地实现了需求中规定的功能、性能等要求。如果满足要求,则进入详细设计阶段。

详细设计也称过程设计或软件算法设计,该阶段不进行编码,是编码的先导,为以后编码做准备。在这一阶段,主要设计实现细节,包括两个方面的工作,即脚本设计和界面设计。

1) 脚本设计

脚本就像电影剧本一样,是多媒体产品创作的一个基础。在脚本创作中,软件设计者融入新方法和新创意,在原型制作时都会得到验证。

2) 界面设计

界面设计的基本原则是整个产品的界面要简洁,并且风格一致。在设计界面时,主要设计出界面的主要元素。界面设计要考虑的内容主要包括帮助、导航和交互、主题样式、媒体控制界面等。

4. 素材的采集和整理

由于多媒体应用的特点,需要根据项目的目标前期进行多媒体素材的积累,包括文本、图形、图像、音频、视频等,要尽可能地收集质量高的素材或内容原件。为了达到内容完全支持产品的目标,需要分析对素材进行怎样的编辑和加工。

收集好素材并对素材所需要的加工进行了大致的分析后,即可制作一个素材内容列表,在列表中列出媒体类型、尺寸、时间长度,所需的加工、大概成本等。如果开发的是商业产品,需要注意素材的原创性,以避免多媒体产品的侵权问题。

5. 编码

在该阶段将选择合适的多媒体应用系统创作工具,将媒体素材、阐述内容、脚本等结合起来,对软件进行整合、实现。

6. 测试

编码完成后，需要进行必要的测试，验证是否达到了最初确定的目标，同时也要确保软件是正确的、可靠的。一般来说，测试主要分为两个层次：第一个层次是开发过程中的测试；第二个层次是第三方测试。测试与软件开发各阶段的关系如图 1.9 所示。

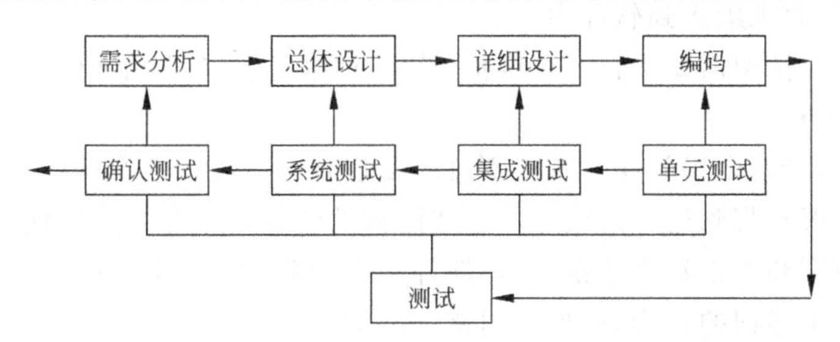

图 1.9 测试与开发各阶段的关系

1) 开发过程中的测试

开发过程中的测试是由软件产品开发方进行的测试，包括单元测试、集成测试、系统测试 3 个主要环节，其目的主要在于发现软件的缺陷并及时修改。

(1) 单元测试。即测试每一模块，针对编码过程中可能存在的各种错误，如用户输入验证过程中的边界值错误等。

(2) 集成测试。集成测试主要针对详细设计中可能存在的问题，尤其是检查各单元与其他程序之间的接口上可能存在的错误。

(3) 系统测试。系统测试主要针对概要设计，检查系统作为一个整体是否有效地运行，如在产品设置中是否达到了预期的高性能。系统测试是保证软件质量的最后阶段。

2) 第三方测试

经集成测试和系统测试后，已经按照设计要求把所有模块组装成一个完整的软件系统，接口错误也已经基本排除，接着就要进行第三方测试了。第三方测试有别于开发人员或用户进行的测试，其目的是保证测试工作的客观性，主要包括确认测试和验收测试。

(1) 确认测试。确认测试又称有效性测试，是第三方测试机构根据软件开发商提供的用户手册，对软件进行的质量保证测试。确认测试的任务是验证软件的功能和性能及其他特性是否与用户的要求一致、是否符合国家相关标准法规、系统运行是否安全可靠等。

(2) 验收测试。验收测试是软件开发结束后，用户对软件产品投入实际应用之前进行的最后一次质量检验活动。它不只是检验软件某个方面的质量，而是要进行全面的质量检验，并且要决定软件是否合格，因此验收测试是一项严格的正式测试活动，需要根据事先制定的计划，进行软件配置评审、功能测试、性能测试等多方面检测。

7. 运行与维护

软件测试通过之后，即交付使用，在使用过程中需要进行软件维护。所谓软件维护是指为了改正错误或满足用户新需求而修改软件的过程。要求进行维护的原因多种多样，归纳起来有3种情况：改正在特定使用条件下暴露出来的一些潜在程序错误或设计缺陷；因在软件使用过程中数据环境发生变化(如一个事务处理代码发生改变)或处理环境发生变化(如安装了新的硬件或操作系统)，需要修改软件以适应这种变化；用户和数据处理人员在使用时常提出增加新的功能及改善总体性能的要求，为满足这些要求，需要修改软件，以把这些要求纳入到软件中。

对应于这3类情况需要进行3种维护：纠错性维护、适应性维护和完善性维护。

1）纠错性维护

软件交付使用后，由于前期的测试不可能发现软件系统中潜在的所有错误，必然会有一部分隐藏的错误被带到运行阶段来。这些隐藏的错误在某些特定的使用环境下就会暴露出来。为了识别和纠正软件错误、改正软件性能上的缺陷、排除实施中的误使用，应当进行的诊断和改正错误的过程，就称为纠错性维护。

2）适应性维护

随着计算机技术的飞速发展，外部环境(新的硬、软件配置)或数据环境(数据库、数据格式、数据输入/输出方式、数据存储介质)可能发生变化，操作系统和编译系统也不断升级，为了使软件能适应新的环境而引起的程序修改和扩充活动称为适应性维护。

3）完善性维护

在软件的使用过程中，用户往往会对软件提出新的功能与性能要求。为了满足这些要求，需要修改或再开发软件，以扩充软件功能、增强软件性能、改进加工效率、提高软件的可维护性。在这种情况下进行的维护活动称为完善性维护。

实践经验表明，各类维护活动所占比例的大致情况为：纠错性维护占20%左右，完善性维护占50%左右，适应性维护占25%左右，其他维护活动占5%左右。根据这些统计可以看出，软件维护不仅是改错，大部分维护工作是围绕软件完善性维护展开的。

习题1

一、填空题

1. ________媒体是信息表示和传播的载体。

2. ________是指从点、线、面到三维空间的黑白或彩色几何图形，也称向量图(矢量图)。

3. ________是指组合两种或两种以上媒体的一种人机交互式信息交流和传播媒体。

4. ________是一种基于计算机的综合技术，包括数字信号处理技术、音频和视频压缩技术、计算机硬件和软件技术、人工智能和模式识别技术、网络通信技术等。

5. 多媒体计算机系统，简称________，是具有多媒体信息处理能力，并配有相关软、硬件的计算机系统。

6. 多媒体系统一般由________、多媒体操作系统、多媒体创作工具和多媒体应用系统4个部分组成。

7. 从多媒体作品的开发过程来看，多媒体软件可以分为________、多媒体数据库软件、多媒体创作工具软件和多媒体播放软件等几类。

8. 压缩方法一般分为两类：一类是无损压缩，另一类是________。

9. ________是伴随多媒体技术发展起来的计算机新技术，它利用三维图形生成技术、多传感交互技术及高分辨率显示技术，生成逼真的三维虚拟环境，用户需要通过特殊的交互设备才能进入到虚拟环境中。

10. ________是一种可以使音频、视频和其他多媒体信息能够在 Internet 及 Intranet 上以实时的、无须下载等待的方式进行播放的技术。

二、选择题

1. 多媒体计算机中的媒体信息是指(　　)。
① 数字、文字　② 声音、图形　③ 动画、视频　④ 图像
A. ①　B. ②　C. ③　D. 全部

2. 多媒体技术的主要特性有(　　)。
① 多样性　② 集成性　③ 交互性　④ 可扩充性
A. ①　B. ①、②　C. ①、②、③　D. 全部

3. 在多媒体计算机中常用的图像输入设备是(　　)。
① 数码照相机　② 彩色扫描仪　③ 视频信号数字化仪　④ 彩色摄像机
A. ①　B. ①、②　C. ①、②、③　D. 全部

4. 下列配置中(　　)是 MPC 必不可少的。
① CD-ROM 驱动器　② 高质量的音频卡
③ 高分辨率的图形、图像显示　④ 高质量的视频采集卡
A. ①　B. ①、②　C. ①、②、③　D. 全部

5. 超文本是一个(　　)结构。
A. 顺序的树形　B. 非线性的网状　C. 线性的层次　D. 随机的链式

6. 两分钟的双声道、16 位采样位数、22.05kHz 采样频率的声音，不压缩的数据量是(　　)。
A. 10.09MB　B. 10.58MB　C. 10.35KB　D. 5.05MB

7. 在数字视频信息的获取与处理过程中，下述顺序(　　)是正确的。
A. A/D 变换、采样、压缩、存储、解压缩、D/A 变换
B. 采样、压缩、A/D 变换、存储、解压缩、D/A 变换
C. 采样、A/D 变换、压缩、存储、解压缩、D/A 变换
D. 采样、D/A 变换、压缩、存储、解压缩、A/D 变换

8. 数字视频的重要性体现在(　　)。
① 可以用新的与众不同的方法对视频进行创造性编辑
② 可以不失真地进行无限次复制
③ 可以用计算机播放电影节目
④ 易于存储
A. 仅①　B. ①、②　C. ①、②、③　D. 全部

9. 要使CD-ROM驱动器正常工作，必须有(　　)软件。

① 该驱动器装置的驱动程序　　② Microsoft的CD-ROM扩展软件

③ CD-ROM测试软件　　④ CD-ROM应用软件

A. 仅①　　B. ①、②　　C. ①、②、③　　D. 全部

10. 在某大型房产展销会上，人们通过计算机屏幕参观房屋的结构，就如同站在房屋内一样根据需要对原有家具移动、旋转，重新摆放其位置。这是利用了(　　)技术。

A. 网络通信　　B. 虚拟现实　　C. 流媒体技术　　D. 智能化

11. (　　)使得多媒体信息可以一边接收，一边处理，很好地解决了多媒体信息在网络上传输的问题。

A. 多媒体技术　　B. 流媒体技术　　C. ADSL技术　　D. 智能化技术

三、简答题

1. 多媒体数据具有哪些特点？
2. 常见的媒体类型有哪些？各有什么特点？
3. 多媒体技术具有哪些特征？
4. 简述多媒体系统的基本组成。
5. 简述图像素材的常见采集方法。
6. 简述音频素材的常见采集方法。
7. 简述视频素材的常见采集方法。
8. 什么是虚拟现实？虚拟现实技术有哪些基本特征？
9. 什么是流媒体？它和传统媒体有什么不同？
10. 简单说明多媒体产品的基本开发流程。

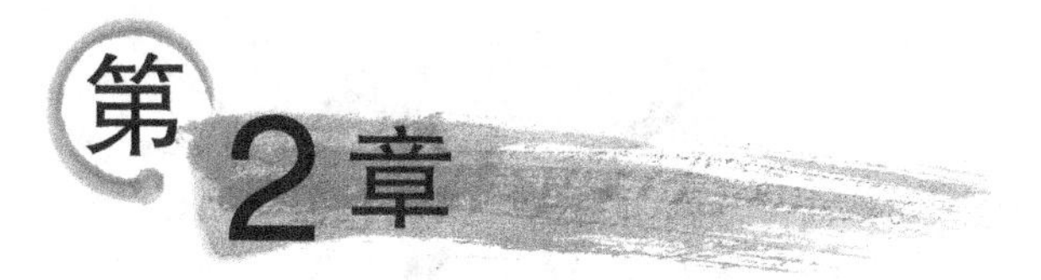

图形图像处理技术

随着多媒体技术的发展,数字图像技术逐渐取代了传统的模拟图像技术,形成了独立的"数字图像处理技术"。同时,多媒体技术借助数字图像处理技术得到进一步发展,为数字图像处理技术的应用开拓了更为广阔的空间。

2.1 图形处理

2.1.1 图形和图像

图形和图像(位图)从各自不同的角度来表现物体的特性。图形是对物体形象的几何抽象,反映了物体的几何特性,是客观物体的模型化;而位图则是对物体形象的影像描绘,反映了物体的光影与色彩特性,是客观物体的视觉再现。图形与位图可以相互转换。利用渲染技术可以把图形转换成位图,而利用边缘检测技术则可以从位图中提取几何数据,把位图转换成图形。

1. 矢量图和位图

矢量图也称为图形,是指用数学方法描述的、只记录图形生成算法和图形特征的数据文件。其格式是一组描述点、线、面等几何图形的大小、形状及其位置、维数的指令集合。如 Line(x_1,y_1,x_2,y_2,color)表示以(x_1,y_1)为起点,(x_2,y_2)为终点画一条 color 色的直线,绘图程序负责读取这些指令并将其转换为屏幕上的图形。若是封闭图形,还可用着色算法进行颜色填充。图 2.1 和图 2.2 就是两个矢量图的显示结果。

位图也称为位图图像,它是由像素组成的,像素是位图最小的信息单元,存储在图像栅格中。位图的质量由单位长度内像素的多少来决定,单位长度内像素越多,分辨率越高,图像的效果越好。

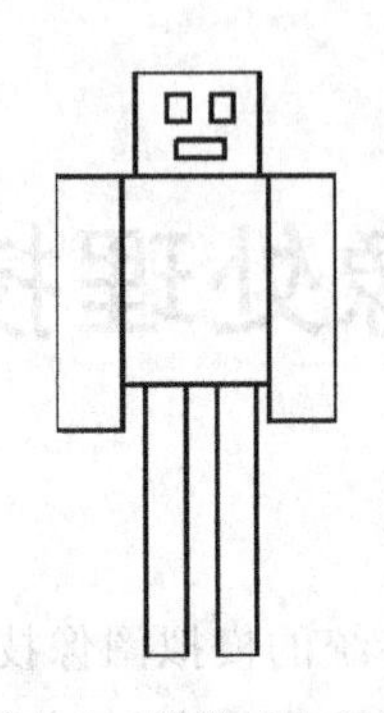

图 2.1 简单的矢量图

图 2.2 较为复杂的矢量图

2. 矢量图和位图的特点

矢量图最大的特点在于可以对图中的各个部分进行移动、旋转、缩放、扭曲等变换而不会失真。此外,不同的物体还可以在屏幕上重叠并保持各自的特征,必要时还可以分离。由于矢量图只保存了算法和特征,其占用的存储空间小。其显示时需要重新计算,显示速度取决于算法的复杂程度。

位图可以表现色彩层次丰富的逼真图像效果,适用于照片或要求精细细节的图像,当旋转或缩放位图时会产生失真和畸变。

3. 矢量图和位图的区别

矢量图和位图相比,它们之间的区别主要表现在以下 4 个方面。

1) 存储容量不同

矢量图只保存了算法和特征,数据量少,存储空间也较小;而位图由大量像素点信息组成,容量取决于颜色种类、亮度变化及图像的尺寸等,数据量大,存储空间也较大,经常需要进行压缩存储。

2) 处理方式不同

矢量图一般是通过画图的方法得到的,其处理侧重于绘制和创建;而位图一般是通过数码相机实拍或对照片进行扫描得到的,其处理侧重于获取和复制。

3) 显示速度不同

矢量图显示时需要重新运算和变换,速度较慢;而位图显示时只是将图像对应的像素点映射到屏幕上,显示速度较快。

4) 控制方式不同

矢量图的放大只是改变计算的数据,可任意放大而不会失真,显示及打印质量较好;而位图的尺寸取决于像素的个数,放大时需进行插值,数次放大便会明显失真。

2.1.2 常见图形处理软件

下面介绍 4 种常见的图形处理软件。

1. CorelDRAW

CorelDRAW 是加拿大的 Corel 公司研制的一种矢量图形制作软件，被广泛地应用于商标设计、标志制作、模型绘制、插图描画、排版及分色输出等领域。目前，几乎所有用于商用设计和美术设计的计算机上都安装了 CorelDRAW。

CorelDRAW 界面设计友好，提供了一整套的绘图工具，包括圆形、矩形、多边形、方格、螺旋线，配合塑形工具，能对各种基本图形做出更多的变化，同时还提供了特殊笔刷，如压力笔、书写笔、喷洒器等。CorelDRAW 还提供了一整套图形精确定位和变形控制方案，可以方便地实现商标、标志等的准确尺寸设计。同时，实色填充提供的多种模式调色方案以及专色的应用，渐变、颜色匹配管理方案，实现了显示、打印和印刷的颜色一致。

2. Illustrator

Illustrator 是 Adobe 公司研制的一种工业标准矢量插图制作软件，广泛应用于印刷出版、专业插图、多媒体图像处理和因特网页面的制作等，适合生产任何小型设计到大型的复杂项目。

Illustrator 提供丰富的像素描绘功能以及顺畅灵活的矢量图编辑功能，例如三维原型、多边形和样条曲线等，能够快速创建设计工作流程。Illustrator 最大的特征在于贝赛尔曲线的使用，使得操作简单、功能强大的矢量绘图成为可能，同时集成文字处理、上色等功能，不仅在插图制作，在印刷制品（如广告传单、小册子）设计制作方面也广泛使用，事实上已经成为桌面出版业界的默认标准。

3. FreeHand

FreeHand 是 Adobe 公司研制的一种功能强大的平面矢量图形设计软件，广泛应用于制作广告创意、书籍海报、机械制图、建筑蓝图。

FreeHand 提供可编辑的向量动态透明功能，放大滤镜效果可填入 FreeHand 文件中的任何部分上，且可有不同的放大比率。设计者可以使用镜头效果将整个设计区域变亮或变暗，或是利用反转产生负片相反的效果。在 FreeHand 提供的集合样式面板中可预设填色、笔刷、拼贴及渐层效果，同时提供包括字型预视、显示及隐藏、文字样式、大小写转换等。另外，使用自由造型工具可将一些基本图形用拖拉、推挤等方式产生需要的形态。FreeHand 还能轻易地在程序中转换格式，可输入及输出适用于 Photoshop、Illustrator、CorelDRAW、Flash、Director 等使用的文件格式。

4. AutoCAD

AutoCAD是Autodesk公司研制的一种大型计算机辅助绘图软件，主要用来绘制工程图样。强有力的二维和三维设计与绘图功能使其广泛应用于机械、电子、服装、建筑等设计领域。

AutoCAD具有良好的用户界面，通过交互菜单或命令行方式便可以进行各种操作，它的多文档设计环境，让非计算机专业人员也能很快地学会使用。AutoCAD具有广泛的适用性，它可以在各种操作系统支持的微型计算机和工作站上运行，并支持分辨率由320×200到2048×1024的40多种图形显示设备。

2.2 图像处理

2.2.1 色彩概述

1. 色彩

色彩是人眼认识客观世界时获得的一种感觉。在人眼视网膜上，锥状光敏细胞可以感觉到光的强度和颜色，杆状光敏细胞能够更灵敏地感觉到光的强弱，但不能感觉光的颜色。这两种光敏细胞将感受到的光波刺激传递给大脑，人们就看到了颜色。

太阳是标准发光体，它辐射的电磁波包括紫外线、可见光、红外线及无线电波等，如图2.3所示。而可见光的波长范围是350～750nm，不同波长光呈现不同的颜色。随着波长的减少，可见光颜色依次为红、橙、黄、绿、青、蓝、紫。只有单一波长的光称为单色光，含有两种以上波长的光称为复合光。人眼感受到复合光的颜色是组成该复合光的单色光所对应颜色的混合色。

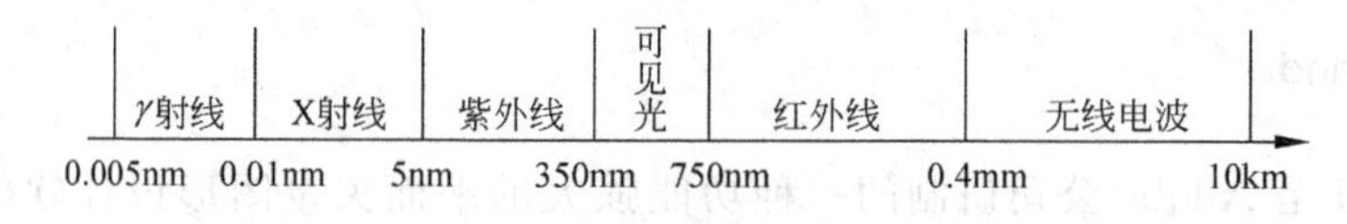

图2.3 电磁波基本分类

2. 色彩三要素

色彩具有3个基本要素，即亮度、色调和饱和度。

1) 亮度

亮度也称明度，是指光作用于人眼时所感受到的明亮强度。亮度与物体呈现的色彩和物体反射光的强度有关。若有两个相同颜色的色块分别置于强白光与弱白光的照射下，虽然这两个色块反射的光波波长一样，但进入人眼的光波能量不同。在强白光照射下色块反射的光波能量大，人眼感觉到颜色较浅；在弱白光照射下色块反射的光波能量较小，人眼感觉到颜色较深。在不同的亮度环境下，人眼对相同亮度引起的主观感觉也不同。一般用对比度来衡量画面的相对亮度，即最大亮度与最小亮度之比。

2）色调

色调也称色相，是指人眼对各种不同波长的光所产生的色彩感觉。某一物体的色调，是该物体在日光照射下所反射的各光谱成分作用于人眼的综合效果。对于透射光则是透过该物体的光谱成分综合作用的效果。通过对不同光波波长的感受可区分不同的颜色。因此，色调是光呈现的颜色，其随波长变化而变化，反映了颜色的种类或属性，并决定了颜色的基本特征。

人的视觉所见各部分色彩如果有某种共同的因素，就构成了统一的色调。若一幅画面没有统一的色调，则色彩将杂乱无章，难以表现画面的主题和情调。一般将各种色彩和不同分量的白色混合统称为明调，和不同分量的黑色混合统称为暗调。

3）饱和度

饱和度是指色彩的纯净程度，反映了颜色的深浅程度，一般通过一个色调与其他色调相比较的相对强度来表示。以太阳光带为基准，越接近标准色纯度越高。饱和度实际上是某一种标准色调彩色光中掺入了白色、黑色或其他颜色的程度。对于同一色调的彩色光，饱和度越大，颜色越鲜艳，掺入的白色、黑色或其他颜色越少；反之，颜色越暗淡，掺入的白色、黑色或其他颜色越多。

通常将色调和饱和度统称为色度。色度和亮度都是人眼对客观存在颜色主观感受的结果。亮度表示颜色的明亮程度，色度则表示颜色的类别和深浅程度。

3. 成色原理

成色有两种基本原理：颜色相加原理和颜色相减原理。

1）颜色相加原理

如果在没有光线的黑暗环境中使用发光体（如灯泡、显示器等），可使人眼感受到发光体上发出的光波颜色。该颜色不是物体反射环境光源中的光波，而是物体自身发出的具有某些波长的光波。发光体本身不是发出由全部可见光波波长构成的白光，而是发出部分波长的光。这些波长的光混合在一起，给人眼带来的刺激便形成了人对物体发光颜色的感觉，这个物理过程称为颜色的相加。

2）颜色相减原理

如果以太阳光作为标准的白光，它照射在具有某种颜色的物体上，一部分波长的光被吸收，另一部分波长的光被反射。不同物体表面对白光的不同波长光波具有不同的吸收和反射作用，被反射的光波进入人眼而感受到物体的颜色。因此，物体的颜色是物体表面吸收和反射不同波长太阳光的结果，体现了物体的固有特性。其基本原理就是从混合光（白光）中去掉某些波长的光波，剩下波长的光波对人眼进行刺激形成颜色感觉，这个物理过程称为颜色的相减。

2.2.2 颜色模式

颜色模式是一个非常重要的概念。用户只有了解了不同颜色模式,才能精确地描述、修改和处理色调。计算机中提供了一组描述自然界光和其色调的模式,在某种模式下,将颜色按某种特定的方式表示、存储。每种颜色模式都针对特定的目的。如为了方便打印,会采用 CMYK 模式;为了给黑白照片上色,可以先将扫描成的灰度模式的图像转换为彩色模式等。下面介绍 4 种常见的颜色模式。

1. RGB 模式

RGB 色彩模式采用颜色相加原理成色,是目前应用最广泛的色彩模式之一,它能适应多种输出的需要,并能较完整地还原图像的颜色信息。现在,大多数的显示屏、RGB 打印、多种写真输出设备都采用 RGB 色彩模式实现图像输出。

RGB 色彩模式的颜色混合原理如图 2.4 所示,由于红(Red)、绿(Green)、蓝(Blue)3 种颜色的光不能由其他任何色光混合而成,因此,称 R、G、B 为色光三原色。在 RGB 色彩模式中,自然界中任何颜色的光均由三原色混合而来,某种颜色的含量越多,那么这种颜色的亮度也越高,由其产生的结果中该颜色也就越亮。

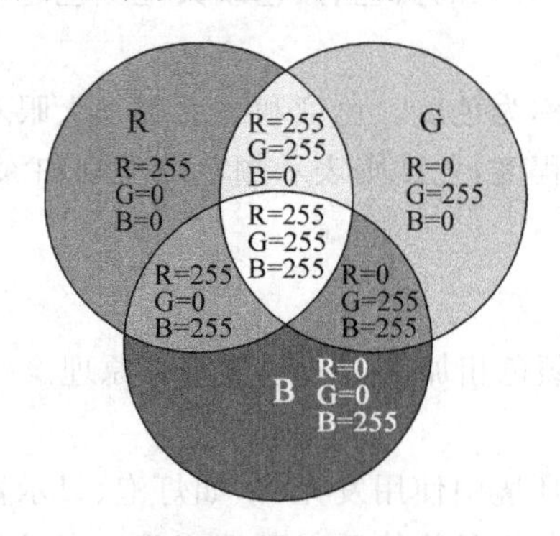

图 2.4 RGB 色彩模式的颜色混合原理

在 RGB 色彩模式下,每个图像的像素都有 R、G、B 3 个分量,并且每个分量值都可以有 256 级(0～255)亮度变化。这样 3 种颜色的通道合在一起就可以产生 $256\times256\times256=2^{24}=16\ 777\ 216$ 种颜色,理论上可以还原自然界中存在的任何颜色。

2. CMYK 模式

CMYK 颜色模式中的 4 个字母分别指青(Cyan)、洋红(Magenta)、黄(Yellow)、黑(Black),在印刷中代表 4 种颜色的油墨。CMYK 模式能完全模拟出印刷油墨的混合颜色,目前主要应用于印刷技术中。

CMYK 模式基于颜色相减原理成色,CMYK 色彩模式的颜色混合原理如图 2.5 所示。在 CMYK 模式中,随着 C、M、Y、K 4 种成分的增多,反射到人眼的光会越来越少,光线的亮度会越来越低。

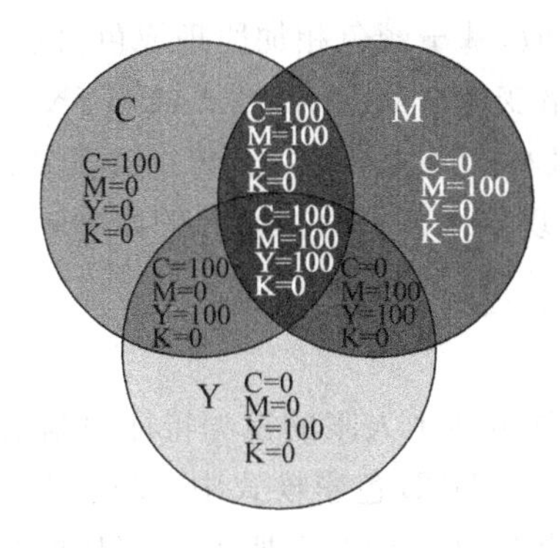

图 2.5 CMYK 色彩模式的颜色混合原理

CMYK 模式所产生的颜色没有 RGB 模式丰富，所以将 RGB 模式的图像转换为 CMYK 模式后，图像的颜色信息会有明显的损失，特别是在一些较鲜亮的地方。将 CMYK 模式的图像转换为 RGB 模式，在视觉上不会产生变化，但 CMYK 模式在颜色的混合中比 RGB 模式多了一个黑色通道，所以所产生颜色的纵深感比 RGB 模式更加稳定（由于没有黑色通道，RGB 图像产生“漂浮”的感觉）。

3. Lab 模式

Lab 模式是由国际照明委员会(CIE)于 1976 年公布的一种色彩模式。Lab 模式弥补了 RGB 和 CMYK 两种色彩模式的不足：RGB 在蓝色与绿色之间的过渡色太多，绿色与红色之间的过渡色又太少，CMYK 模式在编辑处理图片的过程中损失的色彩更多。

Lab 色彩空间如图 2.6 所示。在 Lab 模式中，包含 L、a、b 3 个通道。L 是亮度通道，另外两个是色彩通道，用 a 和 b 来表示。a 通道包括的颜色是从绿色（低亮度值）到灰色（中亮度值）再到红色（高亮度值）。b 通道包括的颜色是从蓝色（低亮度值）到灰色（中亮度值）再到黄色（高亮度值）。a 的取值范围是 −128～127，正值为红色，负值为绿色，数值越大，颜色越红，反之，数值越小，颜色越偏绿色；b 的取值范围是 −128～127，正值表示黄色，负值表示蓝色，其值越大，颜色越黄，反之，数值越小，颜色越偏蓝。L 的取值范围是 0（黑）～100（白）。

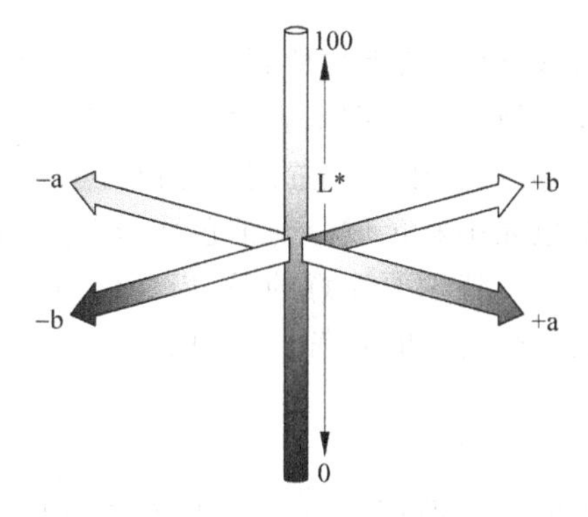

图 2.6 Lab 色彩空间

Lab 模式与 RGB 模式相似，基于颜色相加原理成色，色彩的混合将产生更亮的色彩，亮度通道的值影响色彩的明暗变化。和 RGB 模式、CMYK 模式相比，Lab 模式的色域最大，其次是 RGB 模式，色域最小的是 CMYK 模式。这就是为什么当颜色在一种媒介上被指定，而通过另一种媒介表现出来往往存在差异的原因。

4. HSB 模式

HSB 色彩模式是根据日常生活中人眼的视觉特征而制定的一套色彩模式，最接近于人类对色彩辨认的思考方式。在 HSB 色彩模式中，以色相(H)、饱和度(S)和明度(B)描述颜色的基本特征。HSB 色相空间如图 2.7 所示，在 HSB 模式中，S 和 B 的取值单位都是百分比，唯有 H 的取值单位是度。

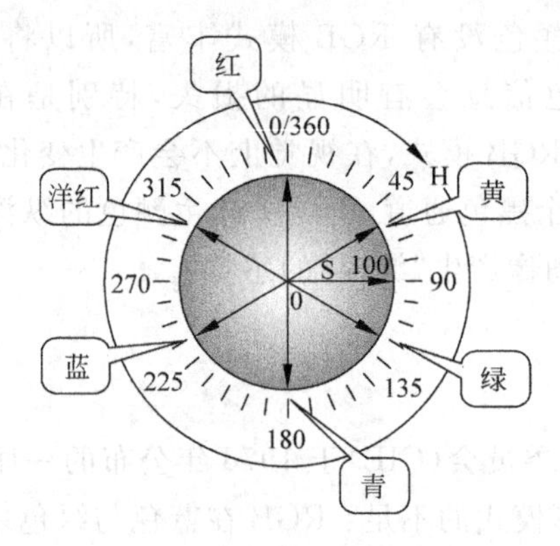

图 2.7　HSB 色相空间

1) 色相

在 HSB 模式中，所有的实际颜色都是由红(R)、黄(Y)、绿(G)、青(C)、蓝(B)、洋红(M)6 种基色按照不同的亮度和饱和度组合而成的，该模式用一个标准色轮中沿圆周的不同度数表示不同的颜色属性，称为色相。也就是说，相位的实质就是 0～360 度之间的某一度数，并且每个相位表示某种颜色的一定属性。例如红(0°)、黄(60°)、绿(120°)、青(180°)、蓝(240°)、洋红(300°)。

2) 饱和度

饱和度是指颜色的强度或纯度，是指某种颜色的含量多少，具体表现为颜色的浓淡程度。饱和度用色相中灰色成分所占的比例来表示，0%为纯灰色，100%为完全饱和。在标准色轮上，饱和度是沿着半径方向从中心位置到边缘位置递增的。

饱和度实际上反映的是色光中彩色成分与消色成分(中性色，如黑、白、灰)的比例关系，即中性色越多，饱和度越低。特别要注意的是，当颜色由于加入白色或黑色而降低饱和度时，还会伴随着明度的变化。例如与“鲜红”相比，“粉红”与“暗红”不仅饱和度较低，而且明度也不同。

3) 明度

明度是人对色彩明暗程度的心理感觉，它与亮度有关，但不成比例。明度还与色相有关，对于不同色相的物体，即使亮度相同明度也不同，其中，黄色、黄绿色最亮，蓝紫色最暗。

2.2.3　图像数字化

真实世界是模拟的，模拟图像含有无穷多的信息，从理论上讲，可以对模拟图像进行无穷放大而不会失真。但是，计算机不能直接处理模拟图像，必须对其进行数字化。

1. 数字图像

模拟图像只有在空间上数字化后才是数字图像，它的特点是空间离散，如1000×1000的图片，包含100万个像素点，数字图像所包含的信息量有限，对其进行的放大次数有限，否则会出现失真。图2.8、图2.9展示了两种不同类型的数字图像。

图2.8　自然风景图像

图2.9　通过软件设计的图像

数字图像和模拟图像相比，主要有3个方面的优点：

(1) 再现性好。数字图像不会因存储、输出、复制等过程而产生图像质量的退化。

(2) 精度高。精度一般用分辨率来表示。从原理上来讲，可实现任意高的精度。

(3) 灵活性大。模拟图像只能实现线性运算，而数字图像还可以实现非线性运算(凡可用数学公式或逻辑表达式来表达的一切运算都可以实现)。

2. 图像的数字化

图像的数字化包括采样、量化和编码3个步骤，如图2.10所示。

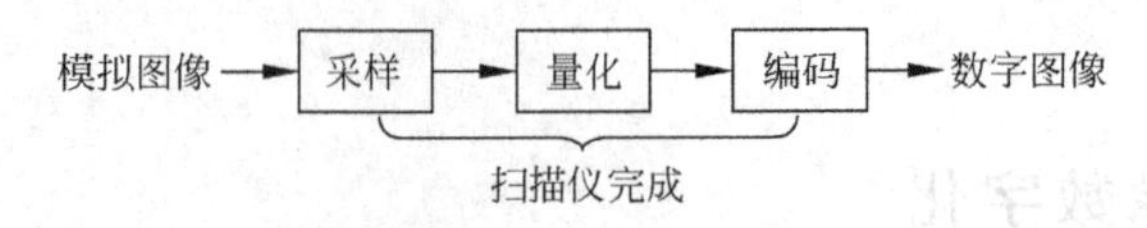

图 2.10　图像的数字化过程

1）采样

采样就是计算机按照一定的规律，对模拟图像所呈现出的表象特性，用数据的方式记录其特征点。这个过程的核心在于要决定在一定的面积内取多少个点(即有多少个像素)，即图像的分辨率是多少(单位是 dpi)。

2）量化

通过采样获取了大量的特征点，现在需要得到每个特征点的二进制数据，这个过程称为量化。它是颜色精度矢量化过程中的一个很重要的概念，是指图像中的每个像素的颜色(或亮度)信息所占的二进制数位数，决定了构成图像的每个像素可能出现的最大颜色数。颜色精度值越高，显示的图像色彩越丰富。

3）编码

编码是指在满足一定质量(信噪比的要求或主观评价要求)的条件下，以较少的位数表示图像。显然，无论从平面的取点还是从记录数据的精度来讲，采样形成的数字图像与模拟图像之间存在着一定的差距。但这个差距通常控制得相当小，以至于人的肉眼难以分辨，所以，可以将数字化图像等同于模拟图像。

3. 基本图像采集设备介绍

1）数码相机

数码相机的核心部件是电荷耦合器件(CCD)，它由一种高感光度的半导体材料制成，能把光线转变为电荷，通过模数转换器芯片转换成数字信号，数字信号经过压缩后由数码相机内部的闪速存储器或内置硬盘卡保存，因此可以方便地把数据传输给计算机，并借助于计算机的处理手段，根据需要和想象来修改图像。

用户在选购数码相机时，要考虑以下性能参数：

(1) CCD 和像素。数码相机利用 CCD 电荷耦合器来感光。像素即 CCD 上的感光元件，像素的多少直接关系着照片的清晰度，像素越多则图像越清晰。基本上，数码相机的像素直接决定相机的最大分辨率，目前流行的数码相机都是 1600 万像素以上的。除像素外，CCD 的另一个参数是量化位数，36 位的数码相机比 24 位的数码相机在色彩效果和低亮度环境下拍摄的效果有明显提高。

(2) 存储器。数码相机和普通相机的区别在于，其摄入的图片直接存储在相机存储器中。数码相机所能拍摄的照片数不仅取决于所用的存储体的容量，还取决于拍摄照片的分辨率及压缩率。

(3) 对焦和变焦。对焦是指将透过镜头折射后的影像准确投射到 CCD 感光面上，形成清晰的影像。普通的中、低档数码相机采用自动对焦方式，自动调准焦距。高档的专业相机则保留手动调焦模式，不过对于拍摄非专业的照片，自动调焦已经足够了。

变焦有光学变焦和数字变焦两种。所谓光学变焦，就是利用调节相机镜头的光学系统来改变镜头的焦距，焦距越长，被射物体在CCD上的投影越大。数码相机都用放大倍数来表示，如2X、2.3X、3X等；数字变焦是利用相机自身的程序，将照片数据通过插值方式放大，因此不能通过数字变焦的方法提高照片的清晰度。

2）扫描仪

扫描仪是除键盘和鼠标之外被广泛应用于计算机的输入设备。在扫描仪获取图像的过程中，有两个元件起到关键作用，一个是CCD（将光信号转换成为电信号），另一个是A/D变换器（将模拟电信号变为数字电信号）。这两个元件的性能直接影响扫描仪的整体性能指标，同时也关系到选购和使用扫描仪时如何正确理解和处理某些参数及设置。

和扫描仪紧密联系的还有OCR（Optical Character Recognition，光学字符识别），它的功能是通过扫描仪等光学输入设备读取印刷品上的文字图像信息，利用识别的算法，分析文字的形态特征，将其转换为电子文档。使用扫描仪加OCR软件可以部分地代替键盘输入汉字的功能，是省力快捷的文字输入方法。常见的OCR软件有清华紫光、尚书、蒙恬等。

用户在选购扫描仪时，要考虑以下性能参数：

(1) 扫描仪的分辨率。光学分辨率是扫描仪最重要的性能指标之一，它直接决定了扫描仪扫描图像的清晰程度。扫描仪的分辨率通常用每英寸长度上的点数，即DPI来表示。目前市面上的扫描仪，主要有300dpi×600dpi、600dpi×1200dpi、1000dpi×1200dpi、1200dpi×2400dpi几种光学分辨率。一般的家庭或办公用户建议选择600dpi×1200dpi（水平分辨率×垂直分辨率）的扫描仪。1200dpi×2400dpi以上级别的扫描仪是属于专业级的，适用于广告设计行业。

(2) 色彩位数和灰度值。色彩位数是反映扫描仪对扫描的图像色彩范围的辨析能力。通常，扫描仪的色彩位数越多，越能真实反映原始图像的色彩，扫描仪所反映的色彩越丰富，扫描的图像效果也就越真实，当然随之形成的图像文件体积也会增大。常见的扫描仪色彩位数有24位、30位、36位、42位、48位等。灰度值是指进行灰度扫描时对图像由纯黑到纯白整个色彩区域进行划分的级数，编辑图像时一般使用8位，即256级，而主流扫描仪通常为10位，最高可达12位。

(3) 感光元件。感光元件是扫描仪中的关键部件，是扫描图像的拾取设备。扫描仪所使用的感光器件有3种：光电倍增管、电荷耦合器（CCD）、接触式感光器件（CIS或LIDE）。目前，使用CCD的扫描仪仍属多数。

(4) 扫描幅面。常见的扫描仪幅面有A4、A4加长、A3、A1、A0。大幅面的扫描仪价位较高，一般的家庭及办公用户选择A4或A4加长的扫描仪就可以满足需求了。

2.2.4 常见图像处理软件

图像处理软件是用于处理图像信息的各种应用软件的总称，下面介绍两种常见的图像处理软件。

1. Photoshop

Photoshop(简称 PS)是 Adobe 公司开发和发行的图像处理软件。Photoshop 的专长在于图像处理(对已有的图像进行编辑加工处理以及运用一些特殊效果),而不是图形创作。从功能上看,Photoshop 具有图像编辑、图像合成、校色调色及特效制作等功能。

图像编辑是图像处理的基础,可以对图像进行放大、缩小、旋转、倾斜、镜像、透视等变换,也可进行复制、去除斑点、修补、修饰图像的残损等。图像合成则是将几幅图像通过图层操作,合成为完整的、意义明确的图像。校色调色可方便快捷地对图像的颜色进行明暗、色偏的调整和校正,也可在不同颜色之间进行切换,以满足图像在不同领域(如网页设计、印刷、多媒体等方面)的应用。特效制作主要由滤镜、通道及工具综合应用完成,包括图像的特效创意和特效字的制作。油画、浮雕、石膏画、素描等常用的传统美术效果都可由 Photoshop 软件的特效完成。

2. ACDSee

ACDSee 作为最常见的看图软件,广泛地应用于图片的获取、管理、浏览、优化。使用 ACDSee 可以从数码相机和扫描仪高效地获取图片,并进行便捷的查找、组织和预览。ACDSee 还能处理 MPEG 等常用的视频文件。此外,ACDSee 拥有去除红眼、剪切图像、锐化、浮雕特效、曝光调整、旋转、镜像等功能,还能进行批量处理。

习题 2

一、填空题

1. 模拟图像数字化经过采样、量化、________ 3 个过程。

2. 模拟信号在时间上是连续的,而数字信号在时间上是 ________的,为了使计算机能够处理声音信息,需要把模拟信号转化成________信号。

3. 计算机屏幕上显示的画面和文字,通常有两种描述方式,一种是由线条和颜色块组成的,称为________,一种是由像素组成的,称为位图。

4. CorelDRAW 是加拿大的 Corel 公司研制的一种应用________制作软件。

5. 色彩具有 3 个基本要素,包括亮度、色调和________。

6. 成色有两种基本原理:颜色相加原理和________。

7. 在________色彩模式中,认为自然界中任何颜色的光均由三原色混合而来。

8. CMYK 模式基于________成色。

9. 在 LAB 模式中,包含 3 个通道,一个是 ________,另外两个是色彩通道。

10. OCR 软件的功能是将图像文字转换为 ________。

11. Photoshop 主要处理以像素构成的________。

二、选择题

1. 对于位图和矢量图,下列描述不正确的是(　　)。

A. 通常称位图为图像,矢量图为图形

B. 通常位图存储容量较大,矢量图存储容量较小

C. 位图缩放效果没有矢量图的缩放效果好

D. 位图和矢量图的存储方法是一样的

2. 以下关于图形图像的说法正确的是(　　)。

A. 位图的分辨率是不固定的　　B. 位图是以指令的形式来描述图像的

C. 矢量图放大后不会产生失真　　D. 矢量图中保存有每个像素的颜色值

3. 下列说法正确的是(　　)。

① 图像都是由像素组成的,通常称位图或点阵图

② 图形是用计算机绘制的画面,也称矢量图

③ 图像的最大优点是容易进行移动、缩放、旋转和扭曲等变换

④ 图形文件是以指令集合的形式来描述的,数据量较小

A. ①、②、③　　B. ①、②、④　　C. ①、②　　D. ③、④

4. 有一种图,清晰度与分辨率无关,任意缩放都不会影响清晰度,该图是(　　)。

A. 点阵图　　B. 位图　　C. 真彩图　　D. 矢量图

5. 下列文件在缩放过程中不易失真的是(　　)。

A. BMP 文件　　B. PSD 文件　　C. JPG 文件　　D. CDR 文件

6. 一幅图像的分辨率为 256×512,计算机的屏幕分辨率是 1024×768,该图像按100%显示时,将占据屏幕的(　　)。

A. 1/2　　B. 1/6　　C. 1/ 3　　D. 1/10

7. 色彩的种类即(　　),如红色、绿色、黄色等。

A. 饱和度　　B. 色相　　C. 明度　　D. 对比度

8. 计算机显示器通常采用的颜色模型是(　　)。

A. RGB 模型　　B. CMYB 模型　　C. Lab 模型　　D. HSB 模型

9. 下列关于数码相机的叙述正确的是(　　)。

① 数码相机的关键部件是 CCD

② 数码相机有内部存储介质

③ 数码相机拍照的图像可以通过串行口、SCSI 或 USB 接口送到计算机中

④ 数码相机输出的是数字或模拟数据

A. ①　　B. ①、②　　C. ①、②、③　　D. 全部

10. 将老照片扫描到计算机中,需要对其进行旋转、裁切、色彩调校、滤镜调整等加工,比较合适的软件是(　　)。

A. 画图　　B. Flash　　C. Photoshop　　D. 超级解霸

11. 将一幅 BMP 格式的图像转换成 JPG 格式之后,会使(　　)。

A. 图像更清晰　　B. 文件容量变大

C. 文件容量变小　　D. 文件容量大小不变

12. 使用图像处理软件可以对图像进行(　　)。

① 放大、缩小　② 上色　③ 裁剪　④ 扭曲、变形　⑤ 叠加　⑥ 分离

A. ①、③、④　B. ①、②、③、④　C. ①、②、③、④、⑤　D. 全部

13. 采集素材时,要获得图形图像,下面(　　)获得的图片是位图。

A. 使用数码相机拍摄的照片　B. 用绘图软件绘制的图形

C. 使用扫描仪扫描杂志上的照片　D. 剪贴画

三、简答题

1. 简述 RGB、CMYK、HSB 和 Lab 颜色模式的特点和主要用途。
2. 图形和图像有何区别?
3. 数码相机的主要性能参数有哪些?
4. 扫描仪的主要性能参数有哪些?
5. 常见的图形处理软件有哪些? 各有什么基本功能?
6. 常见的图像处理软件有哪些? 各有什么基本功能?

第3章 图形图像处理软件Photoshop

使用Photoshop可以把数字化摄影图片、剪辑、绘画、图形以及现有的美术作品结合在一起，并进行处理，使之产生各种绚丽甚至超越想象的艺术效果。

本章主要介绍图像编辑基础知识以及用Photoshop CS5进行图像编辑的基本操作。

3.1 Photoshop CS5概述

Adobe公司出品的Photoshop是目前使用最广泛的图像处理软件，应用于广告、平面设计、美术设计、彩色印刷、排版、摄影等诸多领域，也广泛应用于网页设计和三维效果图的后期处理。

Photoshop是真正独立于显示设备的图形图像处理软件，使用该软件可以非常方便地绘制、编辑、修复图像以及创建图像的特效。

3.1.1 Photoshop CS5简介

Photoshop CS5提供了32位版和64位版，32位版本和64位版本没有外观或者功能上的区别，但是内在有一点不同，其64位技术可更流畅地处理高分辨率对象。Photoshop CS5支持宽屏显示器、集二十几个窗口于一身的Dock、占用面积更小的工具栏、多张照片自动生成全景、灵活的黑白转换、更易调节的选择工具、智能的滤镜、改进的消失点特性等。另外，Photoshop从CS5首次开始分为两个版本，分别是常规的标准版和支持3D功能的Extended(扩展)版。

Photoshop CS5的组件和技术都引入了大量的全新技术和特性，下面简单介绍几个新技术。

(1) 可将几张不同曝光的照片结合成单一高动态范围照片(HDR)，并由用户自行微调最后结果。

(2) 自动镜头校正。根据Adobe对各种相机与镜头的测量自动校正，可更轻易地消除桶状和枕状变型、照片周边暗角，以及造成边缘出现彩色光晕的色像差。此功能把之前必须手动调整的校正自动化。

(3) 更新对高动态范围摄影技术的支持。此功能可把曝光程度不同的影像结合起来，产生想要的外观。Photoshop CS5 的此功能可用来修补太亮或太暗的画面，还可用来营造阴森的、仿佛置身于另一世界的景观。

(4) 内容自动填补能删除照片中的某个区域(例如不想要的物体)，遗留的空白区块由 Photoshop 自动填补，即使是复杂的背景也没问题。此功能适用于填补照片四角的空白。

(5) 一个先进的智能型选择工具，能轻易把某些物件从背景中隔离出来。之前的 Photoshop 使用者必须花费大量时间做这项烦琐的事，有时还必须购买外挂程序来协助完成任务。

(6) 具有 Puppet Warp 功能，能根据控制点和锚点，以自由形式的调整方式来搬移某一场景的元素。

(7) 画家工具箱新增符合物理定律的画笔与调色盘，包括墨水流动、细部笔刷形状等属性。这个过程靠计算机的绘图处理器加速。

3.1.2 Photoshop CS5 工作界面

Photoshop CS5 的工作界面主要由快速切换栏、菜单栏、属性和样式栏、工具箱、面板组、状态栏和图像编辑区等组成，如图 3.1 所示。用户熟练地掌握了各组成部分的基本作用和使用，就可以自如地对图形图像进行操作。

图 3.1 Photoshop CS5 工作界面

1. 快速切换栏

快速切换栏位于 Photoshop CS5 工作界面的最上面，其内容如图 3.2 所示，它是 Photoshop CS5 新增的一个内容。

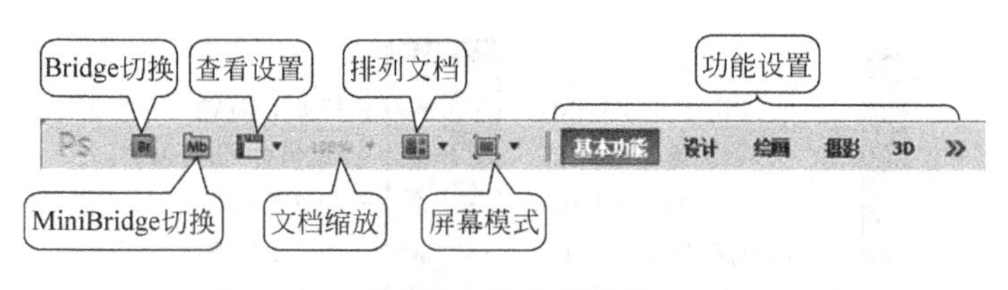

图 3.2 快速切换栏

单击其中的按钮,可以快速切换视图的显示,如全屏模式、显示比例、网格、标尺等。另外,功能设置用于切换设计模式,如 3D 或动画设计。

注意: Bridge 是 Adobe Creative Suite 的控制中心。使用它可以组织、浏览和寻找所需的资源,其用于创建供印刷、网站和移动设备使用的内容。Bridge 提供方便地访问本地 PSD、AI、INDD 和 Adobe PDF 文件以及其他 Adobe 和非 Adobe 应用程序文件的方式,也可以将资源按照需要拖移到版面中进行预览,甚至向其中添加元数据。

2. 菜单栏

菜单栏由文件、编辑、图像、图层、选择、滤镜、分析、3D、视图、窗口和帮助 11 个菜单组成。菜单栏提供了完成工作所需的所有命令项。

3. 工具箱

Photoshop 将常用的命令以图表形式汇集在工具箱中,Photoshop CS5 默认使用单栏工具栏,单击顶部的扩展按钮即可将其变为双栏,反之收缩为单栏状态,如图 3.3 所示。右击工具图标右下角的符号,会弹出功能相近的隐藏工具。

4. 属性和样式栏

在属性和样式栏中可以设置在工具箱中选择的工具的选项。根据所选工具的不同,属性和样式栏所提供的选项也有所区别,即该栏会随工具栏选择的具体工具,提供其相应的属性和样式。

5. 面板组

为了更方便地使用 Photoshop 的各项功能,将其以面板形式提供给用户。面板中汇集了图像操作时常用的选项或功能。在编辑图像时,选择工具箱中的工具或者执行菜单栏上的命令以后,使用面板可以进一步细致调整各项选项,也可以将面板中的功能应用到图像上。在 Photoshop CS5 中根据各种功能的分类提供了 3D 面板、调整面板、导航器面板、测量记录面板、段落面板、动作面板、仿制源面板、字符面板、动画面板、路径面板、历史记录面板、工具预设面板、色板面板、通道面板、图层面板、信息面板、颜色面板、样式面板及直方图面板等。

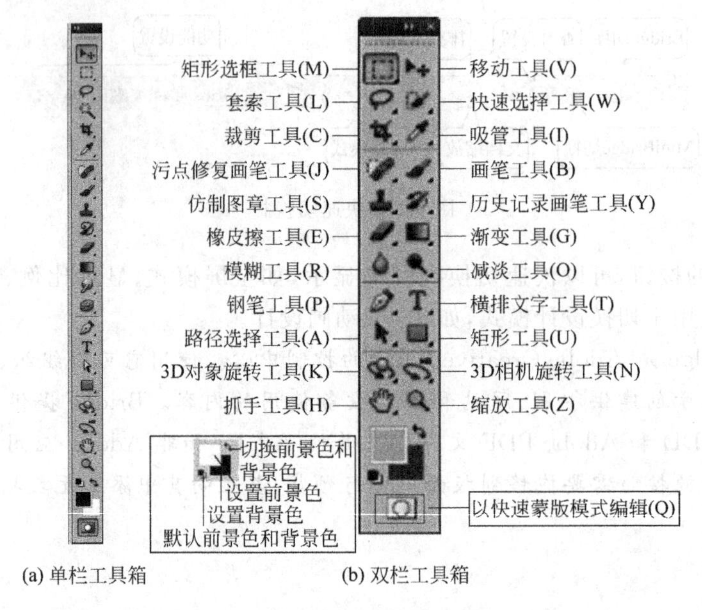

图 3.3 Photoshop CS5 工具箱

Photoshop 的面板也可以进行伸缩，对于已展开的面板，单击其顶部的扩展按钮，可以将其收缩为图标状态，反之，单击未展开的扩展按钮，则可以将该栏中的所有面板展开。

6. 状态栏

状态栏用于显示当前编辑的图像文件的大小，以及图像的各种信息说明。

7. 图像编辑区

图像编辑区是显示 Photoshop 中导入图像的区域。在其标题栏中显示了文件名称、文件格式、缩放比率及颜色模式。

3.1.3 文件的基本操作

要进行图像的编辑，首先要建立或打开一个编辑的文件，然后才能进行图像文件的编辑操作。

1. 新建文件

选择菜单栏中的“文件/新建”命令，弹出“新建”对话框(如图 3.4 所示)。在“新建”对话框中对所建文件进行各种设定：在“名称”文本框中输入图像名称(如 lx)；在“预设”下拉列表中选择已设定的图像尺寸，也可在“宽度”和“高度”文本框中输入自定的尺寸，在文本框后面的下拉列表中还可选择不同的度量单位；“分辨率”的单位习惯上采用像素/英寸，如果制作的图像用于印刷，需设定 300 像素/英寸的分辨率；在“颜色模式”中选择图像的色彩模式（RGB、CMYK、Lab、灰度、位图）；“图像大小”后面显示的是当前文件的大小，数据随着宽度、高度、分辨率的数值及模式的改变而改变；在“背景内容”中可从系统提供的白色、背景色和透明三种背景项中选择一种背景，其中：“背景色”是使用当前设置的背景色（可在工具箱中看到，见图 3.3）；“透明”是不设置背景的颜色。

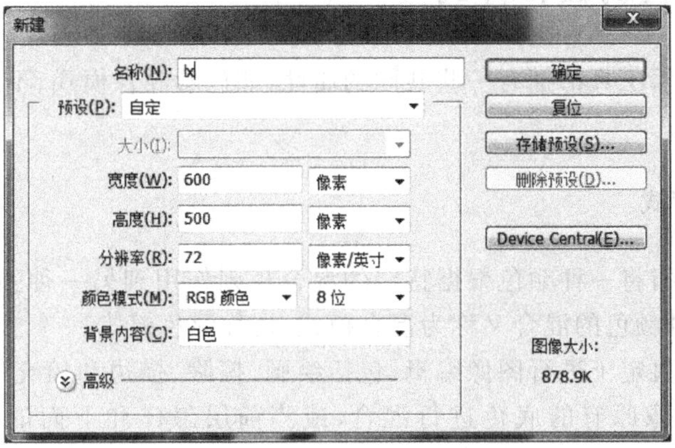

图 3.4　“新建”对话框

2. 打开文件

选择菜单栏中的“文件/打开”命令，在“打开”对话框中选择要编辑的图像文件。要想连续或跳跃式地打开多个文件，在选择时可按下 Shift 键或 Ctrl 键，然后单击“打开”按钮。

3. 置入文件

置入文件是在当前正在编辑的图像中叠加一个已有的图像文件。

选择菜单栏中的“文件/置入”命令，在“置入”对话框中选择要置入的图像文件即可。

4. 保存文件

选择菜单栏中的“文件/存储”或“文件/存储为”命令，在“存储为”对话框中选择存储位置、图片格式及名称。

注意：Photoshop 保存文件默认的格式是 Photoshop 的固有格式“PSD 格式”，除图像外它可以保存图层、通道等信息。由于用 PSD 格式保存图像时，图像没有压缩，所以文件较大。当然，用户在保存时也可以选择将其保存为其他格式的文件，如 JPG 格式，但这些格式不保存图层、通道等信息，因此不能再对图像进行修改，所以在编辑图像过程中通常保存其 PSD 格式（以便将来进一步修改图像），然后再保存一个所需要的其他格式的文件。

3.2 Photoshop CS5 工具箱的使用

3.2.1 设置属性和样式

大多数图像编辑工具都拥有一些共同的属性，如色彩混合模式、不透明度、动态效果、压力和笔刷形状等。

1. 色彩混合模式

色彩混合模式指将一种颜色根据特定的混合规则作用到另一种颜色上，从而得到结果颜色的方法，这种颜色的混合又称为混合模式，也称混色模式。

色彩混合模式决定了进行图像编辑（包括绘画、擦除、描边和填充等）时，当前选定的绘图颜色怎样和图像原有的底色进行混合，或当前层怎样和下面的层进行色彩混合。表 3.1 给出了 Photoshop CS5 提供的主要色彩混合模式。

表 3.1 色彩混合模式

混合模式	混合模式	混合模式	混合模式
正常模式	重叠模式	变暗模式	饱和度模式
溶解模式	柔光模式	变亮模式	颜色模式
背后模式	强光模式	差值模式	亮度模式
正片叠底模式	颜色减淡模式	排除模式	
叠加模式	颜色加深模式	色度模式	

要设置色彩混合模式，对于绘图工具而言，可通过该工具的属性和样式栏选择，对于图层而言，可利用图层面板选择。

2. 设置不透明度

通过设置不透明度，可以决定底色的透明程度，其取值范围是 1%～100%，值越小，透明度越大。

对于工具箱中的很多工具，在属性和样式栏中都有设置不透明度项，设置不同的值，作用于图像的力度不同。此外，在图层面板中也有不透明度项，除了背景层之外的图层都能设置透明度，透明度不同，叠加在各种图层上的效果也不同。

图 3.5(a)是将人所在图层的不透明度设为 100%的效果，而图 3.5(b)是将不透明度设为 50%的效果。

3. 设置流动效果

利用此功能可以绘制出由深到浅逐渐变淡的线条，该参数仅对画笔、喷枪、铅笔和橡

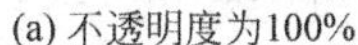

(a) 不透明度为100%

(b) 不透明度为50%

图 3.5 不透明度为 100%与 50%的效果比较

皮擦工具有效，它的取值范围是 1%～100%。流量值越大，由深到浅的效果越均匀，褪色效果越缓慢。但是如果画线较短或此数值较大，则无法表现褪色效果。

4. 设置力度效果

对于模糊、锐化和涂抹工具而言，还可以通过强度(力度)参数来设置图像处理时的透明度，力度越小，颜色变化越少。

5. 设置画笔

在使用画笔、图章、铅笔等工具时，可通过画笔预设板(如图 3.6 所示)选择画笔笔尖的形状(硬边笔刷、软边笔刷)和尺寸，以便修饰图像细节。此外，还可以通过画笔面板安装、设置画笔，更改画笔的大小和形状，以便自定义专用画笔。

Photoshop CS5 将画笔面板单独列出来，当使用需要画笔的工具时，打开该面板单击选定需要的画笔即可；当使用不需要画笔的工具时，画笔面板中的画笔为灰色不可用状态。

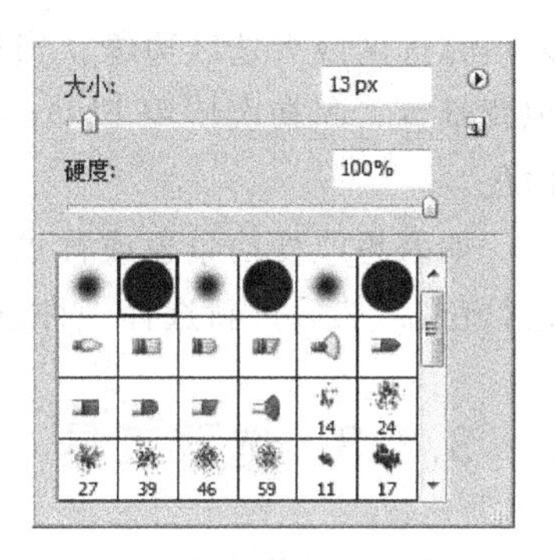

图 3.6 画笔预设板

3.2.2 色彩控制器

1. 颜色拾色器

颜色拾色器(如图 3.7 所示)专门用于颜色的设置或选择，在使用绘图工具时，可以使用 HSB、RGB、Lab 和 CMYK 4 种颜色模型来选取颜色。使用颜色拾色器可以设置前景色、背景色和文本颜色，还可以为不同的工具、命令和选项设置目标颜色。

在颜色拾色器中选择颜色时，会同时显示 HSB、RGB、Lab、CMYK 和十六进制数的数值，这对于查看各种颜色模型描述颜色的方式非常有用。

如果选中“只有 Web 颜色”复选框，则颜色拾色器将提供 Web 安全颜色面板中的颜色。

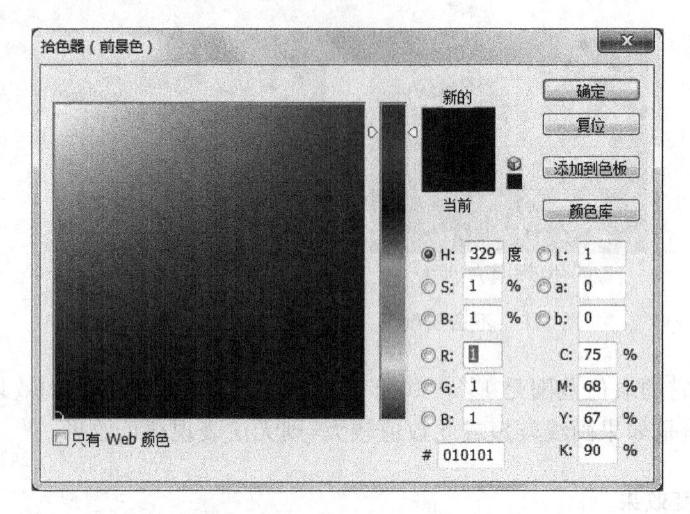

图 3.7 Adobe 拾色器

2. 前景色、背景色

在 Photoshop 中，当使用绘图工具时，可将前景色绘制在图像上，前景色也可以被用来填充选区或者选区边缘。当使用橡皮擦工具或删除选区时，图像上会删除前景色而出现背景色。当初次使用 Photoshop 时，前景色和背景色用的是默认值，即分别为黑色和白色。

如果想改变前景色或背景色，只需单击工具箱中的前景色或背景色色块，即可调出颜色拾色器，然后重新选择一种颜色即可。

3.2.3 选取工具

选取工具用来选择图像编辑区域中的一个区域或元素，包括规则选取工具、任意形状选取工具、基于颜色选取工具。

1. 规则选取工具

规则选取工具用于在编辑图形时选出一个规则区域，如矩形、椭圆等。单击此类选取工具，在属性和样式栏中会出现相应的选项，图 3.8 是矩形选框工具的属性和样式栏，其左端有 4 个按钮，分别是新选区、添加到选区、从选区减去、与选区交叉。

图 3.8 矩形选框工具的属性和样式栏

1) 矩形选框工具

矩形选框工具用于在被编辑的图像中或在单独的图层中选出一个矩形区域。其中,属性和样式栏中的"消除锯齿"复选框用于使选区边缘更加光滑,也可以设置其羽化值。

2) 椭圆选框工具

椭圆选框工具用于在被编辑的图像中或在单独的图层中选出一个圆形或椭圆区域。图 3.9 是用椭圆选框工具选取的椭圆,其中,(a)没有使用羽化效果,即羽化值为 0px(像素);(b)是将羽化值设为 200px(像素)的效果。

(a) 没有羽化的椭圆效果

(b) 羽化的椭圆效果

图 3.9 矩形选框工具的属性和样式栏

3) 单行选框工具和单列选框工具

单行选框工具和单列选框工具用于在被编辑的图像中或在单独的图层中选出一个像素宽的横行区域或竖行区域。

对于单行或单列选框工具,要建立一个选区,可以在要选择的区域旁边单击,然后将选框拖动到合适的位置。如果看不到选框,可增加图像视图的放大倍数。

2. 任意形状选取工具

任意形状选取工具包括套索工具、多边形套索工具和磁性套索工具。

1) 套索工具

拖动套索工具,可以选择图像中任意形态的部分。

2) 多边形套索工具

多边形套索工具的使用方法是单击形成固定起始点,然后移动鼠标拖出直线,在下一个点单击形成第二个固定点,以此类推,直到形成完整的选取区域,当终点与起始点重合时,在图像中多边形套索工具的小图标右下角会出现一个小圆圈,表示此时单击可与起始点连接,形成封闭的、完整的多边形选区。用户也可在任意位置双击鼠标,此时会自动连接起始点与终点形成完整的封闭选区。

3) 磁性套索工具

使用磁性套索工具可以轻松地选取具有相同对比度的图像区域。

其使用方法是按住鼠标在图像中不同对比度区域的交界附近拖动,Photoshop 会自动将选区边界吸附到交界上，当鼠标指针回到起始点时，磁性套索工具的小图标右下角会出现一个小圆圈，这时松开鼠标即可形成一个封闭的选区。

3. 基于颜色选取工具

1) 快速选择工具

快速选择工具是一种基于色彩差别但却使用画笔智能查找主体边缘的方法。

其使用方法是选择合适大小的画笔，在主体内按住画笔并稍加拖动，选区便会自动延伸，查找到主体的边缘。在其属性和样式栏中有选择、添加和减去3个按钮(如图3.10所示)，分别用于选择新的区域、在已选择区域扩大选择区域、在已选择区域减少选择区域。

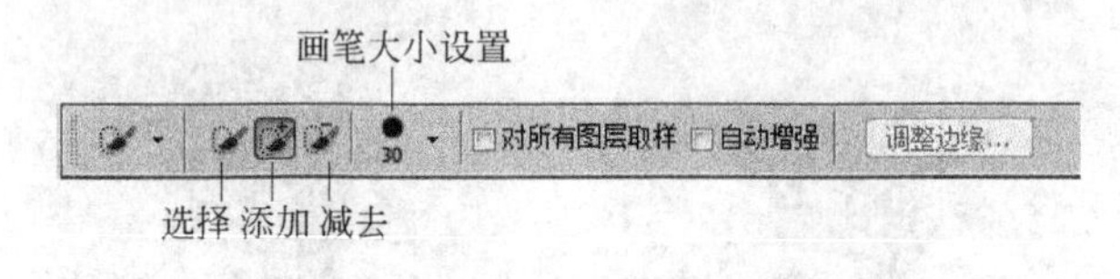

图3.10 快速选择工具的属性和样式栏

2) 魔棒工具

魔棒工具是根据相邻像素的颜色相似程度来确定选区的选取工具。

在使用时，Photoshop将确定相邻的像素是否在同一颜色范围容许值之内，所有在容许值范围内的像素都会被选上。这个容许值可以在其属性和样式栏中定义，其中，容差的取值范围是0～255，默认值为32。

在其属性和样式栏中有4个按钮(如图3.11所示)，分别用于选择新区域、增加选择区域、去除已选择区域和与选区交叉。而"对所有图层取样"复选框和Photoshop中特有的图层有关，在选中此复选框后，不管当前在哪个图层上操作，所使用的魔棒工具将对所有的图层起作用，而不是仅仅对当前图层起作用。

图3.11 魔棒工具的属性和样式栏

注意：使用上面几种选取工具时，如果按住Shift键，可以添加选区，如果按住Alt键，可以减去选区。

4. 裁切类工具

1) 裁剪工具

裁剪工具是将图像中被选取的图像区域保留，而将没有被选中的图像区域删除的一种编辑工具。在裁剪工具对应的属性和样式栏中，"裁剪区域"后面有两个单选按钮(如图3.12所示)，如果选中"删除"单选按钮，执行裁剪命令后，裁剪框以外的部分被删除；

如果选中“隐藏”单选按钮，裁剪框以外的部分被隐藏起来，此时使用工具箱中的抓手工具对图像进行移动，隐藏的部分可以被移动出来。如果“裁剪区域”后面的两个单选按钮不可选，说明当前图像只有一个背景层，可在图层面板中将背景层转为普通图层。

图 3.12 裁剪工具的属性和样式栏

选中“透视”复选框后，裁剪框的每个角把手都可以任意移动，调整裁剪框形状。确认后可以使正常的图像具有透视效果，也可以使具有透视效果的图像变成平面的效果。

2) 切片工具

切片工具，主要用来将源图像分成许多功能区域。将图像存为 Web 页时，每个切片作为一个独立的文件存储，文件中包含切片自己的设置、颜色面板、链接、翻转效果及动画效果。

3) 切片选择工具

切片选择工具用于选择用切片工具切出的切片，并可通过其属性和样式栏的层次调整按钮调整重叠切出的层次。

5. 取样与测量工具

Photoshop CS5 提供了颜色采取功能，利用取样工具可以精确地采取图像中像素点的颜色参数值，并以此来设定颜色或作为色彩控制参考。Photoshop CS5 还提供了距离和角度测量功能，利用测量工具可以测量图像中任意两点的距离和相对角度，还可以使用两条测量线来创建一个量角器，以测定角度。该类工具包括的具体工具如图 3.13 所示。

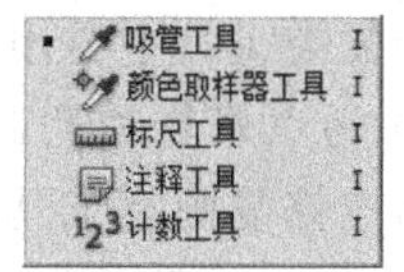

图 3.13 取样与测量类工具

1) 吸管工具

用户可以利用吸管工具在图像中取色样，以改变工具箱中的前景色或背景色。用此工具在图像上单击，工具箱中的前景色就会显示所选取的颜色，如果在按住 Alt 键的同时，用此工具在图像上单击，工具箱中的背景色显示为所选取的颜色。

2) 颜色取样器工具

使用颜色取样器工具可以获取多达 4 个色样，并可按不同的色彩模式将获取的每一个色样的色值在信息面板中显示出来，从而提供了进行颜色调节工作所需的色彩信息，能够更准确、更快捷地完成图像的色彩调节工作。

在使用颜色取样器工具之前应先在“窗口”菜单下选择“信息”命令将信息面板调出，然后在工具箱中选取颜色取样器工具，在图像的 4 个不同区域分别单击 4 次，图像的相对区域即会出现 4 个标有 1、2、3、4 的色样点图标。

3) 标尺工具

标尺工具是非常精准的测量及图像修正工具。当用该工具拉出一条直线后，会在属性和样式栏显示这条直线的详细信息，如直线的起点坐标、宽、高、长度、角度等，如图 3.14

所示。这些都是以水平线为参考的。有了这些数值,就可以判断一些角度不正的图像的偏斜角度,方便精确地校正。

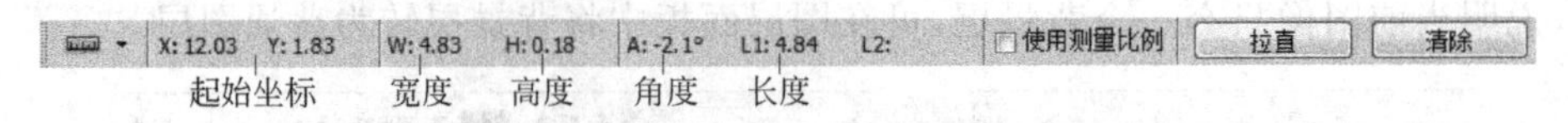

图 3.14 标尺工具的属性和样式栏

4) 注释工具

注释工具用于对图像上的某部分添加注释,当然,注释内容写在其他地方,不会影响图像的内容。浏览时单击注释即可打开注释。

5) 计数工具

计数工具用于统计画面中重复使用的元素。在使用的时候只要在需要标注的地方单击一下,就会出现一个数字,继续单击这些数字会按阿拉伯数字递增。

3.2.4 位图绘制工具

Photoshop 提供的绘制工具分为位图绘制工具和矢量图绘制工具两大类,用矢量图绘制工具绘制的图形可以方便地转换为位图模式。

1. 修复类工具

修复类工具主要用于对图像的颜色、污点等进行修复。

1) 污点修复画笔工具

污点修复画笔工具可移去污点和对象,它自动从修饰区域的周围取样来修饰污点及对象。图 3.15 是使用污点修复画笔工具对原始图片树干上的一个疤痕进行修复的对比图,其中,(a)为原图,(b)为修复后的效果图。

(a) 原图

(b) 修复后

图 3.15 使用污点修复画笔工具

2) 修复画笔工具

修复画笔工具可以将破损的照片进行仔细的修复。首先要按下 Alt 键,利用光标定义好一个与破损处相近的基准点,然后放开 Alt 键,反复涂抹就可以了。

3）修补工具

修补工具可以从图像的其他区域或使用图案来修补当前选中的区域。修补工具和修复画笔工具的相同之处是，修复的同时保留图像原来的纹理、亮度及层次等信息。

其使用方法是先勾勒出一个需要修补的选区，此时会出现一个选区虚线框，移动鼠标时这个虚线框会跟着移动，将其移动到适当的位置（例如与修补区相近的区域）单击即可。

4）红眼工具

使用红眼工具能够简化图像中特定颜色的替换，可以用校正颜色在目标颜色上绘画，例如绘制人物等的红眼。

2. 画笔类工具

画笔类工具以画笔或铅笔的风格在图像或选择区域内绘制图像。

在使用该类工具的时候，在其属性和样式栏中会涉及一些共同的选项，如不透明度、流量、强度或曝光度。

(1) 不透明度：用来定义使用画笔工具、铅笔工具、仿制图章工具、图案图章工具、历史记录画笔工具、历史记录艺术画笔工具、渐变工具和油漆桶工具绘制的时候，笔墨覆盖的最大程度。

(2) 流量：用来定义使用画笔工具、仿制图章工具、图案图章工具及历史记录画笔工具绘制的时候，笔墨扩散的量。

(3) 强度：用来定义模糊、锐化和涂抹工具作用的强度。

(4) 曝光度：用来定义减淡工具和加深工具的曝光程度，类似摄影技术中的曝光量，曝光量越大，透明度越低，反之，线条越透明。

虽然以上各项具有不同的名称，但它们实际上控制的都是工具的操作力度。通常，"强度"和"曝光度"的默认值（即第一次安装软件，软件自定的设置值）是50%，"不透明度"和"流量"的默认值是100%。

1）画笔工具

画笔工具可以创建出较柔和的笔触，笔触的颜色为前景色。其属性和样式栏如图3.16所示。

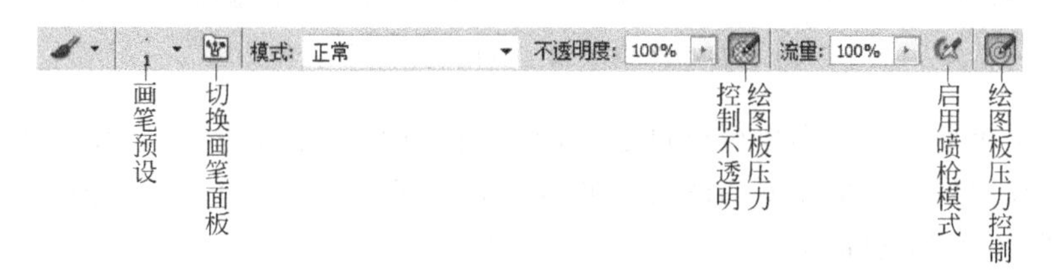

图3.16　画笔工具的属性和样式栏

画笔效果可以通过画笔预设和切换画笔面板设定项来实现。当选中喷枪效果时，即使在绘制线条的过程中有所停顿，喷笔中的颜料仍会不停地喷射出来，在停顿处会出现一个颜色堆积的色点。

如果想使绘制的画笔保持直线效果，可在画面上单击，确定起始点，然后在按住Shift

键的同时移动鼠标,再单击鼠标右键,两个单击点之间就会自动连接起来形成一条直线。

2) 铅笔工具

铅笔工具可以创建出硬边的曲线或直线,它的颜色为前景色。铅笔工具的属性和样式与画笔工具基本相同,其中,"自动抹掉"复选框被选中后,可以用前景色与背景色交替在绘图区域绘图,即如果开始时用工具箱中的前景色绘图,则在刚绘图上再绘图,此时铅笔工具将用背景色绘图。

3) 颜色置换工具

颜色置换工具可以用一种新的颜色来代替选定区域的颜色。

4) 混合器画笔工具

混合器画笔工具可模拟真实的绘画技术(例如混合画布颜色和使用不同的绘画湿度)。

3. 图章工具

图章工具根据其作用方式不同被分成仿制图章和图案图章两个独立的工具,其功能分别是将选定的内容复制或填充到另一个区域。

1) 仿制图章工具

仿制图章工具可以复制图像的一部分或全部,从而产生某部分或全部的复制,它是修补图像时经常用到的编辑工具。

用仿制图章工具复制图像,首先要按下 Alt 键,利用图章定义好一个基准点,然后放开 Alt 键,反复涂抹就可以复制了。

2) 图案图章工具

图案图章工具可将各种图案填充到图像中。

方法是,先选择一个填充复制的区域,再在图案图章工具的属性和样式栏(如图 3.17 所示)的"图案"拾色器中选择预定的图案,然后使用图案图章工具在选定的区域用鼠标拖动复制。

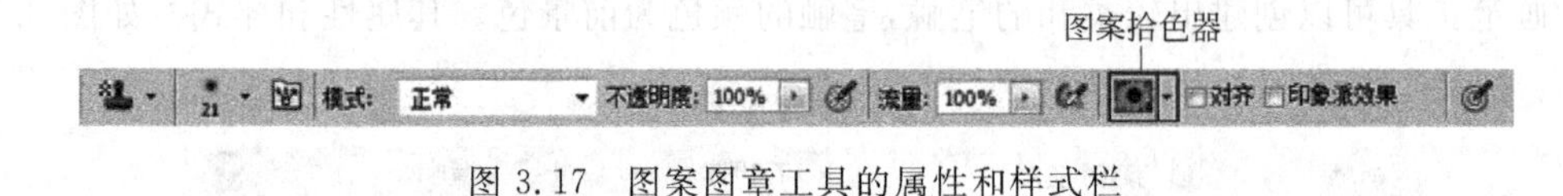

图 3.17 图案图章工具的属性和样式栏

"图案"拾色器中的图案也可以自定义,方法是,用没有羽化设置(羽化值为 0px)的矩形选框工具在图像中选取需要的图案区域,再选择"编辑"菜单中的"定义图案"命令,定义一个图案到"图案"拾色器中。

4. 历史记录工具

在 Photoshop CS5 中,历史记录工具包括历史记录画笔工具和历史记录艺术画笔工具。该类工具要与 Photoshop 的历史记录面板配合使用。

1) 历史记录画笔工具

当历史记录面板中某一步骤前的历史记录画笔工具图标被选中后,用工具箱中的历史记录画笔工具可将图像修改恢复到此步骤时的图像状态。

2）历史记录艺术画笔工具

历史记录艺术画笔工具主要用来绘制不同风格的油画质感图像。

在历史记录艺术画笔工具的属性和样式栏（如图3.18所示）中，“样式”用于设置画笔的风格样式，“模式”用于选择绘图模式，“区域”用于设置画笔的渲染范围，“容差”用于设置画笔的样式显示容差。

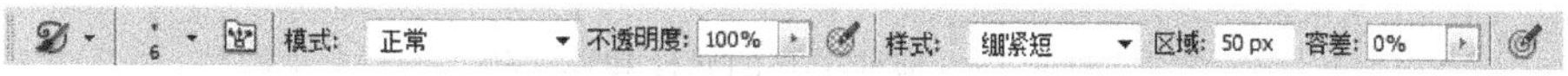

图3.18　历史记录艺术画笔工具的属性和样式栏

在进行绘画时，应先在属性和样式栏中进行艺术画笔的属性设置和样式的选择，然后再在绘图区中进行艺术绘画。

历史记录画笔和历史记录艺术画笔工具的区别是，历史记录画笔工具只是将绘画源中的数据照搬，而历史记录艺术画笔工具参照绘画源数据信息，并根据属性和样式栏中的设定创建不同的艺术效果。

5. 擦除工具

Photoshop CS5中提供了橡皮擦、背景橡皮擦和魔术橡皮擦3种擦除工具。

1）橡皮擦工具

橡皮擦工具可将图像擦除至工具箱中的背景色，并可将图像还原到历史记录面板中图像的任何一个状态。

2）背景橡皮擦工具

背景橡皮擦工具可将被擦除区域的背景色擦掉，被擦除的区域将变成透明。使用背景橡皮擦工具可以有选择地擦除图像，主要通过设置采样色，然后擦除图像中颜色和采样色相近的部分。

3）魔术橡皮擦工具

魔术橡皮擦工具可根据颜色近似程度来确定将图像擦成透明的程度，而且它的去背景效果比常用的路径还要好。

当使用魔术橡皮擦工具在图层上单击时，该工具会自动将所有相似的像素变为透明，如果当前操作的是背景层，操作完成后背景层将变成普通图层。如果是锁定透明的图层，像素将变为背景色。

6. 填充颜色工具

填充颜色工具包括渐变工具和油漆桶工具。

1）渐变工具

渐变工具可以在图像区域或图像选择区域填充一种渐变混合色。该工具的使用方法是按住鼠标拖动，形成一条直线，直线的长度和方向决定渐变填充的区域和方向。如果在拖动鼠标时按住Shift键，可保证渐变的方向是水平、竖直或成45°角。

其属性和样式栏的“渐变”拾色器提供了填充颜色的选择,同时属性和样式栏还提供了线性渐变、径向渐变、角度渐变、对称渐变和菱形渐变 5 种基本渐变模式,如图 3.19 所示。

图 3.19 渐变工具的属性和样式栏

2) 油漆桶工具

油漆桶工具可以根据图像中像素颜色的近似程度来填充前景色或连续图案。

油漆桶工具的属性和样式栏(如图 3.20 所示)提供了前景和图案选择,前景表示在图中填充的是工具箱中的前景色;图案表示可选择指定图案来填充。

图 3.20 油漆桶工具的属性和样式栏

7. 调焦工具

调焦工具包括模糊工具、锐化工具和涂抹工具,此组工具可以使图像中某部分像素的边缘模糊或清晰,可以使用此组工具对图像细节进行修饰。

1) 模糊工具

模糊工具可以降低图像中相邻像素的对比度,将较硬的边缘柔化,使图像变得柔和。

2) 锐化工具

锐化工具可以增加相邻像素的对比度,将模糊的边缘锐化,使图像聚焦。

3) 涂抹工具

涂抹工具模拟用手指涂抹油墨的效果,以涂抹工具在颜色的交界处作用,会有一种相邻颜色互相挤入而产生的模糊感。

8. 色彩微调工具

色彩微调工具包括减淡、加深和海绵 3 种工具。使用此组工具可以对图像的细节部分进行调整,可以使图像的局部变亮、变深或色彩的饱和度降低。

1) 减淡工具

减淡工具可使图像的细节部分变亮,类似于加光的操作,使图像的某一部分淡化。

2) 加深工具

加深工具可使细节部分变暗,类似于遮光的操作。

3) 海绵工具

海绵工具用来增加或降低图像中某种颜色的饱和度。海绵工具的属性和样式栏提供了“降低饱和度”和“饱和”模式选项(如图 3.21 所示)。其中,“饱和”选项增加图像中某部分的饱和度;“降低饱和度”选项减少图像中某部分的饱和度。“流量”用来控制加色或去色的程度,另外还可以选择喷枪效果。

图 3.21　海绵工具的属性和样式栏

如果在画面上反复使用海绵的降低饱和度效果,则可能使图像的局部变为灰度;而使用饱和方式修饰人像面部的变化时,又可得到绝好的上色效果。

3.2.5　矢量图绘制工具

矢量图绘制工具提供了创建、编辑矢量图形的功能。矢量图形是由一条条直线和曲线构成的,在填充颜色时,系统将按照用户指定的颜色沿曲线的轮廓线边缘进行着色处理。矢量图形的颜色与分辨率无关,当图形被缩放时,对象能够维持原有的清晰度以及弯曲度,且颜色和外形也不会发生偏差和变形。

1. 路径绘制工具

路径绘制工具主要用来绘制路径或给图像中的物体描边。该组工具主要包括钢笔工具、自由钢笔工具、添加锚点工具、删除锚点工具、转换点工具。

钢笔工具除了绘制几何形状以外,更多的是用来选择图像中的物体,即将物体的轮廓用钢笔工具勾画出来后转换成选区,钢笔工具是创建精确选区的一种方法。

2. 路径选择工具

路径选择工具主要用于路径的选择。该组工具包括路径选择工具和直接选择工具,通常要结合路径面板使用。

3. 文字工具

Photoshop CS5 的文字工具主要包括横排文字工具、直排文字工具、横排文字蒙版工具和直排文字蒙版工具。文字工具主要用来输入文字、选取文字、更改字体、排列文字、改变文字的颜色及大小等。

使用这些工具可创建点文本、区域文字、路径文本等。输入文字后,使用字符面板可设置文本的字符格式;使用段落面板可设置文本的段落格式。另外,还可以创建丰富的文字特效,如变形文字、应用预设样式,或在文本中插入图形,使文本围绕图形进行排列,以获得图文并茂的效果。

1) 输入点文字

点文字是一种不会自动换行的文本,可以通过按 Enter 键进入下一行。输入点文字按以下步骤操作：

(1) 选择横排文字或直排文字工具。

(2) 用鼠标在图像中单击，为文字设置光标插入点。

(3) 在字符面板和段落面板中设置文字选项。

(4) 输入所需要的文字。

2) 输入段落文字

段落文字是以区域边框来确定文字的位置与换行情况的文字，边框里的文字会自动换行。输入段落文字按以下步骤操作：

(1) 选择文字工具。

(2) 在页面中拖动鼠标，松开鼠标后就会创建一个区域(文字输入符显示在段落区域边框中)。

(3) 创建完段落文字框后，就可以直接输入文字，也可以从其他地方把文字复制过来。

段落文字区域有8个控制大小的控制点，用于调整区域框的大小和旋转。具体操作如下：

(1) 按住Ctrl键的同时拖动段落文字边框4个角的控制点，不仅可以放大、缩小文字框，还可以同时放大、缩小文字。若同时按住Shift键，可以成比例缩放，文字不会变形。

(2) 按住Ctrl键，将鼠标放在文字框各边框中间的边框控制点上拖动，可以使文字发生倾斜变形，同时按住Shift键，可限定变形的方向。

(3) 在不按任何键时，当鼠标移动到段落文字区域框4个角的任意一个控制点时都会变成双向弯曲箭头形状，拖动鼠标，可以旋转段落文字区域框。

3) 输入路径文字

路径文字指沿着一个路径来输入文字，如使用钢笔、直线或形状等工具绘制路径，然后沿着路径输入文字。另外，可以根据需要移动或更改路径的形状，使文字按新的路径或形状进行排列。图3.22所示为沿着一条用钢笔绘制的曲线输入文字的效果。

图3.22 沿曲线输入文字的效果

使用文字工具输入文字，Photoshop会先自动建立一个文字图层，然后在文字图层中放置输入的文字。

使用横排文字蒙版工具，在图像中单击，同样会出现输入符，但整个图像会被蒙上一层半透明的红色，相当于快速蒙版，此时可以直接输入文字，并对文字进行编辑和修改。单击其他工具，蒙版状态的文字会转换为虚线的文字边框，相当于创建的文字选区。使用直排文字蒙版工具，可以创建垂直的文字选区。

4. 形状绘制工具

形状绘制工具包括矩形工具、圆角矩形工具、椭圆工具、多边形工具、直线工具和自定形状工具，使用它们可以方便地绘制出各种常见的形状及其路径。该类工具具有大致相同的属性和样式栏，如图 3.23 所示。其中，单击“形状图层”按钮，可以画出所选图形的矢量图形；单击“路径”按钮，则只画出一个路径；单击“填充像素”按钮，可以画出所选图形的位图图形。

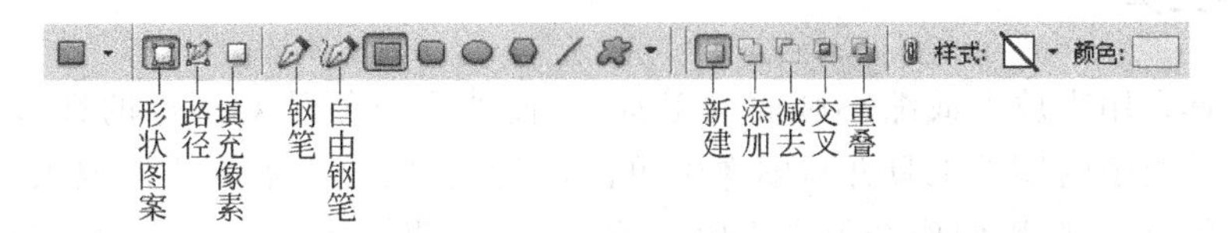

图 3.23 形状绘制工具的属性和样式栏

另外，自定形状工具提供了更多的形状，如图 3.24 所示。

图 3.24 自定形状工具提供的形状

3.2.6 元素和画布移动工具

1. 移动工具

使用移动工具可以将图像中被选取的区域进行移动(此时鼠标指针必须位于选区内，其图标表现为黑箭头右下方带有一个小剪刀)。如果图像不存在选区或鼠标指针在选区外，那么用移动工具可以移动整个图层。

2. 抓手工具

抓手工具是用来移动画面，从而使用户能够看到滚动条以外图像区域的工具。抓手工具和移动工具的区别在于：它实际上并不移动像素或是以任何方式改变图像，而是将图像的某一区域移到屏幕显示区内。双击抓手工具，可将整幅图像完整地显示在屏幕上。如果在使用其他工具时想移动图像，可以按住 Ctrl＋空格键，此时原来的工具图标会变为手掌图标，图像将会随着鼠标的移动而移动。

3. 旋转视图工具

旋转视图工具用于旋转画布。选择该工具后用鼠标轻轻按住拖动，画布就会旋转。在其属性和样式栏中有一个复位按钮，方便做好效果后快速回到之前的位置。

注意：使用菜单栏中的"旋转画布"命令旋转任意角度的时候会改变画布大小，而使用旋转视图工具不会改变画布大小。

4. 缩放工具

缩放工具是用来放大或缩小画面的工具，从而非常方便地对图像的细节加以修饰。如果选择工具箱中的缩放工具并在图像中单击，图像会以单击点为中心放大一倍。如果在单击时按住 Alt 键，则图像会缩小为原来的 1/2。如果双击工具箱中的缩放工具，图像会以 100%的比例显示。在缩放工具的属性和样式栏(如图 3.25 所示)中可选中"调整窗口大小以满屏显示"复选框，这样当使用缩放工具时，图像窗口会随着图像的变化而变化，如果不选中此复选框，则无论图像如何缩放，窗口的大小始终不变，除非用鼠标单击窗口右上角的调节框。另外，也可通过属性和样式栏中的"实际像素"、"适合屏幕"、"填充屏幕"3 个按钮调整图像在窗口中的显示。

图 3.25 缩放工具的属性和样式栏

3.2.7 3D 工具

3D 工具提供了对 3D 对象和 3D 相机的操作功能，具体包含的工具如图 3.26 所示，具体作用见表 3.2。

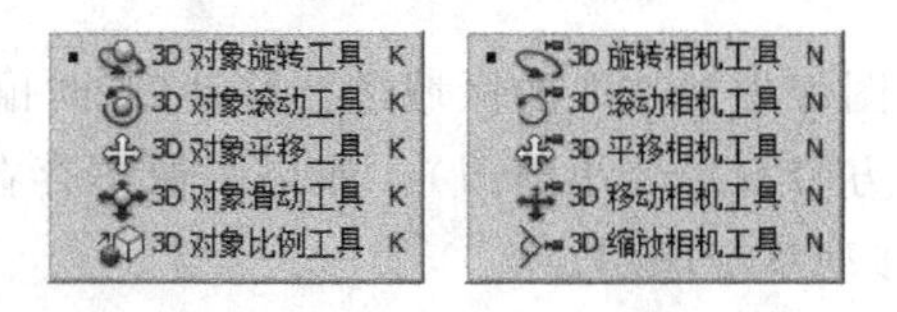

图 3.26 3D 对象和 3D 相机工具

表 3.2 3D 工具的作用

工 具	作 用
3D 对象旋转工具	可使对象围绕其 X 轴旋转
3D 对象滚动工具	可使对象围绕其 Z 轴旋转
3D 对象平移工具	可使对象沿 X 或 Y 方向平移
3D 对象滑动工具	可沿水平方向拖动对象时横向移动对象，或沿垂直方向拖动时前进或后退
3D 对象比例工具	可增大或缩小对象

续表

工　具	作　用
3D旋转相机工具	可将相机沿X或Y方向环绕移动
3D滚动相机工具	可将相机围绕Z轴旋转
3D平移相机工具	可将相机沿X或Y方向平移
3D移动相机工具	可沿水平方向拖动相机时横向移动相机，或沿垂直方向拖动时前进或后退
3D缩放相机工具	可拉近或拉远视角

3.3 图像色彩的调整

颜色在图像修饰中是很重要的内容，可以产生对比效果，使图像更加漂亮。正确地运用颜色，能使黯淡的图像明亮绚丽，使毫无特色的图像充满活力。在进行图形处理时，经常需要进行图像颜色的调整，例如调整图像的色相、饱和度或明暗度等。Photoshop CS5提供了大量的色彩调整和色彩平衡功能，使用它们可以非常方便地完成图像色彩的调整。

3.3.1 色阶

色阶是指图像中的颜色或颜色中的某一组成部分的亮度范围。在Photoshop中选择菜单栏中的"图像/调整/色阶"命令(或按Ctrl+L键)，会弹出如图3.27所示的"色阶"对话框。

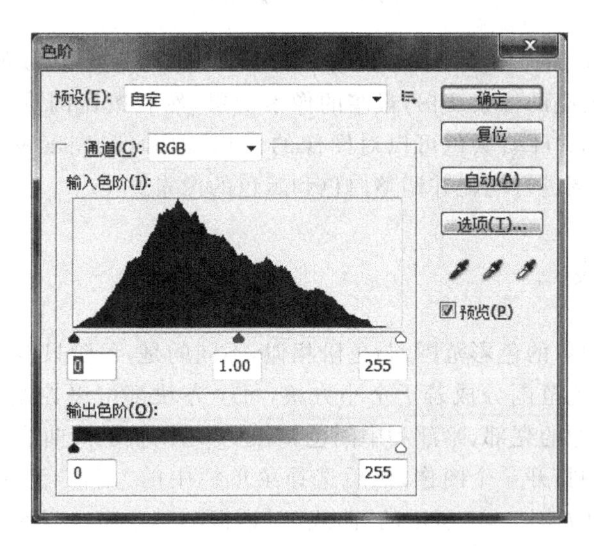

图3.27　"色阶"对话框

图3.27是根据每个亮度值(0～255)处像素点的多少来划分的，最暗的像素点在左边，最亮的像素点在右边。

(1) 通道：其右侧的下拉列表中包括了图像所使用的所有色彩模式，以及各种原色通道。如图像应用 RGB 模式，在该下拉列表中包含 RGB、红、绿和蓝 4 个通道，在通道中所做的选择将直接影响该对话框中的其他选项。

(2) 输入色阶：用来指定选定图像的最暗处(左边的框)、中间色调(中间的框)、最亮处(右边的框)的数值，改变数值将直接影响色调分布图中 3 个滑块的位置。

(3) 色调分布图：用来显示图像中明、暗色调的分布。在"通道"下拉列表中选择的颜色通道不同，其分布图的显示也不同。

(4) 输出色阶：通过对两侧的文本框进行数值输入，可以调整图像的亮度和对比度。

(5) 吸管工具：该对话框有 3 个吸管工具，由左至右依次是"设置黑场"、"设置灰场"和"设置白场"工具，单击鼠标左键，可以在图像中以取样点作为图像的最亮点、灰平衡点和最暗点。

(6) 自动：单击该按钮，将自动对图像的色阶进行调整。

例如，图 3.28(a)是未调色阶的原始图，而图 3.28(b)是调整最暗处(左边的框)的值为 60 时得到的效果图。

(a) 未调色阶的原始图

(b) 调整色阶后的效果图

图 3.28 调整色阶

另外，Photoshop 还提供了"自动色阶"、"自动对比度"和"自动颜色"命令。自动色阶可以自动使图像中最亮的像素变白，最暗的像素变黑，然后按比例重新分配其像素值，适合调整简单的灰阶图；自动颜色可以对图像的色相、饱和度、亮度及对比度进行自动调整，将图像的中间色调进行均化并调整白色和黑色的像素。

3.3.2 曲线

曲线用来调整图像的色彩范围，与色阶相似，不同的是，色阶只能调整亮部、暗部和中间色调，而曲线将颜色范围分成若干个小方块，每个方块都可以控制一个亮度层次的变化，不仅可以调整图像的亮部、暗部和中间色调，还可以调整灰阶曲线中的任何一个点。

在 Photoshop 中打开一个图像，然后选择菜单栏中的"图像/调整/曲线"命令(或按 Ctrl+M 键)，会弹出如图 3.29 所示的"曲线"对话框。其中有一条呈 45°的线段，这就是曲线，左下角的端点代表暗调，右上角的端点代表高光，中间的过渡代表中间调，对于线段上的某个点来说，向上移动是加亮，向下移动是减暗。加亮的极限是 255，减暗的极限是 0。在左方和下方有两条从黑到白的渐变条，位于下方的渐变条代表绝对亮度的范围，所有的像素都分布在 0～255 之间。

在图 3.29 的最上方有一个预设选项(如图 3.30 所示),提供了一些直接将图像变成某种特殊图像的效果,其下是当前选择的通道,这里是 RGB。

单击 按钮(编辑点以修改曲线),然后单击图中曲线上的任一位置,会出现一个控制点,拖曳该控制点可以改变图像的色调范围;单击 按钮(通过绘制修改曲线),可以直接用笔在图中绘制自由形状的曲线。

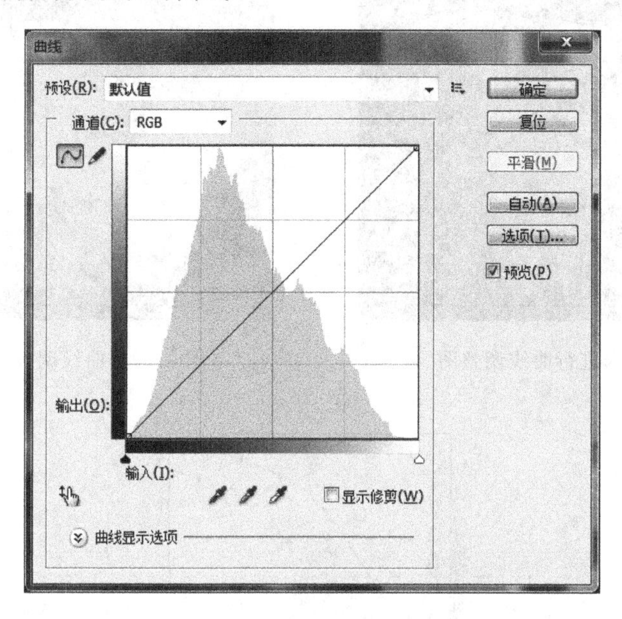

图 3.29 “曲线”对话框

在图 3.31 所示的曲线中假设有 a、b、c 3 个点,其中,a 是图像中较暗的部分,c 是较亮的部分,b 位于两者中间。经过调整使 a、b、c 3 个点移动到 a′、b′、c′后,即都向 Y 轴上方移动一段距离,由于向上移动是加亮,所以图像中的较暗部分、中间部分和较亮部分都会加亮,从而使图像整体变亮。

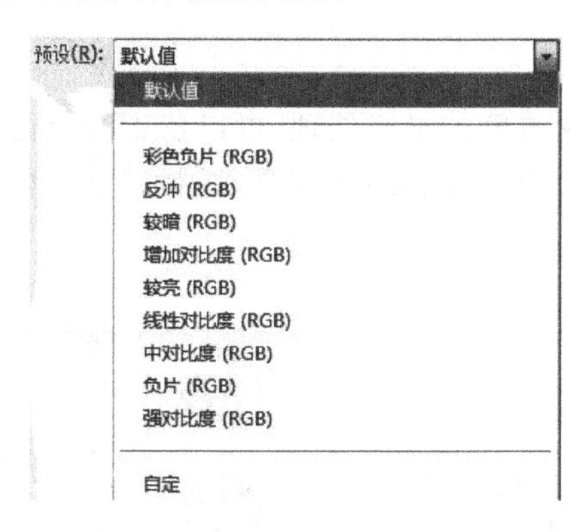

图 3.30 预设选项菜单

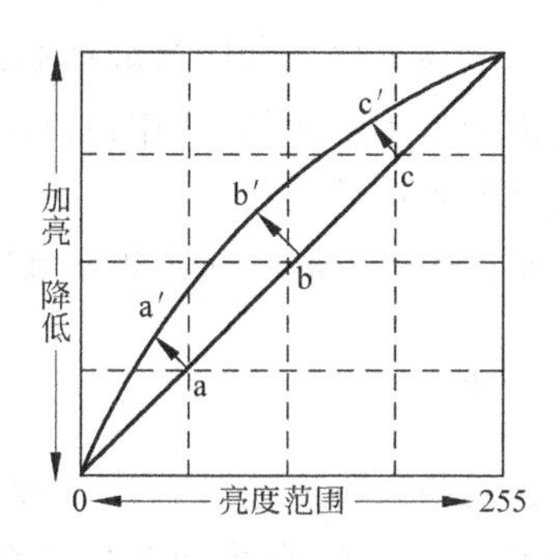

图 3.31 曲线

但 a、b、c 3 个点在 Y 轴方向上的移动距离不同,位于中间的 b 增加幅度最大,而靠近暗的 a 和靠近高光的 c 增加的幅度相对小一些,这使得原图中越暗或越亮的部分,加亮的幅度越小，位于曲线两端的点并没有移动。这意味着：如果原图中有些地方是纯黑或纯白的，那么它们并没有被加亮。

图 3.32 是打开的一幅没有用曲线调整色彩的原图，而图 3.33 是对原图的曲线进行如图 3.34 所示的调整之后获得的效果图。

图 3.32 未进行曲线调整图

图 3.33 曲线调整后的效果图

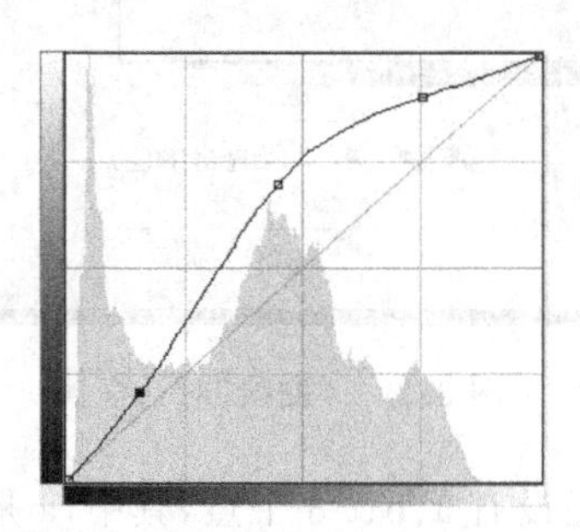

图 3.34 曲线调整

3.3.3 色彩平衡

色彩平衡可以调节图像的色调，通过对图像的色彩平衡处理，可以校正图像色偏、过饱和或饱和度不足的情况，用户也可以根据自己的喜好和制作需要，调制需要的色彩，设计出更好的画面效果。

注意：色彩平衡只有在复合通道中才可用。

1. 补色

补色是指一种原色与另外两种原色混合而成的颜色形成互为补色关系。例如，蓝色与绿色混合出青色，青色与红色互为补色。在标准色轮上，绿色和洋红色互为补色，黄色和蓝色互为补色，红色和青色互为补色，如图 3.35 所示。

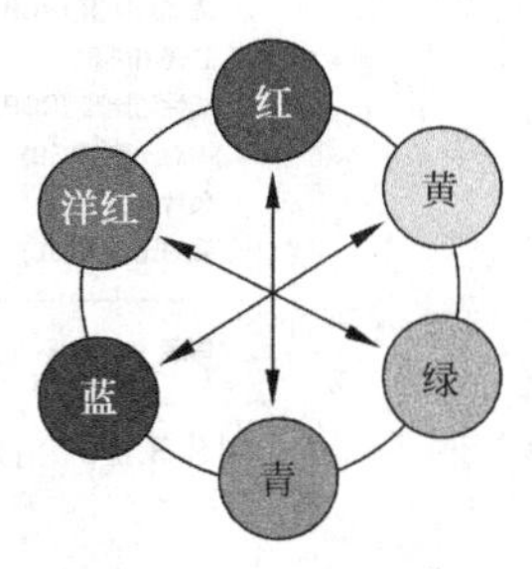

图 3.35 补色关系图

2. 色彩平衡的调整

打开一幅要调整色彩平衡的图像，然后选择菜单栏中的“图像/调整/色彩平衡”命令（或按 Ctrl+B 键），Photoshop 会弹出“色彩平衡”对话框（如图 3.36 所示）。在“色彩平衡”对话框中有 3 个滑动条，用来控制各主要色彩的变化，可以选中“阴影”、“中间调”和“高光”3 个单选按钮对图像的不同部分进行调整。选中“预览”复选框，可以在调整的同时观看生成的效果；选中“保持明度”复选框，图像像素的亮度值不变，只有颜色值发生变化。

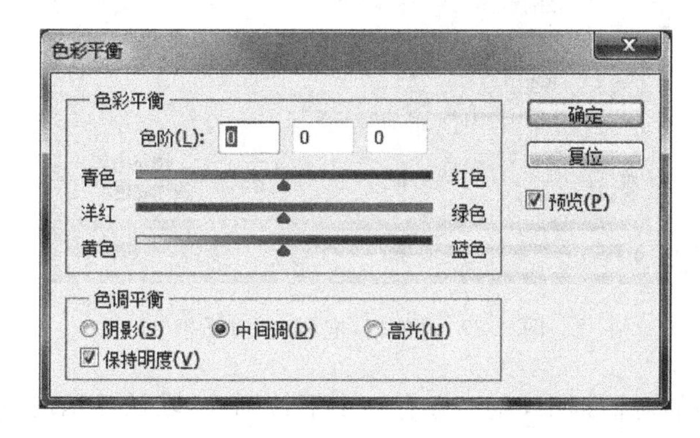

图 3.36 “色彩平衡”对话框

调整图像的颜色时，根据颜色的补色原理，要减少某个颜色，就要增加这种颜色的补色。

色彩校正通过在图 3.36 所示的“色彩平衡”对话框中移动三角形滑块或在“色阶”提供的数值框中输入数值实现。三角形滑块移向需要增加的颜色，或拖离想要减少的颜色，即可改变图像中的颜色组成，与此同时，3 个“色阶”数值框中的数值会在－100～100 之间不断变化（出现相应数值，3 个数值框分别表示 R、G、B 通道的颜色变化，如果是 Lab 色彩模式下，这 3 个值代表明度、a 和 b 通道的颜色）。将色彩调整到满意，单击“确定”按钮即可完成。

3.3.4 亮度/对比度

亮度/对比度可以对图像的亮度和对比度进行直接调整，类似调整显示器的亮度/对比度的效果。但是使用此命令调整图像颜色时，将对图像中所有的像素进行相同程度的调整，从而容易导致图像细节的损失，所以在使用此命令时要防止过度调整图像。

3.3.5 色相/饱和度

色相/饱和度不仅可以调整整个图像的色相、饱和度和明度，还可以调整图像中单个颜色成分的色相、饱和度和明度，或使图像成为一幅单色调图形。

打开一幅要调整色相/饱和度的图像，然后选择菜单栏中的“色相/饱和度”命令（或按Ctrl＋U键），Photoshop会弹出“色相/饱和度”对话框（如图3.37所示）。

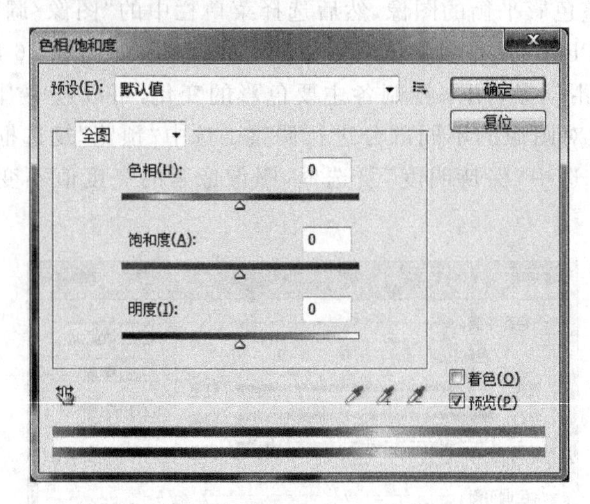

图3.37 “色相/饱和度”对话框

在图3.37所示的对话框中，左上方有一个下拉列表，默认显示的选项是“全图”，单击右边的下拉列表按钮会弹出红色、绿色、蓝色、青色、洋红和黄色6个颜色选项，用户可选择一种颜色单独调整，也可以选择“全图”选项，对图像中的所有颜色整体调整。另外，如果将对话框右下角的“着色”复选框选中，还可以将彩色图像调整为单色调图像。下面列出了“色相/饱和度”对话框中其他选项的含义。

(1) 色相：拖动滑块或在数值框中输入数值可以调整图像的色相。

(2) 饱和度：拖动滑块或在数值框中输入数值可以增大或减小图像的饱和度。

(3) 明度：拖动滑块或在数值框中输入数值可以调整图像的明度，设定范围是－100～100。对话框最下面的两个色谱，上面的表示调整前的状态，下面的表示调整后的状态。

(4) 着色：选中后，可以对图像添加不同程度的灰色或单色。

(5) 吸管工具：该工具可以在图像中吸取颜色，从而达到精确调节颜色的目的。

(6) 添加到取样：该工具可以在当前被调节颜色的基础上，增加被调节的颜色。

(7) 从取样中减去：该工具可以在当前被调节颜色的基础上，减少被调节的颜色。

3.3.6 去色

去色可以去掉图像中的所有颜色值，并将其转换为相同色彩模式的灰度图像。选择菜单栏中的“图像/调整/去色”命令（或按Shift＋Ctrl＋U键），Photoshop会直接去掉图片的颜色。图3.38是原图，图3.39是去色后的效果图。

图 3.38　原图

图 3.39　去色后的效果图

3.3.7　反相

反相可以制作类似照片底片的效果，可以对图像进行反相，即将黑色变为白色，或者从扫描的黑白阴片中得到一个阳片。若是一幅彩色的图像，反相能够将每一种颜色都反转成它的互补色。将图像反转时，通道中每个像素的亮度值会被转换成 256 级颜色刻度上相反的值。例如，运用“反相”命令，图像中亮度值为 255 的像素会变成亮度值为 0 的像素，亮度值为 55 的像素会变成亮度值为 200 的像素。

选择要进行反相的图像，然后选择菜单栏中的“图像/调整/反相”命令(或按 Ctrl+I 键)，即可对图像进行反相调整。图 3.40 是使用“反相”命令前后的效果对比。

(a) 反相前

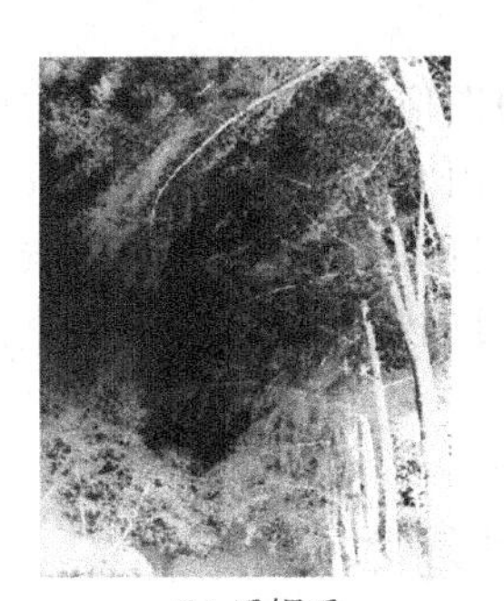

(b) 反相后

图 3.40　反相效果对比

3.3.8　色调均化

色调均化是查找图像中最亮和最暗的像素，并以最暗处的像素值表示黑色(或相近的颜色)，以最亮处的像素值表示白色，然后对图像的亮度进行色调均化。

当扫描的图像显得比原稿暗且要平衡这些值以产生较亮的图像时，可使用色调均化，它能够清楚地显示亮度的前后对比效果。

3.3.9 HDR色调

HDR(High Dynamic Range,高动态范围)色调是Photoshop CS5中新增的色彩调整命令,使用此命令可修补太亮或太暗的图像,制作出高动态范围的图像效果。HDR色调主要用于三维制作软件中环境模拟的贴图。

HDR色调的调节,可以把图像亮部调得非常亮,暗的部分调得很暗,而且亮部的细节会被保留,这和曲线、色阶、对比度等调节是不同的。

图3.41所示为使用“HDR色调”命令前后的效果对比。

(a) 原图

(b) HDR色调调整效果

图3.41 HDR色调效果对比

3.4 图层

图层是为了方便图像的编辑,将图像中的各个部分独立起来,对于任何一部分进行编辑操作都对其他图层内容不起作用。Photoshop中的图像可以由多个图层和多种图层组组成,图像在打开的时候通常只有一个背景层,在设计过程中可以通过建立新的图层放置不同的图像元素,通过调整图层对图像的全部或局部进行色彩调节,通过填充图层创建不同的填充效果。

3.4.1 图层基本知识

1. 图层面板功能介绍

图层面板(如图3.42所示)是用来管理和操作图层的,几乎所有和图层有关的操作都可以通过图层面板完成。如果在浮动面板组上没有显示图层面板,可选择菜单栏中的“窗口/图层”命令将图层面板调出。

1) 混合模式选项

在图层面板左上角的下拉列表中提供了设定图层之间的6种混合模式的选项,其具体模式和作用见表3.3。

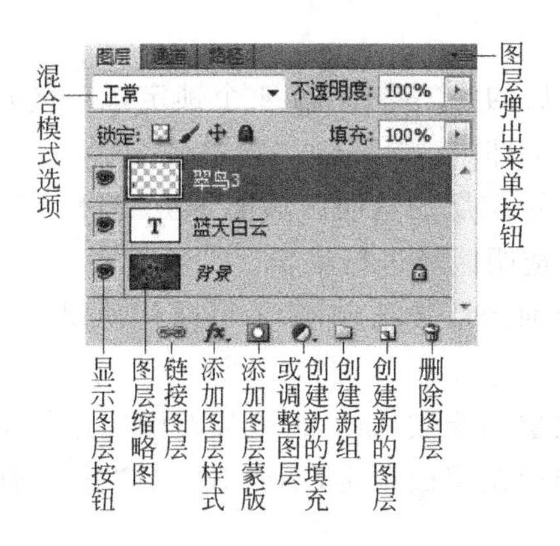

图 3.42　Photoshop CS5 图层面板

表 3.3　6 种混合模式和作用

混合模式	类型	作　用
正常	基础型	利用图层的不透明度及图层填充值来控制下层的图像，达到与底色溶解在一起的效果
溶解		
变暗	降暗型	主要通过滤掉图像中的亮调图像，达到图像变暗的目的
正片叠底		
颜色加深		
线性加深		
深色		
变亮	提亮型	与降暗型的混合模式相反，它通过滤掉图像中的暗调图像，达到图像变亮的目的
滤色		
颜色减淡		
线性减淡		
浅色		
叠加	融合型	主要用于不同程度地融合图像
柔光		
强光		
亮光		
线性光		
点光		
实色混合		
差值	色异型	主要用于制作各种另类、反色效果
排除		
减去		
划分		
色相	蒙色型	主要依据上层图像的颜色信息，不同程度地映衬下层图像
饱和度		
颜色		
明度		

2）锁定选项

在图层面板中，“锁定”后的 4 个锁定选项分别表示锁定透明像素、锁定图像像素、锁定位置和锁定全部。

(1) 锁定透明像素：表示图层的透明区域能否被编辑。在选择本选项后图层的透明区域被锁定，不能对图层的透明区域进行编辑。

(2) 锁定图像像素：当前图层被锁定，除了可以移动图层上的图像外，不能对图层进行任何编辑。

(3) 锁定位置：当前图层不能被移动，但可以对图层进行编辑。

(4) 锁定全部：表示当前图层被锁定，不能对图层进行任何编辑。

2. 建立新图层

在 Photoshop CS5 中，可以使用下列几种方法建立新的图层。

(1) 单击图层面板下方的“创建新的图层”按钮建立新图层。

(2) 通过“粘贴”命令建立新图层。在当前图像上执行“粘贴”命令，Photoshop 软件会自动给所粘贴的图像建立一个新图层。

(3) 通过拖放建立新图层。同时打开两幅图像，然后选择工具箱右上角的移动工具，按住鼠标将当前图像拖曳到另一幅图像上，在拖曳过程中会有虚线框显示，此时会建立新图层。

(4) 通过菜单栏中的“图层”命令建立新图层。

3. 改变图层的排列顺序

在图层面板中，可以直接用鼠标拖曳任意改变各图层的排列顺序，也可以通过菜单栏中的“图层/排列”命令改变图层的排列顺序。

4. 图层的合并

在图层面板(如图 3.42 所示)右边的弹出菜单中有“向下合并”、“合并可见图层”和“拼合图层”3 个命令。在“图层”主菜单中也有这 3 个命令。

1）向下合并

向下合并是将选择的图层向下合并一层。如果在图层面板中将图层链接起来，原来的“向下合并”命令就变成了“合并链接图层”命令，可将所有的链接图层合并。如果在图层面板中有“图层组”，原来的“向下合并”命令就变成了“合并图层组”命令，可将当前选中的图层组内的所有图层合并为一个图层。

2）合并可见图层

如果要合并的图层处于显示状态，而其他的图层和背景隐藏，可以选择“合并可见图层”命令，将所有可见图层合并，而隐藏的图层不受影响。

3）拼合图层

拼合图层可将所有的可见图层都合并到背景上，隐藏的图层会丢失，但选择“拼合图像”命令后会弹出一个提示框，提示是否丢弃隐藏的图层，所以使用“拼合图层”命令时一定要注意。

5. 图层组

图层组是将相关的图层放在一起的管理图层，可以理解为一个装有图层的器皿。图层在图层组内进行编辑操作与没有使用图层组是相同的。

在图层面板(如图 3.42 所示)中单击 按钮，或在面板的弹出菜单中选择“新图层组”命令，或选择菜单栏中的“图层/新建/图层组”命令，都可以创建一个新的图层组。

可以将不在图层组内的图层直接拖曳到图层组中，或将原本在图层组中的图层拖曳出图层组。

直接将图层组拖曳到图层面板中的垃圾桶图标上，可将整个图层组以及其中包含的图层全部删除。如果只想删除图层组，而保留其中的图层，可在图层面板右上角的弹出菜单中选择“删除图层组”命令，或在主菜单中选择“图层/删除/图层组”命令，此时会弹出如图 3.43 所示的提示框。如果单击“仅组”按钮，将只删除图层组，保留其中的图层；如果单击“组和内容”按钮，将删除图层组和其中的所有图层。

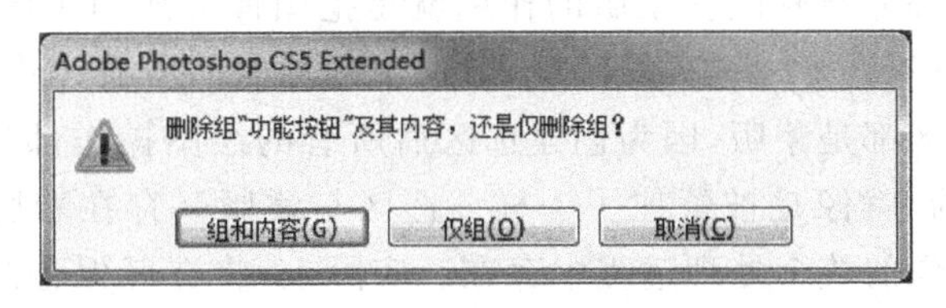

图 3.43　删除图层组提示框

6. 图层的样式

1) 图层效果设置

图层样式提供了更强的图层效果控制和更多的图层效果。单击图 3.42 中的“添加图层样式”按钮或选择菜单栏中的“图层/图层样式” 命令，可打开“图层样式”菜单，其中有十几种不同的效果，包括投影、内阴影、外发光、内发光、斜面和浮雕、光泽、颜色叠加、渐变叠加、图案叠加和描边等。当要对某图层中的对象(如文字等)设置效果时，可以使用图层样式中的一个或多个样式。图 3.44 是对“福”字所在的文字图层设置了效果的示例，其中，(a)使用了“外发光”，(b)使用了“内发光”，(c)使用了“投影”和“斜面和浮雕”。

(a) 外发光效果

(b) 内发光效果

(c) 投影、斜面和浮雕效果

图 3.44　对“福”字图层使用图层样式示例

2）样式面板

将各种图层样式集合起来完成一个设计后，为了方便其他图像使用相同的图层效果，可以将其存放在样式面板中随时调用。选择“窗口/样式”命令，即可弹出样式面板，如图 3.45 所示。

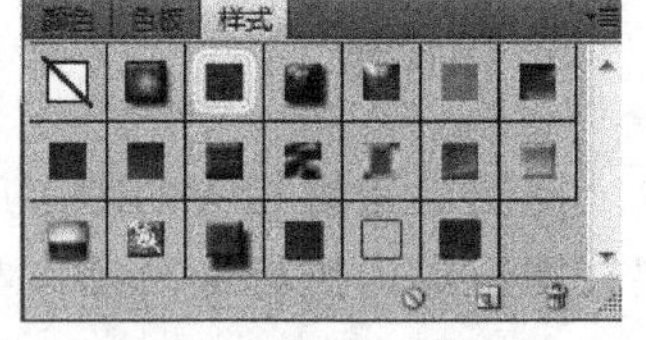

图 3.45　样式面板

样式面板中已经有了一些预制的样式存在，用户还可以通过样式面板提供的“创建新样式”按钮建立自己的样式。

对于用不到的样式可以将其拖曳到样式面板下方的垃圾桶图标上将其删除。

在样式面板中除了可以用方形的缩略图显示之外，还可以显示样式的名称，并且可以在样式面板右上角的弹出菜单中选择不同的方式进行浏览。

3.4.2　图层蒙版

蒙版是一种通常透明的模板(即一个独立的灰度图)，覆盖在图像上保护某一特定的区域，从而允许其他部分被修改。蒙版的作用就是把图像分成两个区域：一个是可以编辑处理的区域；另一个是被“保护”的区域，在这个区域内的所有操作都是无效的。从这个意义上讲，任何选区都是蒙版，因为创建选区后所有的绘图操作都只能在选区内进行，对选区之外是无效的，就像是被蒙住了一样。选区与蒙版又存在着区别，选区只是暂时的，而蒙版可以在图像的整个处理过程中存在。实际上，将选区保存之后，它就变成了一个蒙版通道，打开通道面板，就可以看到它。相反，也可以把蒙版通道载入为选区。

1. 图层蒙版

图层蒙版是在当前图层上创建的蒙版，用来显示或隐藏图像中的不同区域。在为当前图层建立了蒙版以后，可以使用各种编辑或绘图工具在图层上涂抹以扩大或缩小它。

一个图层只能有一个蒙版，图层蒙版和图层一起保存，激活带有蒙版的图层时，图层和蒙版将一起被激活。

2. 创建图层蒙版

选择要建立图层蒙版的层，然后单击图层面板中的“添加图层蒙版”按钮，或选择菜单栏中的“图层/添加图层蒙版/显示全部”命令，系统生成的蒙版将显示全部图像。如果在单击图层面板中的“添加图层蒙版”按钮的同时按住 Alt 键，或选择菜单栏中的“图层/添加图层蒙版/隐藏全部”命令，系统生成的蒙版将是完全透明的，该图层中的图像将不可见。图 3.46 是对具有 3 个图层的图像设置图层蒙版的示例，其中，(a)未设置图层蒙版；(b)对 3 个图层中的 airplane 层设置图层蒙版效果，可以看到图像中的飞机被隐藏起来；(c)为设置后的图层面板。

(a) 未设置图层蒙版

(b) 对airplane层设置隐藏蒙版

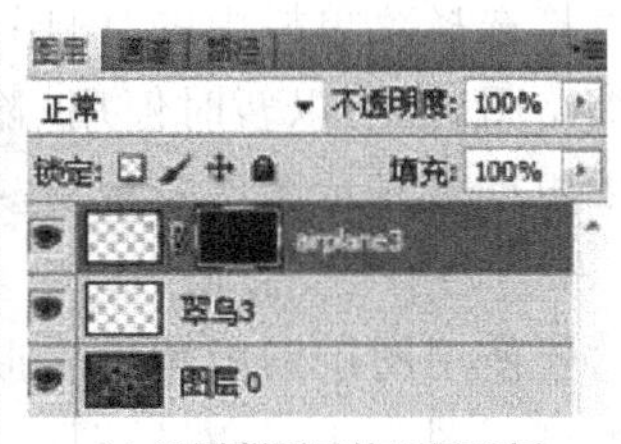

(c) 设置蒙版后的图层面板

图 3.46　创建图层蒙版示例

3. 由选区创建蒙版

首先要建立选区，然后单击图层面板中的“添加图层蒙版”按钮，或选择菜单栏中的“图层/添加图层蒙版/显示选区”命令，建立的蒙版将是选区内的图像可见而选区外的图像透明，如图 3.47 所示。如果在单击图层面板中的“添加图层蒙版”按钮的同时按住 Alt 键，或选择菜单栏中的“图层/添加图层蒙版/隐藏选区”命令，生成的蒙版将是选区内的图像透明而选区外的图像可见。

(a) 建立选区

(b) 选区内的图像可见

图 3.47　建立选区创建蒙版示例

4. 编辑图层蒙版

1）图层蒙版调整

激活图层蒙版(此时在面板的第 2 列上有带圆圈的标记)，当用黑色涂抹图层上蒙版以外的区域时，涂抹之处会变成蒙版区域，从而扩大图像的透明区域；当用白色涂抹被蒙住的区域时，蒙住的区域会显示出来，蒙版区域就会缩小；而用灰色涂抹将使被涂抹的区域变得半透明。

2）显示和隐藏图层蒙版

当按住 Alt 键的同时单击图层蒙版缩略图，系统将关闭所有图层，以灰度方式显示蒙版。再次按住 Alt 键并同时单击图层蒙版缩略图或直接单击虚化的眼睛图标，将恢复图层显示。

当按住 Alt+Shift 键并单击图层蒙版缩略图时，蒙版区域将被透明的红色覆盖。再次按住 Alt+Shift 键并同时单击图层蒙版缩略图，将恢复原来的状态。

3）停用图层蒙版

在图层面板上右击图层蒙版缩略图，在弹出的快捷菜单中选择“停用图层蒙版”命令，或直接选择菜单栏中的"图层/停用图层蒙版"命令,或在按住 Shift 键的同时单击图层蒙版缩略图,都可以暂时停用(隐藏)图层蒙版,此时,图层蒙版缩略图上有一个红色的 X。如果想重新显示图层蒙版,选择菜单栏中的"图层/启用图层蒙版"命令即可。

4) 应用图层蒙版

要使用图层蒙版编辑后形成的图像,只要选择菜单栏中的"图层/图层蒙版/应用"命令即可。图 3.48 是对原图(a)使用"完全透明图层蒙版",然后用画笔工具选取鹦鹉,再使用"应用图层蒙版"获得(b)所示的鹦鹉图。

(a) 原图

(b) 抠出的鹦鹉

图 3.48 使用完全透明图层蒙版抠出的鹦鹉

5. 删除图层蒙版

选择要删除的图层蒙版,然后选择"图层/图层蒙版/删除"命令,将会弹出两个子菜单命令,分别为"扔掉"和"应用"。"扔掉"表示直接删除图层蒙版,"应用"表示在删除图层蒙版之前将效果应用到图层,相当于图层与蒙版合并。

6. 快速蒙版

快速蒙版用来创建选区。用户可以通过一个半透明的覆盖层观察自己的作品,图像上被覆盖的部分被保护起来不受改动,其余部分则不受保护。在快速蒙版模式中,非保护区域能被 Photoshop 的绘图和编辑工具编辑修改。

在工具箱中有一个"以快速蒙版模式编辑"按钮,单击该按钮,可以创建快速蒙版,同时该按钮变为"以标准模式编辑",如果单击将移除建立的快速蒙版,且非保护区域将转化为一个选区。

3.5 路径

路径在 Photoshop 中是使用贝赛尔曲线所构成的一段闭合或者开放的曲线段,主要用于复杂图像区域(对象)的选取及创作矢量图。路径在特殊图像选取、特效字制作、图案制作、标记设计等方面的应用最为广泛。

3.5.1 路径的基本元素

1. 贝赛尔曲线

贝赛尔是 1962 年法国雷诺汽车公司的 PEB 构造的一种以“无穷相近”为基础的参数曲线，以此曲线为基础，完成了一种曲线与曲面的设计系统 UNISURF，并于 1972 年在该公司应用。贝赛尔的方法将函数无穷逼近同集合表示结合起来，使得设计师在计算机上绘制曲线就像使用常规作图工具一样得心应手。

图 3.49 所示是一条标准的贝赛尔曲线效果。

一条贝赛尔曲线是由 4 个点进行定义的，其中，P_0 与 P_1 定义了曲线的起点与终点，又称为节点(一般用一个小方块表示)，而 P_2 与 P_3 是用来调节曲率的控制方向点，也称句柄(一般用一个小圆圈表示)。通过调节 P_0 与 P_1 节点，可以调节贝赛尔曲线的起点与终点，通过调节 P_2、P_3 的位置则可以灵活地控制整条贝赛尔曲线的曲率，以满足实际需要。

2. 路径、节点和句柄

路径是由直线或曲线组合而成的，节点就是这些线段的端点，当选中一个节点时，这个节点上会显示一条或两条方向线，而每一条方向线的端点都有一个控制方向点(句柄)，曲线的大小、形状都是通过控制方向点来调节的，如图 3.50 所示。

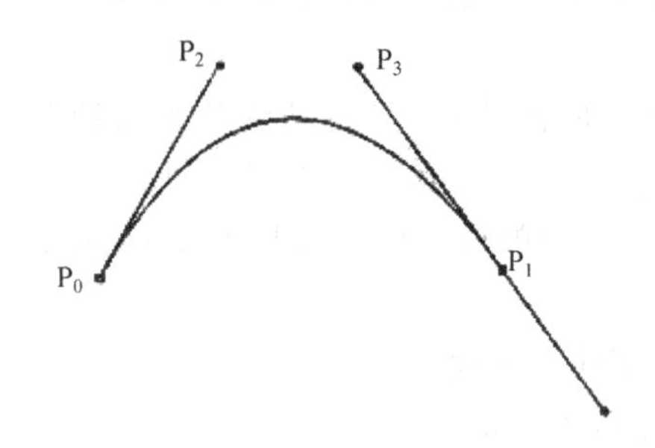

图 3.49 贝赛尔曲线示例

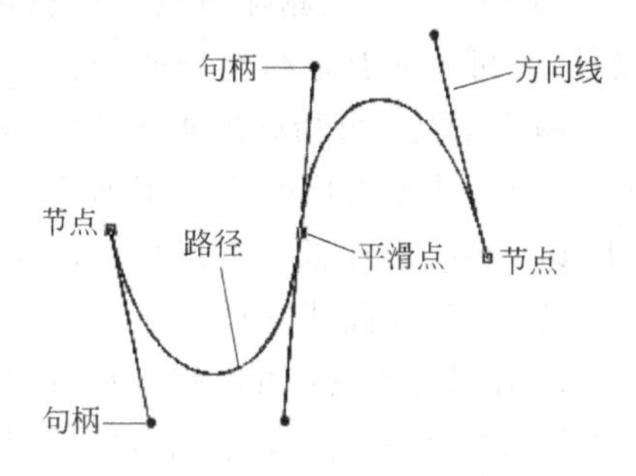

图 3.50 路径基本元素

3. 平滑点

平滑点为两段曲线的自然连接点，这类节点的两侧各伸出一个方向线和句柄，当调节句柄时另一个句柄也随之做对称的运动，如图 3.51 所示。

4. 角点

角点两侧的线段可以同为曲线、同为直线或各为曲线和直线，这类节点两侧路径线不在一个方向线上，如图 3.52 所示。

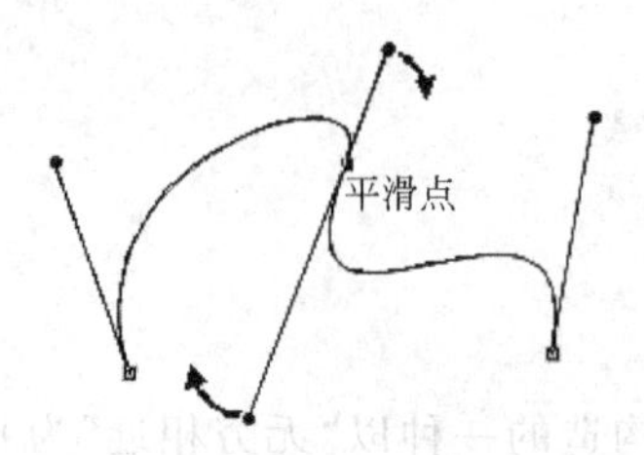

图 3.51 平滑点

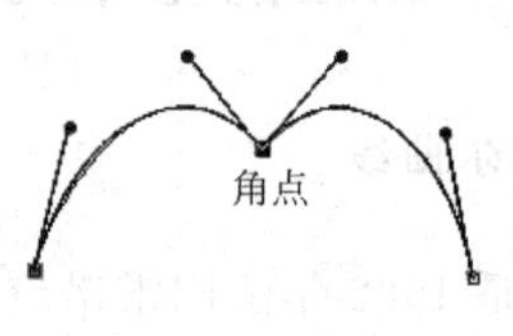

图 3.52 角点

平滑点转换为角点的方法是：按住 Alt 键拖曳平滑点两侧伸出的方向线的句柄，平滑点就变成角点，此时调节一条方向线时与它相邻的方向线不受影响。

3.5.2 路径绘制工具

Photoshop 提供了一组用于生成、编辑、设置“路径”的工具组，它们位于 Photoshop 的工具箱中，主要有钢笔工具组和路径选择工具。

1. 钢笔工具组

Photoshop 工具箱中的钢笔工具组在默认情况下，其图标呈现为“钢笔图标”。使用鼠标左键单击此处图标保持两秒钟，系统将会弹出隐藏的工具组，包括钢笔工具、自由钢笔工具、添加节点工具、删除节点工具和转换点工具，使用它们可以绘制出直线或光滑的曲线路径，并可以对其进行精确的调整。

(1) 钢笔工具：可精确地画出直线或平滑流动的曲线，并且自动调整直线段的角度和长度，以及曲线段的倾斜度。用钢笔工具画路径时，若单击第 1 点，然后再单击后继各点，则 Photoshop 会在各单击点之间建立直线路径；若单击后拖曳，则 Photoshop 会改变路径线形方向，建立曲线路径。

(2) 自由钢笔工具：可以拖动鼠标自由地绘制线条或曲线。

(3) 添加锚点工具：单击已有的路径线，则在单击处增加一个平滑点。

(4) 删除锚点工具：单击已有的路径线的节点处，则删除单击的节点(包括平滑点和角点)。

(5) 转换点工具：可以在平滑曲线转折点和直线转折点之间进行转换。

2. 路径选择工具组

路径选择工具组包括路径选择工具和直接选择工具，将鼠标指针放置在路径选择工具上，按住停留一会，可以看到路径选择工具组。

(1) 路径选择工具：用于选择整个路径及移动路径。

(2) 直接选择工具：用于选择路径节点和改变路径的形状(通过拖曳句柄)。如果按住 Alt 键拖曳平滑点两侧伸出的方向线的句柄，平滑点就变成角点，如图 3.52 所示。

3. 路径面板

路径面板可以将图像文件中绘制的路径与选择区域进行相互转换，然后通过描绘或填充，制作出各种美丽的作品。另外，将选择区域转化为路径，还可以对其进行更精密的调整，使制作的作品更加精确。

选择菜单栏中的“窗口/显示路径”命令，可以打开路径面板，如图3.53所示。在建立了路径之后，路径就会在路径面板中显示出来。

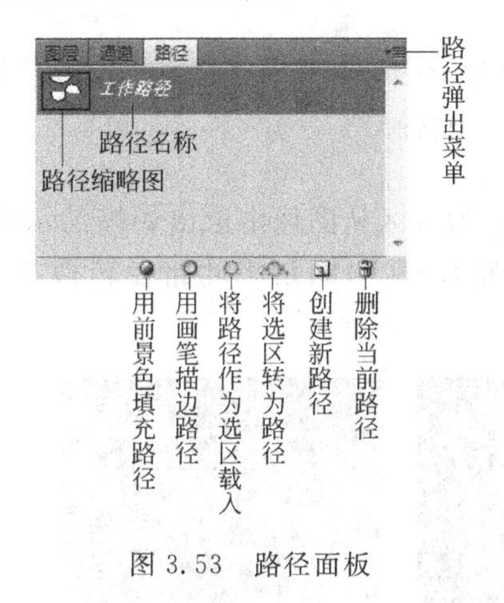

图3.53　路径面板

4. 编辑路径

可以利用路径工具和路径菜单命令对路径进行各种编辑，如修改直线路径长度和取向或曲线路径的形状，添加或删除锚点，移动或复制路径，也可以为路径填充或描边以制作图像。

在路径面板中选择要调整的路径名可显示该路径，同时在图像窗口中将显示所选择路径上的所有节点、方向线和方向点。方向点显示为实心圆圈，所选节点显示为实心正方形，未选择的节点显示为空心正方形。

3.5.3　路径的简单应用

1. 路径与选区的转换

在路径面板中，选择要转换为选区的路径名，按住Alt键单击路径面板底部的“将路径作为选区载入”按钮（见图3.53），或从路径弹出菜单中选择“建立选区”命令，便可打开“建立选区”对话框，如图3.54所示。如果直接单击路径面板底部的“将路径作为选区载入”按钮，则可以将路径直接转换为选区而不打开“建立选区”对话框。

在图像中建立一个选区后，按住Alt键单击路径面板底部的“将选区转为路径”按钮或从路径弹出菜单中选择“建立工作路径”命令，即可打开“建立工作路径”对话框，如

图 3.55 所示。

图 3.54 “建立选区”对话框

图 3.55 “建立工作路径”对话框

图 3.56 是应用路径转换为选区从图像中取出蝴蝶的示例，其中，(a)图是用“自由钢笔工具”勾勒出蝴蝶的外围路径；(b)图是将此路径转换成选择区域；(c)图是取出的蝴蝶。

(a) 绘制路径

(b) 转换成选区

(c) 取出的蝴蝶

图 3.56 通过路径转换为选区取出蝴蝶

2. 路径的填充

同对选择区域进行填充和描边一样，对路径也可以进行填充和描边。可以用指定的颜色、图像或图案填充路径，也可以绘制一个路径描边。选择要进行填充的路径，然后单击路径面板底部的“用前景色填充路径”按钮，即可完成路径的填充。如果要改变填充效果，则可以选择路径面板弹出菜单中的“填充路径”命令或按住 Alt 键单击路径面板底部的“用前景色填充路径”按钮，打开“填充路径”对话框，如图 3.57 所示，在对话框中进行内容、混合和渲染的设计，最后单击“确定”按钮，按此设置填充路径。

图 3.57 “填充路径”对话框

图 3.58 是对路径填充效果示例，其中，(a)图是用钢笔工具绘制的一条路径，(b)图是设置前景色为蓝色，羽化半径为 6 像素，然后对(a)图

中的路径进行填充得到的效果。

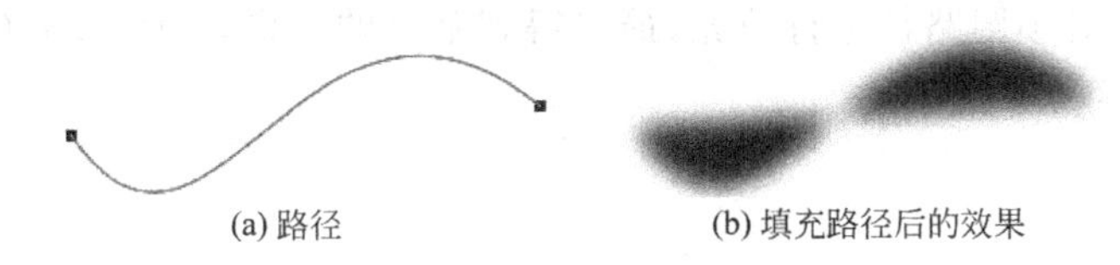

(a) 路径　　(b) 填充路径后的效果

图 3.58　路径及填充效果

3. 路径的描边

在路径面板中选择要进行描边的路径，然后选择用来描边的绘画或编辑工具，在属性和样式栏中设置工具选项，并在笔刷面板中指定一个笔刷的大小，接着按住 Alt 键单击路径面板底部的"用画笔描边路径"按钮或从路径面板菜单中选择"描边路径"命令可进行描边。图 3.59 是对图 3.58(a)中的路径描边的效果示例。

图 3.59　对路径描边的效果

4. 制作苹果图案

操作步骤如下：

(1) 用钢笔工具绘制如图 3.60(a)中所示的椭圆路径。

(2) 用直接选择工具拖曳两个平滑点两边方向线的句柄，使长椭圆变为一个扁椭圆，然后按下 Alt 键的同时拖曳下面某一个方向线的句柄，使其产生一个向上的弯转路径，再直接拖曳另一个方向线的句柄，最终使椭圆路径下面出现一个小窝，如图 3.60(b)所示。

(3) 用同样的方法在椭圆路径上面也产生一个小窝，效果如图 3.60(c)所示。

(4) 设置前景色为绿色，然后对图 3.60(c)中的路径进行填充，效果如图 3.60(d)所示。

(5) 在苹果的上面绘制一个如图 3.60(e)所示的小棒。

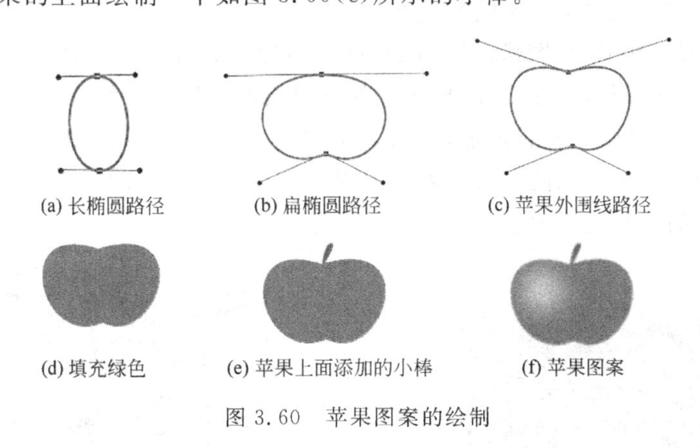

(a) 长椭圆路径　(b) 扁椭圆路径　(c) 苹果外围线路径

(d) 填充绿色　(e) 苹果上面添加的小棒　(f) 苹果图案

图 3.60　苹果图案的绘制

(6) 用椭圆工具在绿苹果的左上方绘制一个小圆路径，然后设置前景色为金黄色，羽化半径为 13 像素，对小圆路径进行填充，最终得到苹果的效果，如图 3.60(f)所示。

3.6 通道

通道主要用来存储图像色彩，多个通道相叠加就可以组成一幅色彩丰富的全彩图像。由于通道的操作具有独立性，所以可以分别针对每个通道进行色彩、图像的加工。此外，通道还可以用来保存蒙版，它可以将图像的一部分保护起来，使用户的描绘、着色操作仅仅局限在蒙版之外的区域。

3.6.1 通道类型

在 Photoshop 中，通道可以分为颜色通道、专色通道和 Alpha 通道 3 种，它们均以图标的形式出现在通道面板中。

1. 颜色通道

使用 Photoshop 处理的图像都有一定的颜色模式。不同的颜色模式，表示图像中像素点采用的不同颜色描述方法。换而言之，在 Photoshop 中，同一图像中的像素点在处理和存储时必须采用同样的颜色描述方法(如 RGB、CMYK、Lab 等)，这些颜色描述方式实际上就是图像的颜色模式。不同的颜色模式具有不同的呈色空间和不同的原色组合。

在一幅图像中，像素点的颜色就是由这些颜色模式中的原色信息来进行描述的。那么，所有像素点所包含的某一种原色信息，便构成了一个颜色通道。例如，一幅 RGB 图像中的“红”通道便是由图像中所有像素点的红色信息所组成的，同样，“绿”通道或“蓝”通道则是由所有像素点的绿色信息或蓝色信息所组成的，它们都是颜色通道，这些颜色通道的不同信息配比构成了图像中的不同颜色变化。

所以，用户可以在 RGB 图像的通道面板中看到红、绿、蓝 3 个颜色通道和一个 RGB 复合通道，如图 3.61 所示。在 CMYK 图像的通道面板中将看到黄色、洋红、青色、黑色 4 个颜色通道和一个 CMYK 复合通道，如图 3.62 所示。而位图、灰度和索引模式的图像只有一个通道。通道面板顶端的一层代表叠加图像每一个通道后的复合通道，其下面的各层分别代表拆分后的单色通道。

图 3.61 RGB 图像的通道面板

图 3.62 CMYK 图像的通道面板

2. 专色通道

专色通道扩展了通道的含义，同时也实现了图像中专色版的制作。

专色是特殊的预混油墨，用来替代或补充印刷色(CMYK)油墨。每种专色在付印时要求专用的印版。也就是说，当一个包含有专色通道的图像打印输出时，这个专色通道会成为一张单独的页(即单独的胶片)被打印出来。

选择通道面板弹出菜单中的“新专色通道”命令，或按住 Ctrl 键，单击“创建新通道”按钮，可弹出“新专色通道”对话框，在“油墨特性”选项组中，单击“颜色”框可以打开“拾色器”对话框选择油墨的颜色。该颜色将在印刷图像时起作用，这里的设置能够为用户更容易地提供一种专门油墨颜色。在“密度”文本框中可输入 0%～100%的数值来确定油墨的密度。

3. Alpha 选区通道

在用快速蒙版制作选择区域时，通道面板中会出现一个以斜体字表示的临时蒙版通道，它表示蒙版所代替的选择区域，切换回正常编辑状态时，这个临时通道便会消失，而它所代表的选择区域会重新以虚线框的形式出现在图像之中。实际上，快速蒙版就是一个临时的选区通道。如果制作了一个选择区域，然后选择菜单栏中的“选择/存储选区”命令，便可以将这个选择区域存储为一个永久的 Alpha 选区通道。此时，通道面板中会出现一个新的图标，通常以 Alpha1、Alpha2、……方式命名，这就是人们所说的 Alpha 选区通道。Alpha 选区通道是存储选择区域的一种方法，在需要时，只要选择菜单栏中的“选择/载入选区”命令，即可调出通道表示的选择区域。

3.6.2 通道的基本操作

1. 通道面板操作

在通道面板(如图 3.61 和图 3.62 所示)中可以同时显示出图像中的颜色通道、专色通道及 Alpha 选区通道，每个通道以一个小图标的形式出现，以便控制。

同时选中图像中所有的颜色通道与任何一个 Alpha 选区通道前的眼睛图标，便会看到一种类似于快速蒙版的状态：选择区域保持透明，没有选中的区域则被一种具有透明度的蒙版色所遮盖，用户可以直接区分出 Alpha 选区通道所表示的选择区域的选取范围。

另外，可以改变 Alpha 选区通道使用的蒙版色颜色，或将 Alpha 选区通道转化为专色通道，它们均会影响该通道的观察状态。直接在通道面板上双击任何一个 Alpha 选区通道的图标，或选中一个 Alpha 选区通道后使用面板菜单中的“通道选项”命令，均可弹出 Alpha 选区的“通道选项”对话框，如图 3.63 所示，在其中可以确定该 Alpha 选区通道使用的蒙版色、蒙版色所标识的位置或选择将 Alpha 选区通道转化为专色通道。

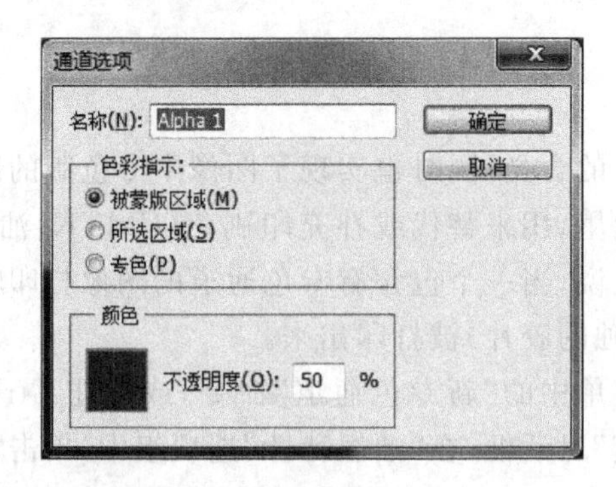

图 3.63 “通道选项”对话框

2. 选择通道作为活动通道

可见的通道并不一定都是可以操作的通道。如果需要对某一个通道进行操作,必须选中这一通道,即在通道面板中单击某一通道,使该通道处于被选中的状态。此时,通道标题栏将以亮色显示,同时图像区以该通道模式显示图像。

按住 Shift 键,然后单击颜色通道名称,则可以在列表中选择任意多个颜色通道,再次单击该颜色通道的名称,则可撤销对该颜色通道的选择。

3. 复制与删除通道

1) 复制通道

在通道面板中将要复制的通道拖动到面板底部的“创建新通道”按钮上,就可以将该通道复制到同一图形中。还可以先在通道面板中选择要复制的通道,然后从通道面板的弹出菜单中选择“复制通道”命令,或在按下 Alt 键的同时用鼠标将选中的通道拖到通道面板底部的“创建新通道”按钮上释放鼠标,实现通道的复制。

2) 删除通道

在通道面板中选择要删除的通道,然后将其拖到通道面板底部的“删除当前通道”按钮上,再释放鼠标,即可将该通道删除。还可以在选中要删除的通道后,直接单击“删除当前通道”按钮,或直接执行通道面板弹出菜单中的“删除通道”命令,将所选择的通道删除。

习题 3

一、填空题

1. 图像是由具有某种内在联系的各种色彩组成的一个完整统一的整体,形成了画面色彩总的趋向,称为________,也可以理解为色彩状态。

2. 颜色是因为光的折射产生的,颜色可以分为________和________两大类。

3. 色彩有冷、暖的感觉。将色彩按“红、橙、黄、绿、蓝、紫、红”依次过渡渐变，就可以得到一个色彩环。色环的两端是________和________，中间是中型色。

4. 位图图像在缩放和旋转时会产生________现象。

5. 色彩混合模式决定了进行图像编辑（包括绘画、擦除、描边和填充等）时，________________进行混合，或当前层怎样和下面的层进行色彩混合。

6. 图章工具根据其作用方式被分成仿制图章和图案图章两个独立的工具，其功能分别是将选定的内容________________。

7. 图层是为了方便图像的编辑，将图像中的各个部分独立起来，对任何部分的编辑操作对其他________________。

8. 钢笔工具可精确地画出直线或平滑流动的曲线，并且自动调整直线段的________________，以及曲线段的________________。

9. 蒙版是一种通常为________________，覆盖在图像上保护某一特定的区域，从而允许其他部分被修改。

10. 在一幅图像中，像素点的颜色是由这些颜色模式中的________信息来描述的。

11. 路径面板可以将在图像文件中绘制的路径与________进行相互转换，然后通过描绘或填充，制作出各种美丽的作品。

12. 专色是特殊的预混油墨，用来替代或补充________________。

13. 在标准色轮上，绿色和洋红色互为补色，黄色和________互为补色，红色和________互为补色。

14. 减淡工具可使图像的部分________变亮，类似于加光的操作，使图像的某一部分淡化。

15. 修复画笔工具可以将________的照片进行仔细的修复。

二、选择题

1. Photoshop 保存文件的默认格式是（　　）格式。

A. JPG　　B. BMP　　C. PSD　　D. GIF

2. Photoshop 中的色阶命令主要用于调整图像的（　　）。

A. 明度　　B. 色相　　C. 对比度　　D. 以上都对

3. 在色相、明度、纯度 3 个因素中，纯度高色彩较艳丽，纯度低色彩（　　）。

A. 较艳丽　　B. 明亮　　C. 接近灰色　　D. 暗淡

4. 磁性套索工具可以轻松地选取具有（　　）的图像区域。

A. 相同颜色　　B. 相同对比度　　C. 接近色　　D. 主体边缘

5. 色彩深度是指一个图像中（　　）的数量。

A. 颜色　　B. 饱和度　　C. 明度　　D. 灰度

6. 路径中的（　　）为两段曲线的自然连接点，这类节点的两侧各伸出一个方向线和句柄，当调节句柄时另一个句柄也会随之做对称的运动。

A. 节点　　B. 平滑点　　C. 角点　　D. 句柄

7. 用于制作各种另类、反色效果的混合类型模式选项是（　　）。

A. 溶解　　B. 深色　　C. 色调　　D. 差值

8. 补色是指一种原色与另外(　　)原色混合而成的颜色形成互为补色关系。
   A. 一种　　B. 两种　　C. 3 种　　D. 多种
9. 下面对通道功能的描述错误的是(　　)。
   A. 通道最主要的功能是保存图像的颜色数据
   B. 通道除了可保存图像的颜色数据外,还可用来保存蒙版
   C. 在通道面板中可以建立 Alpha 和专色通道
   D. 要将选取范围永久地保存在通道面板中,可以使用快速蒙版功能
10. HDR色调的调节,可以把图像亮部(　　),而保留亮部的细节。
   A. 调得非常亮　　B. 变暗　　C. 去掉　　D. 减弱
11. CMYK 模式的图像有(　　)颜色通道。
   A. 一个　　B. 两个　　C. 3 个　　D. 4 个
12. 下面对模糊工具功能的描述,(　　)是正确的。
   A. 模糊工具只能使图像的一部分边缘模糊
   B. 模糊工具的压力是不能调整的
   C. 模糊工具可降低相邻像素的对比度
   D. 如果在有图层的图像上使用模糊工具,只有选中的图层才会起变化
13. 当编辑图像时,使用减淡工具可以达到(　　)的目的。
   A. 使图像中某些区域变暗　　B. 删除图像中的某些像素
   C. 使图像中某些区域变亮　　D. 使图像中某些区域的饱和度增加
14. 下面(　　)可以减少图像的饱和度。
   A. 海绵工具　　B. 减淡工具
   C. 加深工具　　D. 任何一个在选项调板中有饱和度滑块的绘图工具
15. 下列(　　)可以选择连续的相似颜色的区域。
   A. 矩形选框工具　B. 椭圆选框工具　C. 磁性套索工具　D. 魔棒工具
16. (　　)工具不能在选项面板中使用选区运算。
   A. 矩形选框　　B. 单行选框　　C. 自由套索　　D. 喷枪
17. 在路径曲线线段上,方向线和方向点的位置决定了曲线段的(　　)。
   A. 角度　　B. 形状　　C. 方向　　D. 像素
18. (　　)不是 Photoshop 的通道。
   A. 彩色通道　　B. 路径通道　　C. 专色通道　　D. Alpha 通道
19. 下列对图层上蒙版的描述错误的是(　　)。
   A. 图层上的蒙版相当于一个 8 位灰阶的 Alpha 通道
   B. 在按住 Alt 键的同时单击图层面板中的蒙版,图像会显示蒙版
   C. 在图层上建立的蒙版只能是白色的
   D. 在图层面板的某个图层中设定了蒙版后,会发现在通道面板中有一个临时的 Alpha 通道
20. (　　)命令用来调整色偏。
   A. 色彩平衡　　B. 阈值　　C. 色调均化　　D. 亮度/对比度

三、简答题

1. 简述色彩混合模式的作用。
2. 简述 PSD 与 BMP 图像文件格式的区别。
3. 简述快速蒙版的功能和使用方法。
4. 简述画笔工具的使用。
5. 在 Photoshop 中,通道可以分为 3 种,简述这 3 种通道的作用。

第4章 数字音频技术

声音由振动产生,通过空气进行传播。声音是一种波形,它由许多不同频率的谐波所组成,谐波的频率范围称为声音的带宽(Bandwidth),带宽是声音的一项重要参数。多媒体技术处理的声音信号主要是人耳可听到的20～20kHz的音频信号,其中人说话的声音是一种特殊的声音,其频率范围为300～3400Hz,称为话音或语音。

4.1 数字音频概述

人耳是声音的主要感觉器官,人们从自然界中获得的声音信号和通过传声器得到的声音电信号等在时间和幅度上都是连续变化的,因此,幅度随时间连续变化的信号称为模拟信号(例如声波就是模拟信号,音响系统中传输的电流、电压信号也是模拟信号)。在记录音频信号时,是用无数个连续变化的磁场状态来记录的。

4.1.1 数字音频

数字音频是指用一连串二进制数据来保存声音信号。这种声音信号在存储、传输和处理过程中,不再是连续的信号,而是离散的信号。关于离散的含义,可以这样去理解,比如在某一数字音频信号中,数据A代表的是该信号中的某一时间点a,数据B是记录时间点b,那么时间点a和时间点b之间可以分多少个时间点,这个时间点的个数是固定的,而不是无限的。也就是说,在坐标轴上描述信号的波形和振幅时,模拟信号是用无限个点去描述,而数字信号是用有限个点去描述,如图4.1所示。

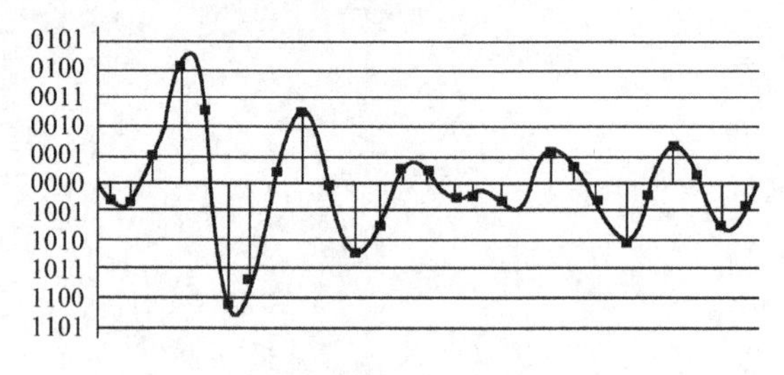

图4.1 数字音频

4.1.2 音频数字化

声音是一种模拟信号。为了使用计算机进行处理，必须将它转换成数字编码的形式，这个过程称为声音信号的数字化。

要将声音信息输入到计算机中，必须先做的工作是将声音的模拟信号转化为数字信号。数字化实际上就是将模拟信号经过采样、量化和编码，得到一些离散的数值。即连续时间的离散化通过采样来实现，如果每隔相等的一小段时间采样一次，称为均匀采样；连续幅度的离散化通过量化来实现，把信号的强度划分成一小段一小段，如果幅度的划分是等间隔的，就称为线性量化，否则称为非线性量化。所以将模拟声音数字化需要经过采样、量化、编码3个步骤。

在模拟音频的数字化过程中，采样频率越高，越能真实地反映音频信号随时间的变化；量化位数越多，越能细化音频信号的幅度变化。编码即用二进制数码表示量化后的音频采样值，为了减小数据量，通常使用压缩编码技术。

1. 采样

采样就是将时间连续的信号变成时间不连续的离散数字信号。

音频信号实际上是连续模拟信号，也称连续时间函数 $X(t)$。用计算机处理这些信号时，必须先将连续信号转换成数字信号，即按一定的时间间隔（T_s）取值，得到 $X(nT_s)$（n 为整数）。

采样频率是指将模拟声音波形数字化时，每秒钟所抽取声波幅度样本的次数，采样频率的计算单位是Hz。通常，采样频率越高声音失真越小，但用于存储音频的数据量越大。即采样就是在音频信号的连续曲线上选择一些离散点。怎样选择这些离散点，与采样的频率有关。

采样频率的高低是根据奈奎斯特理论（Nyquist theory）和声音信号本身的最高频率决定的。也就是说，在进行模拟信号到数字信号的转换过程中，设连续信号 $X(t)$ 的最高频率分量为 F_m，以等间隔 T_s（T_s 称采样间隔，$F_s=1/T_s$ 称为采样频率）对 $X(t)$ 进行采样，得到 $X_s(t)$。如果 $F_s \geqslant 2F_m$，则 $X_s(t)$ 保留了 $X(t)$ 的全部信息（从 $X_s(t)$ 可以不失真地恢复出 $X(t)$）。

奈奎斯特理论指出，采样频率不应低于声音信号最高频率的两倍，这样就能把以数字表达的声音还原成原来的声音，这称为无损数字化（lossless digitization）。

通常，人耳能听到频率范围在20Hz～20kHz之间的声音，根据奈奎斯特理论，为了保证声音不失真，采样频率应在40kHz左右。常用的音频采样频率有8kHz、11.025kHz（语音效果）、22.05kHz（音乐效果）、44.1kHz（高保真效果）等。

为了不产生失真，按照取样定理，取样频率不应低于声音信号最高频率的两倍。因此，语音信号的取样频率一般为8kHz，音乐信号的取样频率应在40kHz以上。

2. 量化

采样所得到的声波上的幅度值影响音量的大小，该值的大小需要用数字化的方法来调整。通常，将对声波波形幅度的数字化表示称为量化。量化时每个幅度值通常与之最接近的量化等级取代，因此，量化之后，连续变化的幅度值就被有限的量化等级所取代。即量化是在幅度轴上将连续变化的幅度值用有限个位数的数字表示，将信号的幅度值离散化。

量化位数是每个采样点能够表示的数据范围，常用 8 位、12 位、16 位等，位数不同量化值的范围也不同。计算机数字信号最终归于二进制数字表示，即为"0"、"1"两个数字。那么 8 位量化位数，有 $2^8=256(0\sim255)$ 个不同的量化值。同理，16 位量化位数则有 $2^{16}=65\,536$ 个不同的量化值。通常，16 位的量化级别足以表示从人耳刚听到的最细微声音到无法忍受的巨大噪音这样的声音范围了。同样，量化位数越高，表示的声音的动态范围越广，音质就越好，但是存储数据量也越大。

总之，在相同的采样频率之下，量化位数越高，声音的质量越好。同样，在相同量化位数的情况下，采样频率越高，声音效果越好。

3. 编码

编码就是按照一定的格式把经过采样和量化得到的离散数据记录下来，并在有效的数据中加入一些用于纠错同步和控制的数据。在数据回放时，用户可以根据所记录的纠错数据判断读出的声音数据是否有错，如果有错，可加以纠正。

4.2 音频压缩

音频信号是多媒体信息的重要组成部分。经过取样和量化后的声音，还必须按照一定的要求进行编码，即对它进行数据压缩，以减少数据量，并按某种格式将数据进行组织，以便于计算机存储和处理、在网络上进行传输等。

音频信号可分为电话质量的音频信号、调幅广播质量的音频信号和高保真立体声信号(如调频广播信号、激光唱片信号等)。对于不同类型的音频信号，信号的频率范围不同。随着对音频信号音质要求的提升，信号频率范围也在逐渐扩大，同时描述信号的数据量也随之增加，因此必须对音频信号进行压缩。一般来讲，音频信号的压缩编码主要分为无损压缩编码和有损压缩编码两大类。有损压缩编码又分为波形编码、参数编码和同时利用这两种技术的混合编码。

数字音频压缩技术标准分为电话语音压缩、调幅广播语音压缩和调频广播及 CD 音质的宽带音频压缩 3 种。

在语音编码技术领域，各个厂家都在大力开发与推广自己的编码技术，使得语音编码领域的编码技术产品种类繁多，兼容性差，各厂家的技术也难以尽快得到推广。所以，需要综合现有的编码技术，制定出全球统一的语言编码标准。自20世纪70年代起，CCITT(国际电报电话咨询委员会)和ISO(国际标准化组织)先后推出了一系列的语音编码技术标准。其中，CCITT推出了G系列标准，ISO推出了H系列标准。

这种压缩编码标准采用的仍然是基于语音波形预测的编码、压缩方法。根据压缩后数字语音信号的比特率，国际通信联盟语音压缩标准有16Kbps、32Kbps及64Kbps 3个不同的速率等级。

4.2.1 波形声音的主要参数

经过数字化的波形声音是一种使用二进制表示的一串比特流(Bitstream)，它遵循一定的标准或规范进行编码，其数据是按时间顺序组织的。

波形声音的主要参数包括取样频率、量化位数、声道数目、使用的压缩编码方法以及数码率(Bit Rate)。数码率也称为比特率，简称码率，它指的是每秒钟的数据量。数字声音在未压缩前，其计算公式如下：

波形声音的码率＝取样频率×量化位数×声道数目

压缩编码以后的码率则为压缩前的码率除以压缩倍数。

4.2.2 全频带声音的压缩编码

波形声音经过数字化之后数据量很大，特别是全频带声音。以CD盘片上所存储的立体声高保真的全频带数字音乐为例，1小时的数据量大约是635MB。为了降低存储成本和提高通信效率，对数字波形声音进行数据压缩是十分必要的。

波形声音的数据压缩也是完全可能的。其依据是声音信号中包含有大量的冗余信息，再加上还可以利用人的听觉感知特性，因此，产生了许多压缩算法。一个好的声音数据压缩算法通常应做到压缩倍数高、声音失真小、算法简单、编码器/解码器的成本低。

全频带数字声音的第1代编码技术采用的是PCM(脉冲编码调制)编码，它主要是依据声音波形本身的信息相关性进行数据压缩，代表性的应用是CD唱片。

第2代全频带声音的压缩编码不仅充分利用声音信息本身的相关性，还充分利用人耳的听觉特性，即使用“心理声学模型”来达到大幅度压缩数据的目的，这种压缩编码方法称为感知声音编码(Perceptual audio coding)。

编码过程一般分为3个阶段，第1阶段通过时间/频率变换和心理声学分析，揭示原始声音中与人耳感知无关的信息，然后在第2阶段通过量化和编码予以抑制，第3阶段再使用熵编码消除声音信息中的统计冗余。

4.2.3 几种常用的音频压缩格式

1. WAV 格式

WAV 格式是微软公司开发的一种声音文件格式，也称波形声音文件，它是最早的数字音频格式，由于 Windows 本身的影响力，这个格式事实上已经成为通用的音频格式。WAV 记录的是声音本身，所以它占用的硬盘空间很大。

2. MIDI 格式

MIDI 是 Musical Instrument Digital Interface 的缩写，又称为乐器数字接口，它是数字音乐与电子合成乐器的统一国际标准。MIDI 文件本身只是一串数字信号，不包含任何声音信息，它记录的是音乐在什么时间用什么音色、发多长的音等，把这些指令发送给声卡，由声卡按照指令将声音合成出来。正因为这样，MIDI 文件通常非常小。

3. AIFF 格式

AIFF 是苹果电脑中的标准音频格式，属于 QuickTime(苹果公司提供的系统及代码的压缩包)技术的一部分。AIFF 远不如 WAV 流行，但由于苹果电脑在多媒体领域的领先地位，所以，大部分音频编辑软件和播放软件都对它提供了支持。

4. AU 格式

AU 则是 UNIX 平台上的一种常用音频格式，起源于 Sun 公司的 Solaris 系统。AU 格式本身也支持多种压缩方式，但其文件结构的灵活性比不上 AIFF 和 WAV。由于 UNIX 平台应用较少，因而，它得到的支持和应用远不如 AIFF 和 WAV。

5. MP3 格式

MP3 是一种音频压缩技术，是利用 MPEG Audio Layer 3 技术，将音乐以 1∶10 甚至 1∶12 的压缩率压缩成容量较小的文件。MP3 能够在音质丢失很小的情况下把文件压缩到更小的程度，而且非常好地保持了原来的音质。正是因为 MP3 体积小、音质高的特点使得 MP3 格式几乎成为网上音乐的代名词。每分钟 MP3 格式的音乐只有 1MB 左右大小，这样每首歌的大小只有 3～4MB。使用 MP3 播放器对 MP3 文件进行实时的解压缩(解码)，这样，高品质的 MP3 音乐就播放出来了。

6. WMA 格式

WMA 的全称是 Windows Media Audio，它是微软在因特网音频领域力推的一种音频格式。WMA 格式以减少数据流量但保持音质的方法来达到更高的压缩率目的，其压缩率一般可以达到 1∶18,生成的文件大小只有相应 MP3 文件的一半。这对只装配 32MB 存储的计算机来说是相当重要的,支持了 WMA 和 RA 格式,意味着 32MB 的空间在无形中扩大了两倍。此外,WMA 还可以通过 DRM(Digital Rights Management)方案加入防止复制,或者加入限制播放时间和播放次数,甚至是播放计算机的限制,可以有力地防止盗版。

7. MP4 格式

MP4 与 MP3 之间其实并没有必然的联系,MP3 是一种音频压缩的国际技术标准,而 MP4 是一个商标的名称,它采用的音频压缩技术与 MP3 也不同。MP4 采用的是美国电话电报公司所研发的,以"知觉编码"为关键技术的 a2b 音乐压缩技术,压缩比成功地提高到 15∶1,最大可达到 20∶1,且不影响音乐的实际听感,同时 MP4 在加密和授权方面也做了特别设计。

4.2.4 数字语音的压缩编码

语音信号的带宽为 300～3400Hz,这是一种特殊的波形声音,它是人们交换信息的主要媒体。因此,对数字语音进行专门的压缩编码处理,既十分必要也完全可能。

1. 常用的三类压缩编码

1) 波形压缩编码

数字语音可以采用像全频带声音那样的基于感觉模型的压缩方法(称为波形编码),例如国际电信联盟 ITUG.711 和 G.721,采用的都是这样的方法,前者是 PCM 编码,后者是 ADPCM(自适应差分脉冲编码调制)编码。它们的码率虽然比较高(分别为 64Kbps 和 32Kbps),但能保证语音的高质量,且算法简单、易实现,在固定电话通信系统中得到了广泛应用。由于它们采用波形编码,便于计算机编辑处理,所以在多媒体文档中被广泛使用,例如多媒体课件中教员的讲解、动画演示中的配音、游戏中角色之间的对白等。

2) 参数编码

数字语音的另一类压缩编码方法称为参数编码或模型编码,它使用一种所谓的"声源—滤波器"模型来模拟人的发声过程,从原始的语音波形信号中使用线性预测方法提取语音生成的参数,把这些参数作为该语音压缩编码的结果,因此码率很低,但声音质量较差,一般应用于保密通信。

3) 混合编码

该类语音压缩编码方法是上述两种方法的结合,称为混合编码。它们利用原始语音波形信号提取上述"声源—滤波器"模型中的声道参数与激励信号,并使用这种激励信号产生的波形尽可能接近原始语音的波形。采用此类方法后,码率在 4.8Kbps～16Kbps 之间,它既能达到高的压缩比,又能保证较好的语音质量。目前,在移动通信和 IP 电话中,语音信号大多采用这种混合编码方法。

2. 三类音频编码标准

三类音频编码标准如表 4.1 所示。

表 4.1　三类音频编码标准

分　类	标　准	说　明
电话语音	G.711	采样 8kHz,量化 8b(位),码率 64Kbps
	G.721	采用 ADPCM 编码,码率 32Kbps
	G.723	采用 ADPCM 有损压缩,码率 24Kbps
	G.728	采用 LD-CELP 压缩技术,码率 16Kbps
调幅广播	G.722	采样 16kHz,量化 14b,码率 64Kbps
高保真立体声	MPEG 音频	采样 44.1kHz,量化 16b,码率 705Kbps(MPEG 有 3 个压缩层次,384bps～64Kbps)

1) 电话语音压缩标准

电话语音信号的频率规定在 300Hz～3.4kHz 范围内,采用标准的脉冲编码调制 PCM,主要有 CCITT 的 G.711(64Kbps)、G.721(32Kbps)、G.728(16Kbps)等建议,用于数字电话通信。

2) 调幅广播(50Hz～7kHz)语音压缩标准

主要采用 CCITT 的 G.722(64Kbps)建议,用于优质语音、音乐、音频会议和视频会议等。

3) 调频广播(20Hz～15kHz)及 CD 音质(20Hz～20kHz)的宽带音频压缩标准

主要采用 MPEG-1 或 MPEG-2 等建议,用于电影配音等。

通常使用下列两个式子计算:

数据率=采样频率(Hz)×量化位数(b)×声道数(b/s)

音频数据量=数据传输率×持续时间/B

例如,采样频率为 44.1kHz,量化为 16 位,双声道,则有:

$$44.1\times16\times2=1411.2\text{Kbps}$$

要记录一分钟的音乐,需要约 8.5MB 的存储容量,要记录几十分钟的音乐,则需要几百兆的存储容量。

3. 最新的音频编码

MPEG-1 声音压缩编码是国际上第一个高保真声音数据压缩的国际标准,它分为 3 个层次:层 1(Layer1)的编码较简单,主要用于数字盒式录音磁带;层 2(Layer2)的算法复杂度中等,其应用包括数字音频广播(DAB)和 VCD 等;层 3(Layer3)的编码最复杂,主要用于因特网上高质量声音的传输。最近几年流行起来的所谓"MP3 音乐"就是一种采用 MPEG-1 层 3 编码的高质量数字音乐,它能以 10 倍左右的压缩比降低高保真数字声音的存储量,使一张普通 CD 光盘可以存储大约 100 首 MP3 歌曲。

MPEG-2 的声音压缩编码采用与 MPEG-1 声音相同的编译码器,层 1、层 2 和层 3 的结构也相同，但它支持5.1声道（声卡其实有6个声道输出，其中有一个是超低音声道）和7.1声道（支持4个环绕声道，两个主声道，一个中置声道和一个低音声道的音频输出）的环绕立体声。

杜比数字AC.3(Dolby Digital AC.3)是美国杜比公司开发的多声道全频带声音编码系统，它提供的环绕立体声系统由5个全频带声道加一个超低音声道组成，6个声道的信息在制作和还原过程中全部数字化，信息损失很少，细节十分丰富，具有真正的立体声效果，在数字电视、DVD和家庭影院中广泛使用。

为了在因特网环境下开发数字声音的实时应用，例如网上的在线音频广播、实时音乐点播（边下载边收听），必须做到按声音播放的速度从因特网上连续接收数据，这一方面要求数字声音压缩后的数据量要小，另一方面还要使声音数据的组织适合于流式(streaming)传输，实现上述要求的媒体称为"流媒体"。为此开发的声音流媒体有Real Networks公司的RA (Real Audio)数字音频，微软公司的WMA(Windows Media Audio)数字音频等，它们都能直接在网络上播放音乐，而且可以随网络带宽的不同调节声音的质量，在保证大多数人听到流畅声音的前提下，令带宽较富裕的听众获得较好的音质。

4.3 声音波形的编辑

在制作多媒体文档时，人们越来越多地需要自己录制和编辑数字声音。目前使用的声音编辑软件有多种，它们能够方便直观地对波形声音（WAV文件）进行各种编辑处理。声音编辑软件一般包括以下功能：

1. 基本编辑操作

例如声音的剪辑（删除、移动或复制一段声音，插入空白等），声音音量调节（提高或降低音量，淡入、淡出处理等），声音的反转，持续时间的压缩/拉伸，消除噪音，声音的频谱分析等。

2. 声音的效果处理

声音的效果处理包括混响、回声、延迟、频率均衡、和声效果、动态效果、升降调等。

3. 格式转换功能

例如，将不同取样频率和量化位数的波形声音进行相互转换，将不同文件格式的波形声音进行相互转换，将WAV声音和MP3声音进行相互转换，将WAV音乐转换为MIDI音乐等。

4. 其他功能

其他功能包括分轨录音、为影视配音、刻录 CD 唱片等。

习题 4

一、填空题

1. 一般来讲，声音具有 3 个基本特性，即频率、________和波形。

2. 幅度随时间连续变化的信号称为________信号。

3. 数字音频是指用一连串________数据来保存声音信号。

4. 将模拟声音数字化需要经过采样、________、编码 3 个步骤。

5. 采样频率不应低于声音信号最高频率的两倍，这样就能把以数字表达的声音还原成原来的声音，这称为________。

二、简答题

1. 音频信号的压缩编码有哪些？

2. 常用的音频格式有哪些？它们各自的特点是什么？

第5章 数字音频编辑软件Audition

Audition 软件提供了高级混音、编辑、控制和特效处理能力，是一个专业级的音频编辑工具软件，允许用户编辑个性化的音频文件、创建循环，最多可达 128 个音轨。

5.1 Audition 软件简介

Audition 软件的前身是专业编辑软件 CoolEdit。CoolEdit 是由美国 Syntrillium 软件公司研制的数字音频编辑软件。2003 年 5 月 Adobe 公司获得了该软件的开发与设计权。目前我国大多数工作者使用的是 Audition 3.0 中文版。

5.1.1 Audition 3.0 的基本功能

Audition 3.0 的基本功能如下：

(1) 支持 VSTi 虚拟乐器，这意味着 Audition 由音频工作站变为音乐工作站。

(2) 增强的频谱编辑器，可按照声像和声相在频谱编辑器里选中编辑区域，使编辑区域周边的声音平滑改变，处理后不会产生爆音。

(3) 增强的多轨编辑，可成组编辑，做剪切和淡化。

(4) 新增效果，包括卷积混响、模拟延迟等。

(5) 新增吉他系列效果器。

(6) 可快速缩放波形头部和尾部，方便做精细的淡化处理。

(7) 增强的降噪工具和声相修复工具。

(8) 更强的性能，对多核心 CPU 进行优化。

(9) 波形编辑工具，拖曳波形到一起即可将它们混合，交叉部分可做自动交叉淡化。

5.1.2 Audition 3.0 的界面

当 Audition 3.0 软件启动后，会出现如图 5.1 所示的界面。

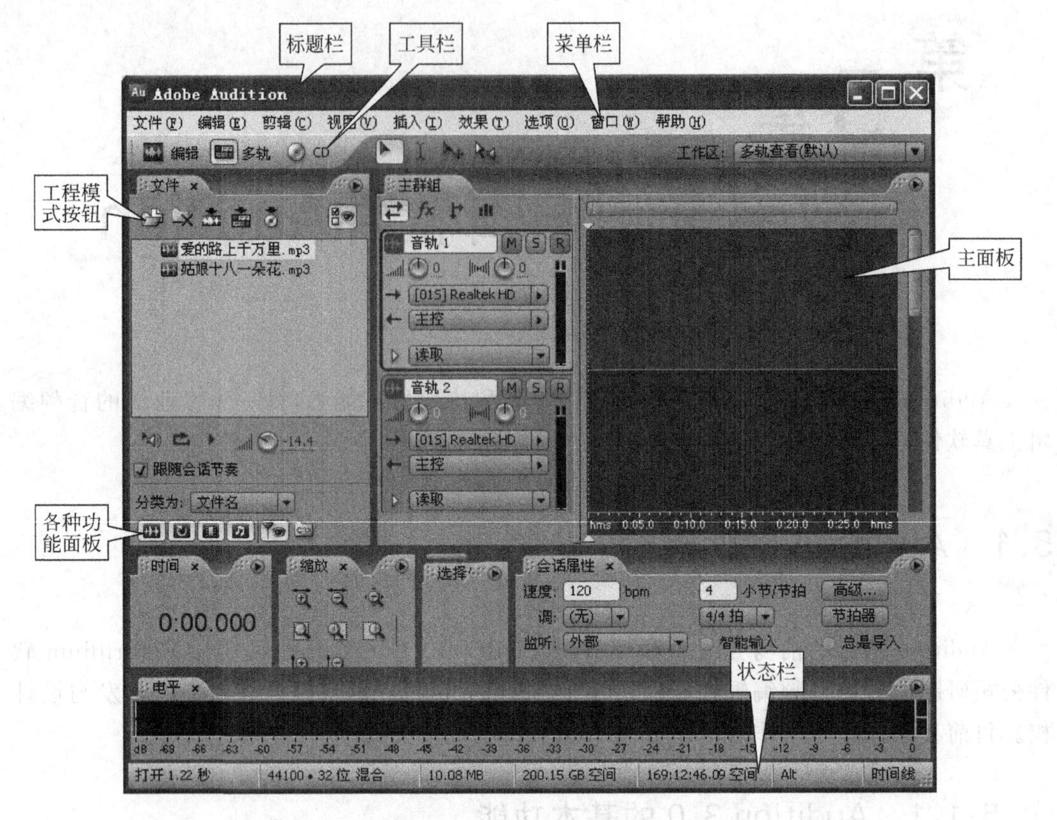

图 5.1 Audition 3.0 的界面

1. 标题栏

左侧显示的是软件的图标“AU”和名称“Adobe Audition”，单击图标处会弹出一个菜单，标题栏右侧显示了最小化、最大化/还原、关闭按钮。

2. 菜单栏

菜单栏上包含文件、编辑等 9 个菜单名称，单击这些菜单名称将弹出相应的下拉菜单。

3. 工具栏

工具栏上提供了经常使用的一些按钮，在不同的状态下显示的按钮会有所不同，但都有 3 个视图切换按钮，分别对应 Audition 中的 3 种视图：编辑视图、多轨视图和 CD 视图。

1) 编辑视图

编辑视图适用于单个声音素材的录制、剪辑和效果处理。

视图切换方法：选择菜单栏中的“视图/编辑视图”命令或单击工具栏中的“编辑”

按钮。

2）多轨视图

在多轨视图模式下可以同时编辑128个轨道的声音文件，也适合多轨混音。所谓多轨混音就是将多个轨道上的声音经过一定的处理，最后同时播放的一种数字音频技术。

视图切换方法：选择菜单栏中的“视图/多轨视图”命令或单击工具栏中的“多轨”按钮。

3）CD视图

主要适用于与CD唱片有关的整体编辑、CD刻录等工作。

视图切换方法：选择菜单栏中的“视图/CD视图”命令或单击工具栏中的“CD”按钮。

4. 主面板

主面板是进行各种编辑和处理时应用的区域，包含库和轨道区。

1）库

库位于主面板区域的左边，包括文件面板、效果面板和收藏夹面板3个面板。

(1) 文件面板：在该面板中可以打开或导入各种文件，方便用户对文件进行管理与访问。

(2) 效果面板：在该面板中列出了Audition中所有可利用的声音特效，以便快速地选择并为波形或音轨添加声音特效。

(3) 收藏夹面板：在该面板中为用户提供了默认的效果或工具，也可以将用户经常使用的效果或工具收藏进来。

2）轨道区

轨道区是进行音频波形的显示、编辑和处理工作的主要区域。

5. 各种功能面板区

该面板区包含多种不同功能的面板，在不同界面下，显示的功能面板会有所不同。

改变面板大小的方法是：将鼠标指针放在面板间的空隙中边沿，会出现双箭头标记，此时拖曳即可改变面板的大小。

移动面板位置的方法是：用鼠标按住面板的标签进行拖动，即可改变面板的位置。当将一个面板放置在另一个面板的上方时，另一个面板会显示出6个部分区域，其中包括环绕面板四周的上、下、左、右4个区域，以及中心区域和标签区域。当用鼠标指向某个区域时，此区域高亮显示为目标区域，即可将所拖动的面板放置在当前面板的目标区域。

6. 状态栏

在状态栏中会显示一些关于工程的状态信息，如采样频率、当前占用空间和剩余空间等。

5.1.3 Audition 的启动和退出

1. Audition 软件的启动

(1) 单击“开始”按钮，选择“程序/Adobe Audition/ Adobe Audition”命令。

(2) 双击桌面上的 Audition 快捷图标。

2. Audition 软件的退出

(1) 在 Audition 应用程序窗口中选择“文件/退出”命令。

(2) 按 Ctrl+Q 键。

(3) 在 Audition 应用程序窗口右上角单击“关闭”按钮。

5.1.4 Audition 的简单操作

1. 新建文件

选择菜单栏中的“文件/新建”命令，弹出“新建波形”对话框，如图 5.2 所示。在其中设置“采样率”、“通道”和“分辨率”选项，然后单击“确定”按钮。

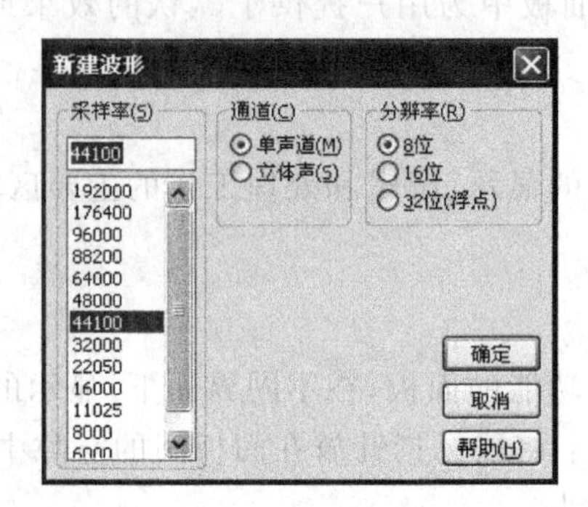

图 5.2 “新建波形”对话框

2. 打开文件

选择菜单栏中的“文件/打开”命令，弹出“打开”对话框，在其中选择音频文件的位置和名称，然后单击“打开”按钮。

3. 保存文件

选择菜单栏中的“文件/保存”命令，当打开的文件被修改之后，会以新内容取代旧内容。

4. 关闭文件

选择菜单栏中的“文件/关闭”命令，可关闭正在编辑的文件。

5. 音频文件的播放控制

音频文件在打开之后，就可以对其进行播放，播放功能按钮如图5.3所示。在“标准播放”、“圆环播放”等按钮上右击，可以弹出相应的快捷菜单，选择其中的命令可以设置对应的功能。

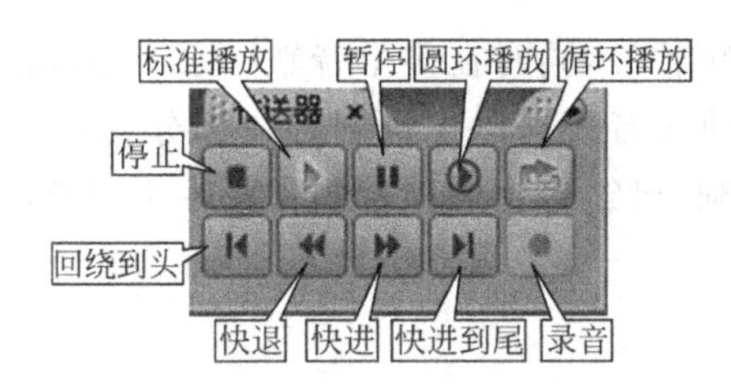

图5.3　传送器上的按钮

5.2　录制音频文件

音频文件可以在两种状态下录制，一种是在编辑视图模式下进行单轨录音，另一种是在多轨视图模式下进行多轨录音。

5.2.1　在编辑视图模式下进行单轨录音

单轨录音的操作过程如下：

(1) 选择“文件/新建”命令，弹出“新建波形”对话框，如图5.4所示。选择适当的采样率、通道和分辨率。例如，如果用于CD音质，可选择采样率为44100Hz、通道为立体声、分辨率为16位。

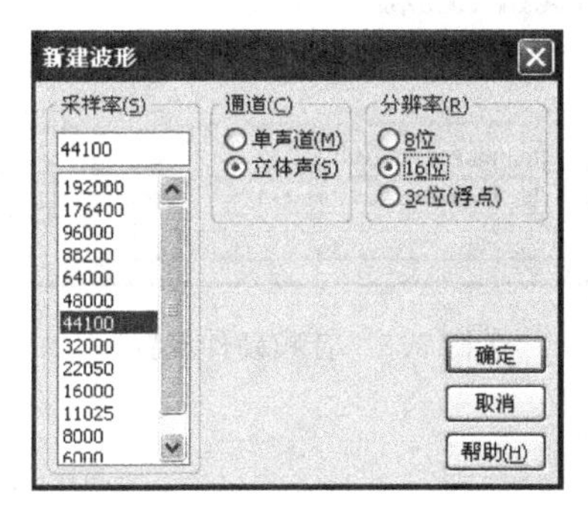

图5.4　“新建波形”对话框

一般情况下，语音录音可选采样率为 11025Hz、通道为单声道、分辨率为 8 位；音乐录音可选采样率为 44100Hz、通道为立体声、分辨率为 16 位。

(2) 单击传送器面板中的红色"录音"按钮，开始录音。

(3) 拿起话筒讲话或播放 CD。

(4) 完成录音后，单击"停止"按钮。

(5) 保存音频文件。

5.2.2 在多轨视图模式下进行多轨录音

多轨录音是指利用音频软件，同时在多个音轨中录制不同的音频信号，然后通过混合获得一个完整的作品。多轨录音还可以先录制好一部分音频保存在一些音轨中，再进行其他声部或剩余部分的录制，最终将它们混合制作成一个完整的波形文件。

1. 音频硬件设置

单击"多轨"按钮，进入多轨视图模式界面。选择菜单栏中的"编辑/音频硬件设置"命令，弹出"音频硬件设置"对话框，参照如图 5.5 进行硬件设置。

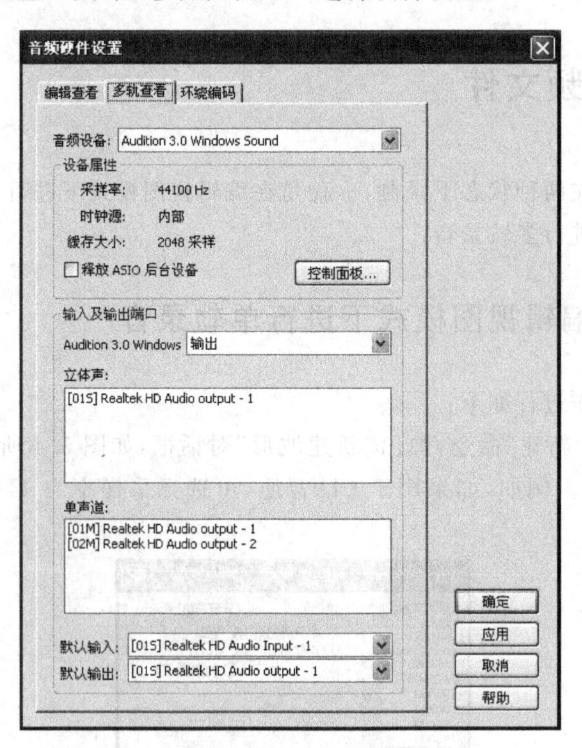

图 5.5 音频硬件设置

2. 多轨录音的音轨添加

在默认状态下,Audition 为用户提供了 6 个音轨和一个主控轨。在编辑音频时,如果音轨的数量不能满足用户的需要,还可以添加音轨。

选择菜单栏中的“插入/添加音轨”命令,弹出“添加音轨”对话框,如图 5.6 所示。在“添加音轨”对话框中设置相应参数,然后单击“确定”按钮关闭对话框。

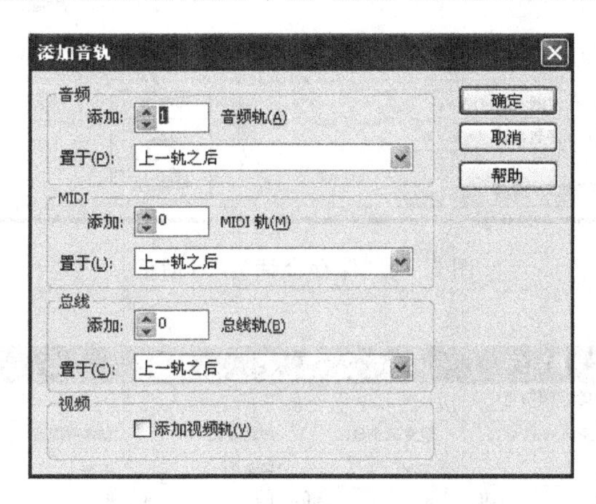

图 5.6 “添加音轨”对话框

3. 多轨录音操作过程

准备工作:下载伴音“洪湖水浪打浪”,文件名为“洪湖水浪打浪伴奏.wma”。

(1) 单击工具栏上的“多轨”按钮,或者直接按键盘上的数字 9,进入多轨视图工作界面。

(2) 选择“音轨 1”,单击文件面板中的“导入文件”按钮导入音频,导入完成后,单击文件面板中的“插入进多轨会话”按钮,这时会在“音轨 1”主面板上显示波形图。

(3) 在主群组中单击“音轨 2”上的“R”按钮,弹出“保存会话为”对话框,在其中设置保存生成工程文件的位置和名称,单击“保存”按钮。注意:工程文件名的扩展名为.ses。“音轨 2”上的“R”代表录音备用按钮;“M”代表音轨静音;“S”代表独奏。

用户也可以在第(3)步之前先保存工程文件。选择菜单栏中的“文件/保存会话”命令,弹出“保存会话为”对话框,如图 5.7 所示,在其中设置保存生成工程文件的位置和名称,单击“保存”按钮。

(4) 选择菜单栏中的“选项/Windows 录音控制台”命令,对准备录入的信号源进行调整,如图 5.8 所示。

(5) 单击传送器面板上的“录音”按钮开始录音,录音结束后单击传送器面板上的“停止”按钮。录制好的文件将自动添加到文件面板中,并且保存到与工程文件相同目录的文件夹中生成音轨文件。

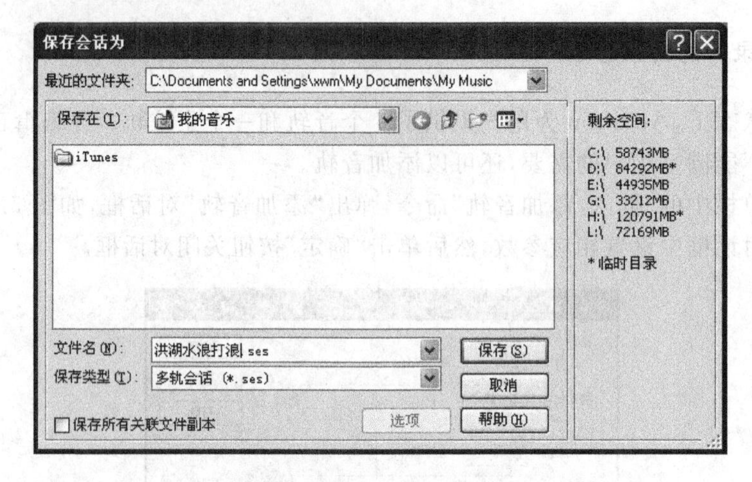

图 5.7 “保存会话为”对话框

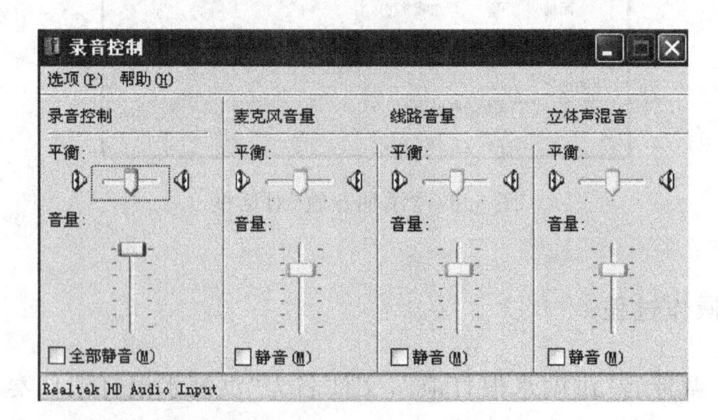

图 5.8 “录音控制”窗口

5.2.3 循环录音

循环录音只能在多轨视图模式下完成。

所谓循环录音是指在给定的范围内进行多次循环录音，每次录音都将自动产生一个音频文件。最后从中找出一段最好的音频效果，替代原来的音频。

循环录音的操作过程如下：

(1) 单击工具栏上的“时间选择工具”，选取一段要循环录音的区域，或者在选择/查看面板中输入选择区域的精确位置。

(2) 选择录音轨道并单击“R”按钮。

(3) 右击传送器面板上的“录音”按钮，在快捷菜单中选择循环录音方式。这里选择“循环录音(查看或选区)”命令。

- 循环录音(查看或选区)：在指定范围内循环录音。

- 循环录音(整个或选区)：在从选择指针开始到之前录制音频文件结束的位置为止范围内循环录音。

(4) 单击“循环录音”按钮开始录音，系统会不断重复在选定的区域进行录音。每次录音的结果都会产生一个文件，出现在文件面板中。

所有录制的音频文件都会被自动放置到一个音频轨道上，单击工具栏上的“移动/复制 剪辑工具”，将它们移动到不同的音频轨道上。

(5) 单击传送器面板中的“循环播放”按钮，然后分别单击每个轨道的“S”按钮，试听选出满意的录音文件。

5.2.4 穿插录音

穿插录音用于在已有的文件中重新插入新录制的片断，要求在多轨视图模式下进行。其操作过程如下：

(1) 单击工具栏上的“时间选择工具”，选取一段要补录的录音区域，也可以在选择/查看面板上输入选择区域的精确位置。

(2) 选择菜单栏中的“剪辑/穿插入”命令，这时该轨道的“R”按钮自动处于激活状态。

(3) 单击传送器面板上的“录音”按钮开始录音。当选择指针经过选区时进行的是录音操作，当选择指针离开选区时录音操作结束。

5.3 编辑视图模式下音频文件的编辑

5.3.1 基本操作

在 Audition 软件的使用中，在进行任何操作前，都要首先选择需要处理的区域，然后再操作。如果不选，Audition 软件则认为是对整个音频文件进行操作。

1. 选择声道文件中的波形

1) 选取单声道文件中的波形

方法一：使用键盘选取一段波形。

- 在开始时间处单击，然后按住 Shift 键＋左右方向键进行选择。
- 在开始时间处单击，然后按住 Shift 键＋鼠标进行选择或调整选区的大小。

方法二：使用鼠标选取一段波形。

- 在开始时间处拖曳鼠标，直到结束点处松开鼠标。
- 通过移动“选取区域边界调整点”调整选区的大小。

方法三：使用时间精确定位。

- 在选择/查看面板中输入准确的开始时间和结束时间，然后在空白处单击或按 Enter 键完成选取。
- 在选择/查看面板中输入准确的时间长度，然后在空白处单击或按 Enter 键完成选取。

2）选择立体声文件中的两个波形（立体声文件中有两个声道：L 为左声道，R 为右声道。）

方法一：使用鼠标选取一段波形。

注意：在拖曳过程中鼠标指针的位置要在两个波形之间，这样才能同时选中左、右两个声道的波形。

方法二：使用工具栏控制。

选择菜单栏中的“视图/快捷栏/显示”命令，弹出“显示”工具栏，单击“编辑双声道”按钮。

方法三：使用键盘或者时间精确定位。

此方法与单声道波形的选取操作相似。

3）选择立体声文件中的一个波形

方法一：使用鼠标选取一段波形。

注意：如果要选取左声道中的某段波形，在拖曳过程中要保持在偏上方，此时鼠标处显示字母“L”，并且只有左声道的选择区域呈现高亮效果，右声道显示为灰色；相反，如果要选取右声道中的某段波形，在拖曳过程中要保持在偏下方，此时鼠标处显示字母“R”，并且只有右声道的选择区域呈现高亮效果，左声道显示为灰色。

方法二：使用工具栏控制。

选择菜单栏中的“视图/快捷栏/显示”命令，弹出“显示”工具栏，使用“编辑左声道”按钮、“编辑右声道”按钮和“编辑双声道”按钮进行控制。

方法三：使用快捷键控制。

按向上方向键，选择左声道；按向下方向键，选择右声道；按 Shift＋向左/右方向键则选择波形。

4）选取全部波形

方法一：使用鼠标拖曳的方法，从头至尾选取全部波形。

方法二：选择菜单栏中的“编辑/选择整个波形”命令，可以选取全部波形。

方法三：使用快捷菜单，即在波形上右击，然后在快捷菜单中选择“选择整个波形”命令。

方法四：按 Ctrl＋A 键，也可以选取整个波形。

方法五：在波形文件上三击鼠标左键，可以选择整个波形。

方法六：在某处单击，不选取任何区域，系统默认编辑全部波形。

2. 删除声道文件中的波形

选择要操作的区域，然后选择菜单栏中的“编辑/删除所选”命令或直接按 Delete 键即可删除当前被选择的音频片段，这时后面的波形自动前移。

3．剪切声道文件中的波形

选择要操作的区域，然后选择菜单栏中的“编辑/剪切”命令，则将当前被选择的片段从音频中移去并放置到内部剪贴板上。

4．复制声道文件中的波形

选择要操作的区域，然后选择菜单栏中的“编辑/复制”命令，则将选区复制到内部剪贴板上（也可以用 Ctrl+C 键或工具栏中的“复制”按钮）。

5．粘贴音频波形

先在音频波形中确定插入点，然后选择菜单栏中的“编辑/粘贴”命令，则将内部剪贴板上的数据插入到当前插入点位置（也可以用 Ctrl+V 键或工具栏中的“复制”按钮）。

6．粘贴到新文件

选择菜单栏中的“编辑/粘贴到新的”命令，可插入剪贴板中的波形数据创建一个新文件。

Audition 提供了 5 个内部剪贴板以及一个 Windows 剪贴板。如果在多个声音文件之间传送数据，可以使用内部剪贴板；如果与外部程序交换数据，可使用 Windows 剪贴板。

当前剪贴板只有一个，选定当前剪贴板的方法是，选择菜单栏中的“编辑/剪贴板设置”的子命令。

7．混合粘贴

利用 Audition 的编辑功能，可以将当前剪贴板中的声音与窗口中的声音进行混合。即选择菜单栏中的“编辑/混合粘贴”命令，弹出“混合粘贴”对话框，选择需要的混合方式，如“插入”、“重叠（混合）”、“替换”、“调制”。注意，在混合前应先调整好插入点的位置（黄线）。

所谓声音的混合，是指将两个或两个以上的音频素材合成在一起，使多种声音能够同时听到，形成新的声音文件。

例如，对于“鼓掌狂呼.wav”音频文件，可以选择菜单栏中的“编辑/复制”命令，打开其他音频文件，设置插入点，然后选择菜单栏中的“编辑/混合粘贴”命令混合。

5.3.2 编辑视图模式下音频文件的管理

1. 打开文件

(1) 选择菜单栏中的“文件/打开会话”命令，弹出“打开会话”对话框，在其中选择音频文件的位置和文件名，然后单击“打开”按钮。

(2) 选择菜单栏中的“文件/打开为”命令，可以打开文件并转换成新的波形格式。在打开文件前会弹出一个对话框，可以设置以新的采样率打开文件。

(3) 选择菜单栏中的“文件/追加打开”命令，可以将打开的文件添加到正在编辑的音频文件末尾，相当于把两个声音文件接在一起。

(4) 选择音频文件直接双击。

2. 关闭文件

选择菜单栏中的“文件/关闭”命令，可以关闭当前波形显示区的文件。选择菜单栏中的“文件/关闭全部”命令，可以关闭所有打开的文件和新建的波形文件。

3. 保存文件

(1) 选择菜单栏中的“文件/保存”命令，当打开的文件被修改之后，会以新内容取代旧内容。

(2) 选择菜单栏中的“文件/另存为副本”命令，可以将正在编辑的音频文件以另外一个文件名保存。

(3) 选择菜单栏中的“文件/保存所选”命令，可以将当前文件中选定的部分作为独立文件保存。

(4) 选择菜单栏中的“文件/全部保存”命令，可以将当前正在编辑的所有文件保存。

5.3.3 编辑视图模式下音频文件的效果

选择菜单栏中的“窗口/效果”命令，可以打开效果面板使用其中的效果，或者选择“效果”中的命令添加效果。

添加效果的方法和步骤如下：

(1) 选择要应用效果的波形区域，若不选择，则对整个文件应用效果。

(2) 选择“效果”中的效果命令，或者双击效果面板中的效果命令，在打开的对话框中进行参数设置，在对话框中预览效果并确定。

1. 淡入与淡出

最初音量很小，渐渐加强，会形成一种淡入、渐强的效果；反之，最初音量很大，最终音量相对较小，会形成一种淡出、渐弱的效果。

淡入效果指声音的音量由小逐渐变大；淡出效果指声音的音量逐渐变小。

对于淡入与淡出效果，可以在“效果/振幅和压限”下选择“振幅/淡化(进程)”命令来完成，也可以在波形图的左上角或右上角拖动渐变控制按钮，通过向内拖动设置渐变的长度、通过向上或向下拖动设置渐变的曲线。

2. 调整音量大小

在选中波形区域后，可以直接拖动主群组面板上出现的浮动的音量调节按钮，调整选中区域的音量大小。

(1) 在编辑视图模式下选中波形区域后，会出现浮动的音量调节按钮如图5.9所示。

(2) 在多轨视图模式下可以直接看到音量调节按钮，如图5.10所示。

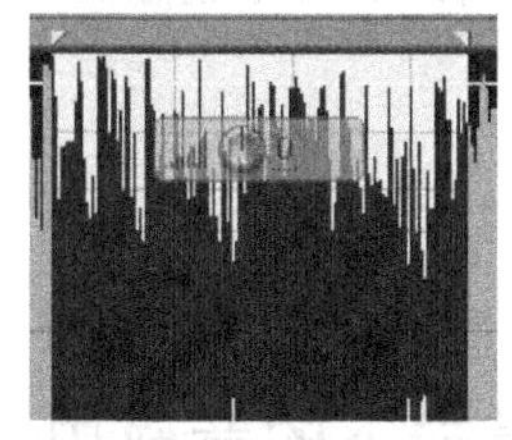

图5.9　编辑视图模式下的音量调节按钮

图5.10　多轨视图模式下的音量调节按钮

(3) 可以利用菜单栏中的“效果/振幅和压限/标准化(进程)”命令，弹出“标准化”对话框，在其中进行设置。

(4) 也可以利用菜单栏中的“效果/振幅和压限/放大”命令，弹出“放大”对话框，在其中进行设置。

3. 消除环境噪声

在一段音频文件录制好后或对于有一些缺陷的音乐，需要进行优化，通常使用的方法是降噪。环境噪音是在语音停顿之处有一种振幅变化不大的声音，这个声音贯穿于录制声音的整个过程。

消除环境噪声的方法是先在语音停顿的地方选取一段环境噪声，让系统记下这个噪声特性，然后通过相应设置让Audition 3.0软件自动消除所有的环境噪声。

首先选取一段波形区域，然后选择菜单栏中的“效果/修复/降噪预置噪声文件”命令，Audition自动捕获噪音特性，然后选择菜单栏中的“效果/修复/降噪器”命令，在弹出的“降噪器”对话框中根据需要设置参数，或者使用默认参数，直接单击“确定”按钮，完成降噪处理。

5.4 多轨视图模式下音频文件的编辑

5.4.1 音轨的添加、删除和移动

1. 添加音轨

利用"插入/音频轨"命令可以完成轨道的添加。

2. 删除音轨

右击要删除的音轨,然后利用其快捷菜单中的"删除音轨"命令删除。

3. 移动音轨

移动鼠标到音轨名称的左边位置时拖动鼠标。

5.4.2 将音频文件插入到多轨视图模式下的音轨中

在多轨视图模式下将音频文件插入到音轨中的常用方法如下:

(1) 先将文件导入到文件面板中,选中文件后,单击"插入进多轨会话"按钮,将其插入到当前音轨的选择指针之后的位置。

(2) 直接将文件面板中的文件选中,按住鼠标左键将其拖放至目标音轨的目标位置处。

(3) 在多轨视图模式中先选中某音轨,并设置选择指针的位置,然后选择菜单栏中的"插入/音频"命令。

5.4.3 多轨视图模式下的混音处理

1. 在多轨视图模式下为一个音频剪辑添加渐变效果

用户可以用鼠标拖动的方法完成"淡入与淡出"效果的添加,也可以选择"剪辑/剪辑淡化"中的相应命令。如果为同一音轨中重叠的音频剪辑设置交叉渐变效果,可以选择菜单栏中的"剪辑/剪辑淡化/自动交叉淡化"命令,然后将两个音频剪辑放到同一个音轨上,并使它们有相交的区域,在相交处将自动产生交叉淡化效果。

2. 为不同音轨的音频剪辑添加渐变效果

将两个音频剪辑放置在不同音轨中，上一音轨的音频剪辑的尾部与下一音轨的音频剪辑的首部有重叠区域。要为不同音轨的音频剪辑添加渐变效果，可以先将两个音频剪辑的重叠区域选中，再按住 Ctrl 键将两个音频剪辑同时选中，然后选择“剪辑/淡化包络穿越选区”中的线性、正弦、对数入、对数出 4 种方式之一。

5.4.4　在多轨视图模式下为音轨添加音频效果

在多轨视图模式下为音轨添加音频效果，可以通过主群组面板、混音器面板、“效果格架”对话框进行添加。

1. 在主群组面板中添加音频效果

单击主群组面板上方的“效果”按钮。

2. 在混音器面板中添加音频效果

选择菜单栏中的“窗口/混音器”命令，打开混音器面板，单击“显示或隐藏效果控制器”按钮，选择相应的按钮。

3. 在“效果格架”对话框中添加音频效果

先选中要添加音频效果的音频轨道，然后选择菜单栏中的“窗口/效果格架”命令，弹出“效果格架”对话框，在其中添加音频效果。

5.4.5　Audition 的应用

这里以制作一首配音诗朗诵为例，介绍 Audition 各种基本功能的使用，使用户对音频处理的基本思想、过程和技巧有一个更直观的认识。

(1) 准备制作该音频文件的各种素材，即要录制的诗文内容和一段背景音乐。选择诗文内容是《再别康桥》，下载诗歌合适的背景音乐，这里选择“神秘园之歌”作为伴奏音乐。

启动 Audition 软件，单击“多轨”按钮，选择多轨视图模式。然后选择菜单栏中的“文件/新建会话”命令，在弹出的“新建会话”对话框中选择采样率，保存该会话，以“配音朗诵”为文件名。

(2) 在多轨面板中，选择第一个音轨为录音音轨，单击其中的“R”按钮，对照准备好的诗文内容，单击传送器面板上的“录音”按钮，即可开始录音。录音完毕后，单击“停止”按钮，此时录音轨道呈现的是录音完成的诗文波形。

(3) 单击传送器面板上的“播放”按钮，试听录音效果，如果不满意可以删除已录声波，重新录制。在不需要重录的情况下可以双击该录音轨道，进入单轨编辑状态，对所录声波进行一些基础的编辑或者添加需要的效果。

(4) 如果录制的声音过大或者过小，可以选择菜单栏中的“效果/振幅和压限/放大”命令，在弹出的对话框中通过设置预设效果和移动左、右声道增降滑标进行适当的调节。

(5) 选择菜单栏中的“效果/修复”命令，选取适当的降噪方法。

(6) 再次播放并试听，可以了解各段波形所对应的诗文内容，如果有一些不该出现的杂音或者语气词，可以在波形图上用鼠标选取并右击将其剪切掉。然后可以复制波形前的一段静音区，粘贴在诗文的段落间隔处，增加诗文中的停顿。

(7) 编辑完成后可以根据具体情况为诗文添加混响效果或者回音效果，只需要选择“效果/混响”或“效果/延迟和回声”的子命令，进行适当调整即可。

(8) 在录音文件编辑好后，单击“多轨”按钮，回到多轨视图模式状态。将准备好的背景音乐用鼠标拖入到第二个音轨中，按住鼠标右键将其移到适当的位置，按住鼠标左键选取背景音乐多余的部分，然后右击，在快捷菜单中选择“删除”命令。

(9) 对背景音乐可以做淡入与淡出处理，使两段声音融合得更加自然。选择第二条音轨上的波形，用鼠标分别拖动其左上角和右上角的小方块，拖动时鼠标指针处会显示淡入、淡出线性值。然后试听效果，调整小方块的位置直到满意为止，也可以单击音轨 2 上的“S”按钮，单独欣赏音乐的淡入、淡出效果。

(10) 再次聆听混合效果，调整音轨 1 和音轨 2 各自的音量，选择菜单栏中的“文件/保存会话”命令，保存当前会话。

(11) 选择菜单栏中的“文件/导出/混缩音频”命令，弹出“导出音频混缩”对话框，在其中选择音频的保存位置、保存类型和保存名称等，单击“保存”按钮。这样一段配音诗朗诵文件就制作完成了，保存后的混缩文件将会自动在单轨编辑模式下打开。

习题 5

一、填空题

1. 在多轨视图模式下可以同时编辑________个轨道的声音文件，也适合多轨混音。

2. 编辑视图适用于________声音素材的录制、剪辑和效果处理。

3. 主面板是进行各种编辑和处理时应用的区域，包含库和________区。

4. 音频文件可以在两种状态下录制，一种是在编辑视图模式下进行单轨录音，另一种是在________视图模式下进行多轨录音。

5. 一般情况下，语音录音可选采样率为________ Hz、通道为单声道、分辨率为 8 位；音乐录音可选采样率为 44 100Hz、通道为立体声、分辨率为 16 位。

6. 循环录音只能在________视图模式下完成。

7. 穿插录音用于在________的文件中重新插入新录制的片断。

8. 在 Audition 软件的使用中，在进行任何操作前，都要首先选择需要处理的________，然后再操作。如果不选，Audition 软件则认为是对整个音频文件进行操作。

9. 选择菜单栏中的"文件/追加打开"命令，可以将打开的文件添加到________的音频文件末尾。

10. 淡入效果指声音的音量由小逐渐变________；淡出效果指声音的音量由大逐渐变小。

二、操作题

1. 制作一首配音诗朗诵短片。

2. 为短片配音。

计算机动画制作技术

动画具有生动形象、简单明了、通俗易懂等特点，其概括性强，并且不受观众文化层次与年龄段的影响，是一种深受大家喜爱、流行广泛的艺术形式。一些虚构的、很理想、很完美、很浪漫的内容都可以通过动画来表现。

近些年来，计算机动画制作技术得到了广泛的应用，特别是在展现比较抽象的概念和含义丰富的内容时，其表现力往往令人叹为观止。可以这么说，只要是人能想到的图像，都可以通过动画轻松地表现出来。本章主要介绍动画的一些基本概念。

6.1 计算机动画概述

计算机动画是借助计算机技术生成一系列连续图像，并可动态播放的计算机技术。计算机动画制作技术是采用图形与图像的处理技术，借助于编程或动画制作软件生成一系列连续的景物画面，其中，当前帧是前一帧的部分修改。计算机动画技术综合利用了计算机科学、数学、物理学、绘画艺术等知识来生成绚丽多彩的连续的逼真画面。

6.1.1 动画的概念

动画指动画技术，它是指把人和物的表情、动作、变化等分段画成许多静止的画面，每个画面之间都会有一些微小的改变，再以一定的速度（如每秒 16 帧）连续播放，给视觉造成连续变化的图画。

动画是一门幻想艺术，能容易直观表现和抒发人们的感情，可以把现实不可能看到的内容转化为现实，扩展了人类的想象力和创造力。

在三维动画出现之前，对动画技术比较规范的定义是：采用逐帧拍摄对象并连续播放而形成运动的影像的技术。不论拍摄对象是什么，只要它的拍摄方式采用的是逐格方式，观看时连续播放形成了活动影像，它就是动画。

广义而言，把一些原先不活动的内容，经过制作与放映变成活动的影像，即为动画。

1. 动画的原理

动画是借助人眼的“视觉暂留”特征产生的。人眼在观察物体时，如果物体突然消失，这个物体的影像仍会在人眼的视网膜上保留一段很短的时间，这个视觉生理现象称为“视觉暂留”。

例如，图 6.1 显示的柱子是圆的，但不仔细看就会看成是方的，而图 6.2 所示的图不仔细看会感到是动的图。

图 6.1 柱子是圆的还是方的

图 6.2 是静的还是动的

再如，在屏幕上先呈现一竖线，后在稍右处呈现一横线，若两线出现的相隔时间小于 0.2s，则会看到竖线倒向横线的位置，这种现象称为“似动现象”。

现代科学发现：视像从眼前消失之后，仍在视网膜上保留 0.1～0.4s 左右。电影依据“视觉暂留”原理，经过多次试验，以每秒钟 24 个画格的速度进行拍摄和放映，每个画格在观众眼前停留 1/32s，于是电影胶片上一系列原本不动的连续画面，放映后便变成了活动的影像了。

2. 传统动画

动画有着悠久的历史，我国民间的走马灯和皮影戏就是动画的一种古老的表现形式。国产动画片《大闹天空》中“孙悟空”的形象闻名世界，“米老鼠”、“唐老鸭”等动画形象也深受大众的喜爱。

传统动画是由美术动画电影传统的制作方法移植而来的，始于 19 世纪，流行于 20 世纪。传统的动画画面的制作方式是手绘在纸张或赛璐珞片上，然后将这些画面(帧)按一定的速度拍摄，制作成影像。由于大部分的动画作品都是用手直接绘制的，因此传统动画也被称为手绘动画或者赛璐珞动画。

传统动画可分为平面传统动画和立体传统动画两大类，其中，平面传统动画是在二维空间中进行制作的动画，立体传统动画是在三维空间中制作的动画。

1) 平面传统动画类型

平面传统动画主要有以下几类：

(1) 传统手绘动画。通过绘画线稿,使用动画片颜料在赛璐珞(cel)透明片上上色,然后进行拍摄、剪辑制作的动画,如中国的《大闹天宫》(如图6.3所示)、日本的《千与千寻》、美国的《猫和老鼠》等。同样还有用油画棒、彩铅、水彩、炭笔、油彩、木刻等手绘技法表现的动画,例如素描动画《种树的人》、油画动画《老人与海》、沙土动画《天鹅》、用胶片刻画的动画片《节奏》、装饰动画《鼹鼠的故事》等,它们都具有独特的视觉魅力。但由于手绘动画制作周期较长,现在后期的上色、合成、剪辑、配音等制作部分逐渐被计算机动画所取代。

图6.3 手绘《大闹天宫》动画

(2) 剪影片。剪影片源于剪影和影画,是流行于18、19世纪的一种黑白的单色人物侧面影像,同类型的还有通过光线照射到手上然后投射到墙壁上的手影动画。世界上第一部剪影片是1916年美国布雷画片公司制作的《裁缝英巴特》,由C.阿伦·吉尔伯特绘制。1919年德国人L.赖尼格拍摄了《阿赫迈德王子历险记》、《巴巴格诺》、《卡门》等剪影片。图6.4所示的就是一个剪影片。

图6.4 剪影片

(3) 剪纸片。剪纸片来源于皮影戏,皮影戏是让观众通过白色布幕,观看一种平面偶人表演的灯影来达到艺术效果的戏剧形式,皮影戏中的平面偶人以及场面道具景物,通常是民间艺人用手工刀雕彩绘而成的皮制品,故称之为皮影。皮影戏源于两千多年前的中国古代长安,盛行于唐、宋,至今仍在中国民间普遍流行,堪称中国民间艺术一绝。皮影的制作,最初是用厚纸雕刻,后来采用驴皮或牛羊皮刮薄,再进行雕刻,并施以彩绘,风格类似民间剪纸,但手、腿等关节分别雕刻后用线连缀在一起,使其活动自如。中国最早的剪纸片是《猪八戒吃西瓜》、《狐狸打猎人》。图 6.5 所示为《狐狸送葡萄》剪纸片。

图 6.5 《狐狸送葡萄》剪纸片

(4) 水墨动画。水墨动画是中国艺术家创造的动画艺术新品种。它以中国水墨画技法作为人物造型和环境空间造型的表现手段,运用动画拍摄的特殊处理技术把水墨画形象和构图逐一拍摄下来,通过连续放映形成浓淡虚实活动的水墨画影像的动画片。图 6.6 所示为《小蝌蚪找妈妈》水墨动画。

图 6.6 《小蝌蚪找妈妈》水墨动画

2) 立体传统动画类型

立体传统动画主要有以下几类:

(1) 折纸动画。折纸动画是将硬纸片或彩纸折叠、粘贴,制作成各种立体人物和立体背景,然后用逐格拍摄的方法拍摄下来,通过连续放映形成活动的影片。因为折纸动画都是用纸折叠而成的,因此形成了折纸片轻巧、灵活、充满稚气的独特艺术特点,它体现了人们心灵手巧的品质。折纸动画比较适合表现简短的童话故事。图 6.7 所示为我国首部三维立体折纸动画《折纸小兵》。

(2) 木偶动画。木偶动画是在借鉴木偶戏的基础上发展起来的,动画片中的木偶一般采用木料、石膏、橡胶、塑料、钢铁、海绵和银丝关节器制成,以脚钉定位。随着科技的发展，目前也有用瓷质、金属材料制成的木偶。拍摄时将一个动作依次分解成若干个环节，用逐格拍摄的方法拍摄下来，通过连续放映还原为活动的影像。图 6.8 所示是《阿凡提的故事》木偶动画。

图 6.7 《折纸小兵》折纸动画

图 6.8 《阿凡提的故事》木偶动画

(3) 黏土动画。黏土动画是定格动画的一种，它由逐帧拍摄制作而成。一部黏土动画的制作包括脚本创意、角色设定和制作、道具场景制作、拍摄、合成等过程。黏土动画作品堪称是“动画中的艺术品”，因为黏土动画在前期制作过程中，很多依靠手工制作，手工制作决定了黏土动画具有淳朴、原始、色彩丰富、自然、立体、梦幻般的艺术特色。黏土动画是一种集文学、绘画、音乐、摄影、电影等多种艺术特征于一体的综合艺术表现。图 6.9 所示为黏土动画。

(4) 针幕动画。针幕动画是由俄国人亚力山大·阿列塞耶夫发明的特殊动画技巧。其原理是将光线投射在由几千个细针组成的面板上，细针的运动形成了影像，把影像塑形之后拍摄下来，再以各种工具制作出光影层次、质感和立体感。图 6.10 所示为针幕动画。

图 6.9 黏土动画

图 6.10 针幕动画

3) 传统动画的制作方法

传统动画的制作方法有手绘动画和定格动画两种，其中，定格动画是其主要采用的一种方法。

(1) 手绘动画。手绘动画是由动画师用笔在透明纸上绘制,多张图纸拍成胶片放入电影机中制作出动画。现代手绘动画一般是扫描到计算机中上色合成。

(2) 定格动画。定格动画(也称逐帧动画)是通过逐格地拍摄对象然后使之连续放映,从而产生仿佛活了一般的人物或能想象到的任何奇异角色。制作定格动画最基本的方法是利用相机作拍摄工具,为主要对象拍摄一连串的照片,每张照片之间为拍摄对象作小量移动,最后把整辑照片快速、连续地播放完成。

传统动画的制作手段在如今已经被更为现代的扫描、手写,或者计算机技术取代。但传统动画制作的原理却一直在现代的动画制作中延续。

3. 计算机动画

现代动画主要是利用计算机动画软件,直接在计算机上绘制和制作,即计算机动画。计算机动画综合了计算机图形学特别是真实感图形生成技术、图像处理技术、运动控制原理、视频显示技术,甚至视觉生理学、生物学等领域的内容,还涉及机器人学、人工智能、虚拟现实、物理学和艺术等领域的理论和方法。

计算机动画的原理与传统动画基本相同,也是采用连续播放静止图像的方法产生景物运动的效果。不过,计算机动画是在传统动画的基础上把计算机的图形与图像处理技术用于动画的处理和应用,从而可以达到传统动画所达不到的效果。

计算机动画技术具有制作功能全、效率高、色彩丰富鲜明、动态流畅自如的特点,为电视动画设计者提供了一个任其发挥想象力的创作环境。

计算机动画所生成的是一个虚拟的世界,画面中的物体并不需要真正去建造,物体、虚拟摄像机的运动也不会受到限制,动画师几乎可以随心所欲地编织他的虚幻世界。

1) 计算机动画的发展

计算机动画的发展过程大体上可分为 3 个阶段。

20 世纪 60 年代美国的 Bell 实验室和一些研究机构开始研究用计算机实现动画片中间画面的制作和自动上色。这些早期的计算机动画系统基本上是二维辅助动画系统,也称为二维动画。1963 年美国贝尔实验室编写了一个称为 BEFLIX 的二维动画制作系统,这个软件系统在计算机辅助制作动画的发展历程上具有里程碑的意义,这是第一个阶段。

第二个阶段是从 20 世纪 70 年代到 80 年代中期,这时期的计算机图形、图像技术的软/硬件都取得了显著的发展,使计算机动画技术日趋成熟,三维辅助动画系统也开始研制并投入使用。三维动画也称为计算机生成动画,其动画的对象不是简单地由外部输入,而是根据三维数据在计算机内部生成。

1982 年迪士尼(Disney)推出第一部计算机动画电影,就是 Tron(中文片译《电脑争霸》)。

1982 至 1983 年间,麻省理工学院(MIT)及纽约技术学院同时利用光学追踪(Optical Tracking)技术记录人体动作:演员穿戴发光物体于身体各部分,在指定的拍摄范围内移动,同时有数部摄影机拍摄其动作,然后经计算机系统分析光点的运动产生立体活动影像。

第 3 个阶段是从 1985 年到目前为止的飞速发展时期,是计算机辅助制作三维动画的实用化和向更高层次发展的阶段。在这个阶段中，计算机辅助三维动画的制作技术有了质的变化，已经综合集成了现代数学、控制论、图形图像学、人工智能、计算机软件和艺术的最新成果。以至于有人说："如果想了解信息技术的发展成就，请看计算机三维动画制作的最新作品吧！"

1998 年放映的电影《泰坦尼克号》中，船翻沉时乘客的落水镜头有许多是采用计算机合成的，从而避免了实物拍摄中的高难度、高危险动作。

2）计算机动画的发展趋势

要开发具有人的意识的虚拟角色的动画系统，系统应具备以下功能：

（1）虚拟角色自动产生自然的行为。

（2）提高运动的复杂性和真实性，例如关节运动的真实性，虚拟角色手、面部等身体各部分行为的真实性。

（3）减少运动描述的复杂性，人物级的运动描述大型化、网络化、标准化。

最终目标是从自然语言描述的脚本开始由计算机自动产生动画，即智能化。

3）计算机动画的分类

按动画的生成机制划分，计算机动画可分为实时生成动画和帧动画两类。

（1）实时生成动画（也称矢量型动画）。经过计算机运算确定的运行轨迹和形状的动画，由计算机实时生成并演播。

（2）帧动画。在时间帧上逐帧绘制帧内容称为帧动画，帧动画是一幅幅在内容上连续的画面，采用接近于视频的播放机制组成图像或图形序列动画。

按画面对象的透视效果划分，计算机动画可分为二维动画和三维动画两类。

（1）二维动画。平面上的画面，纸张、照片或计算机屏幕显示，无论画面的立体感多强，终究是在二维空间上模拟真实三维空间效果。计算机二维动画的制作包括输入和编辑关键帧，计算和生成中间帧，定义和显示运动路径，给画面上色，产生特技效果，实现画面与声音同步，控制运动系列的记录等。

（2）三维动画。画中的景物有正面、侧面和反面，调整三维空间的视点，能够看到不同的内容。计算机三维动画是根据数据在计算机内部生成的，而不是简单的外部输入。制作三维动画首先要创建物体模型，然后让这些物体在空间中动起来，如移动、旋转、变形、变色，再通过打灯光等生成栩栩如生的画面。

按画面形成的规则和制作方法划分，计算机动画可分为路径动画、运动动画和变形动画 3 类。

（1）路径动画。指让每个对象根据制定的路径进行运动的动画，适合于描述一个实体的组合过程或分解过程，如演示或模拟某个复杂仪器是怎样由各个部件对象组合而成的，或描述一个沿一定轨迹运动的物体等。

（2）运动动画。指通过对象的运动与变化产生的动画特效。

（3）变形动画。将两个对象联系起来进行互相转化的一种动画形式，通过连续地在两个对象之间进行彩色插值和路径变换，可以将一个对象或场景变为另一个对象或场景。

4）计算机动画设计与创意

（1）计算机动画创意的概念。计算机动画是高科技与艺术创作的结合，需要科学的设计和艺术的构思，这些在制作之前的方案性思考，称为创意。创意有宏观和微观两个层面。

- 宏观。指整个设计行动的统筹安排(战略策划高度)。
- 微观。指具体动画作品的意境构思及手法选择(小点子、小安排)。

(2) 动作的设计与创意。

人物动作规律及设计：

- 人的走路动作。左右两脚交替向前，为了求得平衡，当左脚向前时左手向后摆动，当右脚向前时右手向后摆动。
- 人的奔跑动作。身体重心前倾，手臂成屈曲状，两手自然握拳，双脚的跨步动作幅度较大，头的高低变化也比走路动作大。
- 人的面部表情。面部的动作变化能体现人物的情绪和性格，但更加复杂。

动物动作规律及设计：

- 鸟类。鸟越大，动作越慢；鸟越小，动作越快；翅膀越大，鸟躯干的上下运动越明显。
- 兽类。四条腿的兽类在运动时，必须注意前腿动作如何与后腿动作相配合。如牛的右前腿向前时，右后腿在后；右前腿向后时，右后腿向前。

自然物体规律及设计：

- 旋转物体。当物体抛向空中时，其重心沿抛物线运动，到顶点时速度减慢，下降时速度加快。
- 强调运动。为了强调运动，有时要加入一些视觉效果，如开枪射击时枪管突然后退。射击本身是通过很强烈的猛推效果和随枪管再冲向前时一股较慢的喷烟在视觉上展现的。
- 振动物体。包括快速振动(例如弹簧片的振动)和柔性振动(例如旗帜的飘动)。

5) 计算机动画的应用

现在计算机动画的应用领域十分广泛，主要有动画片制作、影视与广告、电子游戏和娱乐、模拟演示、多媒体教学演示等。

4. 动漫

“动漫”是动画和漫画的合称与缩写。随着现代传媒技术的发展，动画和漫画之间的联系日趋紧密，两者常被合而为动漫。

6.1.2 计算机动画的制作

现在，动画基本上使用计算机动画技术来制作。用计算机进行角色设计、背景绘制、描线上色等具有操作方便、颜色一致、准确等特点，还具有检查方便、简化管理、提高生产效率、缩短制作周期等优点。

1. 平面动画的制作

1）关键帧(原画)的产生

关键帧以及背景画面，可以用摄像机、扫描仪、数字化仪实现数字化输入，用扫描仪输入铅笔原画，再用计算机生产流水线后期制作，也可以用相应软件直接绘制。

动画软件会提供各种工具，方便绘图。这大大改进了传统动画的制作过程，可以随时存储、检索、修改和删除任意画面，并使传统动画制作中的角色设计及原画创作等步骤一步就完成了。

2）中间画面的生成

利用计算机对两个关键帧进行插值计算，自动生成中间画面，这是计算机动画的优点之一。这种动画不仅精确、流畅，而且将动画制作人员从烦琐的劳动中解放出来。例如，图 6.11 所示为一只鸟飞行的 8 个关键帧，中间的其他帧由计算机自动生成。

图 6.11　鸟飞行的 8 个关键帧

3）分层制作合成

传统动画的一帧画面，是由多层透明胶片上的图画叠加合成的，这是保证质量、提高效率的一种方法，但制作中需要精确对位，而且受透光率的影响，透明胶片最多不超过 4 张。在动画软件中，同样使用了分层的方法，但对位非常简单，层数从理论上说没有限制，对层的各种控制，例如移动、旋转等，也非常容易。

4）着色

计算机动画的着色可以解除乏味、昂贵的手工着色。用计算机描线着色界线准确、不需晾干、不会窜色、改变方便，而且不会因层数影响颜色，其速度快，创作者不需要为前后色彩的变化而头疼。动画软件一般都会提供许多绘画颜料效果，如喷笔、调色板等，这些很接近传统的绘画技术。

5）预演

在生成和制作特技效果之前，可以直接在计算机屏幕上演示一下草图或原画，检查动画过程中的动画和时限，以便及时发现问题并解决问题。

6）图库的使用

动画中的各种角色造型以及它们的动画过程，都可以存在图库中反复使用，而且修改也十分方便。在动画中套用动画，就可以使用图库来完成。

2. 三维动画的制作

在动画技术当中，最有魅力且应用最广的当然是三维动画。因为世界是立体的，只有三维才让人感到更真实。二维动画可以看成三维动画的一个分支，它的制作难度及对计算机性能的要求远远低于三维动画。

三维动画之所以被称为计算机生成动画，是因为参加动画的对象不是简单地由外部输入的，而是根据三维数据在计算机内部生成的，运动轨迹和动作的设计也是在三维空间中考虑的。

计算机三维动画的制作过程主要有建模、编辑材质、贴图、灯光、动画编辑和渲染几个步骤。

1）建模

建模就是利用三维软件创建物体和背景的三维模型，如人体模型、飞机模型、建筑模型等。一般来说，先要绘制出基本的几何形体，再将它们变成需要的形状，然后通过不同的方法组合在一起，从而建立复杂的形体。图6.12就是对人物脸部的建模图。

2）编辑材质

编辑材质就是对模型的光滑度、反光度、透明度进行编辑，玻璃的光滑和透明、木料的低反光度和不透明等都是在这一步实现的。如果经过这一步就直接渲染，可以得到一些漂亮的单色物体，如玻璃器皿和金属物体。

3）贴图

现实生活中的物体并不都是单色的物体，例如人的皮肤色、衣着，无不存在着各种绚烂的各种图案。如果要将三维动画做得逼真，就要将这些元素做出来，但直接在三维模型上做出这种效果是很难的。所以一般将一幅或几幅平面的图像像贴纸一样贴到模型上，这就是贴图。图6.13就是对人物脸部的贴图。

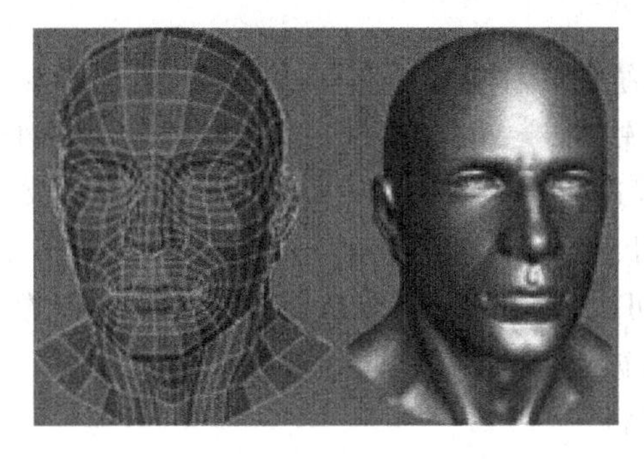

图6.12　三维动画的建模

图6.13　三维动画的贴图

4）灯光

可以在做好的场景中的不同位置放上几盏灯，从不同角度用灯光照射物体，烘托出不同的光照效果。灯光有主光和辅光之分，主光的任务是表现场景中某些物体的照明效果，一般需要给物体投影，辅光主要用于辅助主光在场景中进行照明，一般不开阴影。

5）动画编辑

以上做出来的模型是静态的物体，要使其运动起来则要经过动画编辑。动画就是使各种造型运动起来，由于计算机有非常强的运算能力，制作人员所要做的是定义关键帧，中间帧交给计算机去完成，这就使人们可做出与现实世界非常一致的动画。

6）渲染

三维建模和动画往往仅占全部动画制作过程中的一部分，大部分时间都花费在繁重的渲染工作中。渲染工作对处理器的处理性能有极强的依赖性。因此，为了获得更高的渲染性能，用户必须尽可能地使用更高性能和更多数量的处理器。

制作三维动画涉及的范围很广，从某种角度来说，三维动画的创作类似于雕刻、摄影、布景设计及舞台灯光的使用，动画设计者可以在三维环境中控制各种组合，调用光线和三维对象。

6.2 常用动画软件

计算机动画的关键技术体现在计算机动画制作软件及硬件上。计算机动画制作软件目前很多，不同的动画效果，取决于不同的计算机动画软、硬件的功能。虽然制作的复杂程度不同，但动画的基本原理是一致的。

制作动画的计算机软件包括二维动画制作软件和三维动画制作软件两大类，且每种软件又都按自己的格式存放建立的动画文件。

6.2.1 二维动画制作软件

1. Animation Studio

Animation Studio 是基于 Windows 系统的一种集动画制作、图像处理、音乐编辑、音乐合成等多种功能于一体的二维动画制作软件。Animation Studio 可读/写多种格式的动画文件，如 AVI、MOV、FLC 和 FLI 等，还可以读/写多种静态格式的图形文件，如 BMP、JPG、TIF、PCX 和 GIF 等。只要使用 File 菜单中的 Save as 命令即可实现动画文件格式的转换和静态文件格式的转换，还可以将动画文件转换为一系列静态图像文件。Animation Studio 的绘画工具功能很强，有徒手绘画工具、几何绘画工具。此外，它还提供了二十多种颜料，最有特色的是 Filter 颜料。

2. Animation Stand

Animation Stand 是一种流行的二维卡通软件，全球较大的卡通动画公司(如沃尔特、华纳兄弟、迪斯尼和 Nckelodeon)都曾采用 Animation Stand 作为二维卡通动画的制作软件，用于生产最原本的图样、独创的和完全动画化的系列片。Animation Stand 的功能包括多方位摄像控制、自动上色、三维阴影、音频编辑、铅笔测试、动态控制、日程安排表、笔画检查、运动控制、特技效果、素描工具等，并可以简易地输出成胶片、HDTV、视频、QuickTime 文件等。

3. Flash

Flash 是交互动画制作软件，在网页制作及多媒体课程中被广泛应用，是优秀的二维动画制作软件。Flash 的动画效果不再是单纯的反复运动，而是可以在画面中进行菜单选择和操作，以及播放声音文件。

其特点如下：

首先，它是基于矢量的图形系统，各元素都是矢量的，用户只要用少量向量数据就可以描述一个复杂的对象，占用的存储空间只是位图的几千分之一，非常适合在网络上使用。同时，矢量图形可以做到真正的无级放大，这样，无论用户的浏览器使用多大的窗口，图像始终可以完全显示，并且不会降低画面质量。

其次，Flash 使用插件方式工作。用户只要安装一次插件，以后就可以快速启动并观看动画。由于 Flash 生成的动画一般都很小，所以，调用的时候速度很快。

Flash 通过使用矢量图形和流式播放技术克服了目前网络传输速度慢的缺点。基于矢量图形的 Flash 动画尺寸可以随意调整缩放，并且文件很小，非常适合在网络上使用。

Flash 支持动画、声音及交互功能，具有强大的多媒体编辑能力，并可直接生成主页代码。Flash 通过妙巧的设计也可制作出色的三维动画，由于 Flash 本身没有三维建模功能，为了做出更好的三维效果，用户可先在 Dimensions 软件中创建三维动画，再将其导入到 Flash 中合成。

4. GIF

GIF 就是图像交换格式(Graphics Interchange Format)，它是 Internet 上最常见的图像格式之一，具有以下几个特点：

(1) GIF 文件可以制作动画。

(2) GIF 只支持 256 色以内的图像。

(3) GIF 采用无损压缩存储，在不影响图像质量的情况下，还可以生成很小的文件。

(4) GIF 支持透明色，可以使图像浮现在背景之上。

GIF 文件的制作方法如下：

首先，要在图像处理软件中做好 GIF 动画中的每一幅单帧画面，然后用专门的制作 GIF 文件的软件把这些静止的画面连在一起，再定好帧与帧之间的时间间隔，最后保存成 GIF 格式就可以了。

Ulead GIF Animator 是一个简单、快速、灵活、功能强大的 GIF 动画编辑软件，同时也是网页设计辅助工具，还可以作为 Photoshop 的插件使用，并且具有丰富、强大的内置动画选项。使用它可做出真彩色环境下的 GIF 动画，得到色彩斑斓的动画。动画制作完成后，Ulead GIF Animator 可以将其导出为 GIF 动画文件、单独的 GIF 图像文件序列、HTML 文件、FLC/FLI/FLX 格式的动画文件、QuickTime/AVI 视频文件，以及可用 E-mail发送的动画文件包。动画文件包可以脱离浏览器，在桌面上直接播放动画，并且能够添加消息框、声音文件和文字信息。

5. Imageready 和 Premiere

Imageready 和 Premiere 基本相似，功能大同小异，是通过在不同的时间显示不同的图层来实现动画效果。比起 Flash，它们的操作更为直观、简便，用户只要掌握好图层的编辑方法和不同帧的相关控制要领就能轻松编辑动画，可用于普通的动态网页制作及较复杂的影视广告的后期制作。对于 Flash 来说，用户则要有较为精湛的制作技术才能运用自如。

6.2.2 三维动画制作软件

1. 3ds Max

Autodesk 公司推出的 3ds Max 是在 Windows 下运行的三维动画软件。3ds Max 为专业的三维电影电视设计，同时兼顾交互游戏的设计以及其他方面的应用。对于工程设计师来说，3ds Max 在其静态渲染、动态漫游、产品仿真及实现虚拟现实的过程中起着越来越大的作用。

3ds Max 支持中文，将原有的 4 个界面合并为一，使二维编辑、三维放样、三维造型、动画编辑的功能切换十分方便。3ds Max 新引入了编辑堆栈的概念，比 undo 操作方便之处就是可以直接列出以前的每一步编辑操作，直接返回过去的操作，改变其中的各项参数。另外，3ds Max 提供了参数化设计概念，所有的基本造型和修改都由精确的参数控制。

由于 3ds Max 功能强大，并较好地适应了国内计算机用户众多的需求，被广泛运用于三维动画设计、影视广告设计、室内外装饰设计等领域。

3ds Max 支持许多存储格式，如 GIF、BMP、TGA、ICO、3DS 和 DXF 等，用户可以利用这一特性用自己熟悉的工具制作出图形文件，再进入 3ds Max 进行动画编辑。3ds Max 的彩色动画序列的存储格式为 FLIC(FLIC 包括 FLI 和 FLC 两种类型)。

2. Maya

Maya 是 Alias/Wavefront 公司在 1998 年推出的三维动画制作软件。

Maya 提供了适用于 Windows、Mac、Linux 等不同平台的版本，还可在 SGI IRIX 操作系统上运行，广泛用于专业的影视广告、角色动画、电影特效特技等领域。Maya 具有功能完善、操作灵活、易学易用、制作效率极高、渲染真实感极强等特点。Maya 能极大地提高制作效率和品质，调节出仿真的角色动画，渲染出电影一般的真实效果。Maya 集成了最先进的动画及数字效果技术，不仅包括一般三维和视觉效果制作的功能，还与最先进的建模、数字化布料模拟、毛发渲染、运动匹配等技术相结合。

其主要特点如下：

(1) 采用节点框架，可即时修改和描述动画并能记忆制作过程；提供了关键帧和程序动画的制作工具，可以迅速且容易地设定驱动键，提高工作效率。

(2) 用新的技术代替传统的关键帧创造复杂动画，可复合多层动画路径形成单一结果，并以简单曲线操控由 Motion Capture 产生的密集曲线。

(3) 提供理想的肌肉、皮肤和衣服动画制作工具，并且可生成自然景观。

(4) 支持复杂的动态交互功能。

(5) 在建造模型方面，提供了完整的制作模型工具、变形工具箱、编织曲面。

(6) 在上色方面，提供了选择式光学追踪法，模拟各种透镜、灯光效果，如闪光、云雾、逆光、眩光等。

Maya 是为影视创作应用而开发的，除了影视方面的应用外，Maya 在三维动画制作、影视广告设计、多媒体制作甚至游戏制作领域都有很出色的表现。

3. LightWave 3D

由美国 NewTek 公司开发的 LightWave 3D 也是一款高性价比的三维动画制作软件。LightWave 3D 被广泛应用于电影、电视、游戏、网页、广告、印刷、动画等领域。其操作简便、易学易用，在生物建模和角色动画方面功能异常强大，基于光线跟踪、光能传递等技术的渲染模块，令它的渲染品质几乎完美。

4. Cool 3D

Cool 3D 是 Ulead 公司出品的一款专门制作三维文字效果的软件，用户可以用它方便地生成具有各种特殊效果的三维动画文字。Cool 3D 的主要用途是制作网页上的动画，它可以把生成的动画保存为 GIF 和 AVI 文件格式。

6.2.3　计算机动画的常用格式

计算机动画的常用格式如下：

(1) FLC 格式。Animator Pro 生成的文件格式。每帧 256 色，画面分辨率为 320×200～1600×1280，代码效率高、通用性好，大量用在多媒体产品中。

(2) AVI 格式。视频文件格式，动态图像和声音同步播放。其受视频标准制约，画面分辨率不高。

(3) GIF 格式。用于网页的帧动画文件格式，包括单画面图像(256 色，分辨率 96dpi)和多画面图像(256 色，96dpi)。

(4) SWF 格式。Flash 制作的动画文件格式，主要在网络上演播。其特点是数据量小、动画流畅。

习题 6

一、填空题

1. 图 6.14 所示的图中有________个黑点。
2. 视像从眼前消失之后，仍在视网膜上保留________秒左右。
3. 动画是借助人眼的“________”特征产生的。

图 6.14 视觉暂留现象示例图

4. 水墨动画以________作为人物造型和环境空间造型的表现手段，运用动画拍摄的特殊处理技术把水墨画形象和构图逐一拍摄下来，通过连续放映形成浓淡虚实活动的水墨画影像的动画片。

5. 因为折纸动画都是用纸折叠而成的，因此形成了折纸片________的独特艺术特点，它体现出人们心灵手巧的品质。

6. 黏土动画作品堪称是"动画中的艺术品"，因为黏土动画在前期制作过程中，很多依靠手工制作，手工制作决定了黏土动画具有________的艺术特色。

7. 定格动画(也称逐帧动画)是通过________地拍摄对象然后使之连续放映，从而产生仿佛活了一般的人物或能想象到的任何奇异角色。

8. 计算机动画所生成的是一个虚拟的世界，画面中的物体________建造，物体、虚拟摄像机的运动不会受到限制，动画师几乎可以随心所欲地编织他的虚幻世界。

9. Flash 通过使用________和________技术克服了目前网络传输速度慢的缺点。

10. Flash 支持动画、声音及________功能，具有强大的多媒体编辑能力，并可直接生成主页代码。

二、选择题

1. (　　)不是平面传统动画的类型。

A. 剪纸片　　B. 剪影片　　C. 折纸动画　　D. 水墨动画

2. (　　)不是立体传统动画的类型。

A. 木偶动画　　B. 黏土动画　　C. 针幕动画　　D. 传统手绘动画

3. 图 6.15 所示为《阿凡提的故事》，它是(　　)。

A. 黏土动画　　B. 木偶动画　　C. 手绘动画　　D. 折纸动画

4. 图 6.16 所示为《小羊肖恩》动画，它是(　　)。

A. 黏土动画　　B. 木偶动画　　C. 手绘动画　　D. 折纸动画

5. 按画面形成的规则和制作方法划分，计算机动画可分为三类动画，下列类型中(　　)不是。

A. 路径动画　　B. 折叠动画　　C. 变形动画　　D. 运动动画

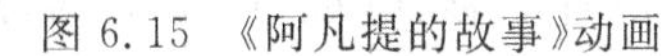

图 6.15　《阿凡提的故事》动画

图 6.16　《小羊肖恩》动画

6. 以下(　　)不是三维动画制作软件。

A. 3ds Max　　B. Maya　　C. Flash CS5　　D. Cool 3D

7. 下面只支持 256 色以内的图像格式是(　　)。

A. .jpg　　B. .gif　　C. .bmp　　D. .swf

8. 下面(　　)是一个专门制作三维文字效果的软件。

A. 3ds Max　　B. Maya　　C. Flash CS5　　D. Cool 3D

三、简答题

1. 动画产生的原理是什么?
2. 剪纸动画的特点是什么?
3. 木偶动画一般采用什么材料制作?
4. 简述计算机动画创作的特点及其应用的范围。
5. 简述计算机三维动画的制作过程。

第7章 动画编辑软件Flash CS5

现在,计算机动画已渗透到人们生活的方方面面,无论是看电影、电视,还是上网,总能看到许多制作精美、引人入胜的动画。计算机生成的动画是虚拟的,画面中的物体并不需要真正去建造。现在仅需在计算机上安装简单易用的动画编辑软件,用户就可以把自己的独特创意制作成动画,并通过互联网传遍世界。本章主要介绍用 Flash CS5 制作矢量动画的基本技术。

7.1 Flash CS5 简介

Flash CS5 是一个创作工具,它可以创建出演示文稿、应用程序及支持用户交互的其他内容。Flash 项目可以包含简单的动画、视频内容、复杂的演示文稿、应用程序及介于这些对象之间的任何事物。使用 Flash 制作出的具体内容称为应用程序(或 SWF 应用程序),尽管它们可能只是基本的动画。用户可以在制作的 Flash 文件中加入图片、声音、视频和特殊效果,创建出包含丰富媒体的应用程序。

SWF 格式十分适合在 Internet 上使用,因为它的文件很小,这是因为它大量使用了矢量图形。与位图图像相比,矢量图形的内存和存储空间要求都要低得多,因为它们是以数学公式而不是大型数据集的形式展示的。位图图像较大,是因为图像中的每个像素都需要一个单独的数据进行展示。

用 Flash 创建动画,首先要了解它的工作界面,了解一些基本的概念,如舞台、时间轴、图层、帧与关键帧等。

7.1.1 Flash CS5 的工作界面

1. 建立 Flash CS5 文档

启动 Flash CS5 后,首先出现的是如图 7.1 所示的开始界面,在该界面中,提供了两种建立文档的方法。

1) 从模板创建

这是以模板方式建立文档。方法是:在开始界面中选择"从模板创建"栏中的一个模

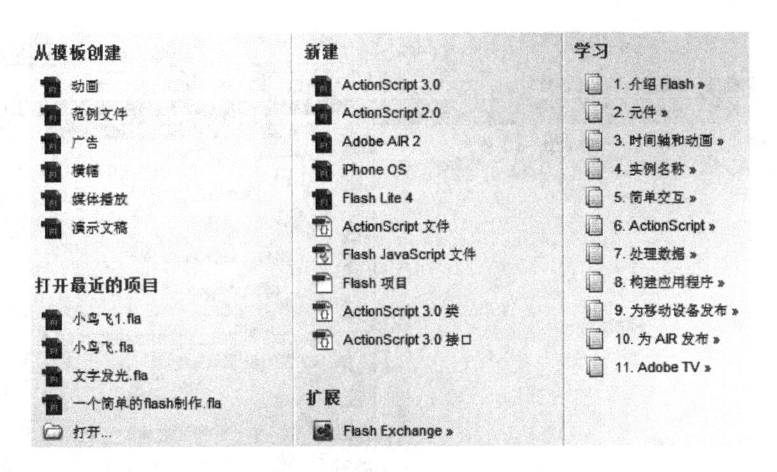

图 7.1　Flash CS5 开始界面

板命令。

2) 新建

用这种方法建立的是一个空文件，具体内容由用户自己设计。方法是：在开始界面（图 7.1）中，选择“新建”栏下的某一个命令（如“ActionScript 3.0”），即可创建一个默认名称为“未命名-1.fla”的空文档。

注：ActionScript 代码允许为文档中的媒体元素添加交互性，例如，可以添加代码，当用户单击某个按钮时此代码会使按钮显示一个新图像；也可以使用 ActionScript 为应用程序添加逻辑，逻辑使应用程序能根据用户操作或其他情况表现出不同的行为。创建 ActionScript 3.0 或 Adobe AIR 文件时，Flash 使用 ActionScript 3.0，创建 ActionScript 2.0 文件时，Flash 使用 ActionScript 1.0 和 ActionScript 2.0。

2. 工作界面

在“新建”栏中选择一个命令（如“ActionScript 3.0”），即可进入 Flash CS5 的工作界面，如图 7.2 所示。

Flash CS5 的工作界面主要由舞台、工具箱、时间轴、属性面板、库面板 5 个部分组成。

(1) 舞台。图形、视频、按钮等在回放过程中显示在舞台中。

(2) 时间轴。时间轴控制影片中的元素出现在舞台中的时间，用户也可以使用时间轴指定图形在舞台中的分层顺序，高层图形显示在低层图形的上方。

(3) 工具箱。工具箱中包含了一组常用工具，用户可使用它们选择舞台中的对象和绘制矢量图形。

(4) 属性面板。属性面板显示有关任何选定对象的可编辑信息。

(5) 库面板。库面板用于存储和组织媒体元素和元件。

图 7.2　Flash CS5 工作界面

7.1.2　时间轴、图层和帧

Flash CS5 的时间轴、图层和帧界面如图 7.3 所示。时间轴用于组织和控制文档内容在一定时间内播放的图层数和帧数。和胶片一样，Flash 文档也将时长分为帧。时间轴的主要组件是图层、帧和播放头。

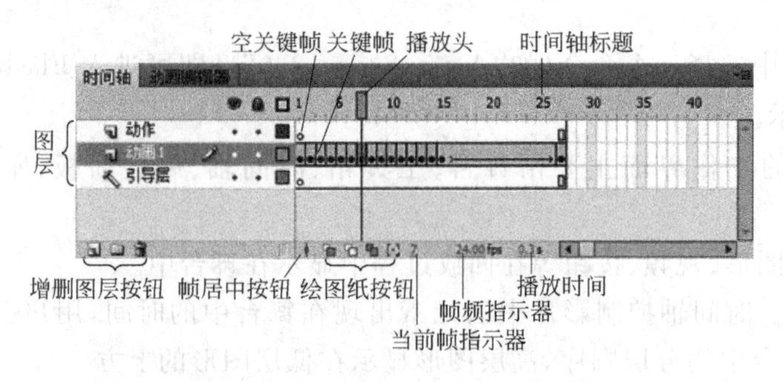

图 7.3　Flash CS5 时间轴、图层和帧界面

1. 时间轴

时间轴顶部的“时间轴标题”指示帧编号。“播放头”指示当前在舞台中显示的帧。在播放 Flash 文档时，播放头从左向右通过时间轴。时间轴状态显示在时间轴的底部，它指

示所选的帧编号、当前帧频以及到当前帧为止的运行时间。

2. 图层

图层在时间轴左侧(如图 7.3 所示),每个图层中包含的帧显示在该图层名右侧的一行中,图层就像透明的醋酸纤维薄片一样,在舞台上一层层地向上叠加。图层可以组织文档中的插图,可以在图层上绘制和编辑对象,而不会影响其他图层上的对象。如果一个图层上没有内容,那么就可以透过它看到下面的图层。如果要绘制、上色或者对图层或文件夹进行修改,需要在时间轴中选择该图层或文件夹以激活它。时间轴中图层或文件夹名称旁边的铅笔图标表示该图层或文件夹处于活动状态。注意,一次只能有一个图层处于活动状态(尽管一次可以选择多个图层)。

当文档中有多个图层时,跟踪和编辑一个或多个图层上的对象可能很困难。如果一次处理一个图层中的内容,这个任务就容易一点。若要隐藏或锁定当前不使用的图层,可在时间轴中单击图层名称旁边的"眼睛"或"锁"图标。

3. 帧

在时间轴中,使用帧来组织和控制文档的内容。不同的帧对应不同的时刻,画面随着时间的推移逐个出现,就形成了动画。帧用于制作动画的时间和动画中各种动作的发生,动画中帧的数量及播放速度决定了动画的长度。最常用的帧类型有以下几种。

1) 关键帧

在制作动画过程中,在某一时刻需要定义对象的某种新状态,这个时刻所对应的帧称为关键帧,如图 7.3 所示。关键帧是画面变化的关键时刻,决定了 Flash 动画的主要动态。关键帧数目越多,文件体积就越大。因此,对于同样内容的动画,逐帧动画的体积要比补间动画大得多。

实心圆点是有内容的关键帧,即实关键帧。无内容的关键帧,即空白关键帧,用空心圆圈表示。每层的第 1 帧被默认为空白关键帧,可以在上面创建内容,一旦创建了内容,空白关键帧就变成了实关键帧。

2) 普通帧

普通帧也称为静态帧,在时间轴中显示为一个矩形单元格。无内容的普通帧显示为空白单元格,有内容的普通帧显示出一定的颜色。例如,静止关键帧后面的普通帧显示为灰色。

关键帧后面的普通帧将继承该关键帧的内容。例如,制作动画背景,就是将一个含有背景图案的关键帧的内容沿用到后面的帧上。

3) 过渡帧

过渡帧实际上也是普通帧。过渡帧中包括了许多帧,但其前面和后面要有两个帧,即起始关键帧和结束关键帧。起始关键帧用于决定动画主体在起始位置的状态,结束关键帧用于决定动画主体在终点位置的状态。

在 Flash 中,利用过渡帧可以制作两类补间动画,即运动补间和形状补间。不同颜色代表不同类型的动画，此外，还有一些箭头、符号和文字等信息，用于识别各种帧的类别，用户可以通过表 7.1 所示的方式区分时间轴上的动画类型。

表 7.1 过渡帧类型

过渡帧形式	说明
	补间动画用一个黑色圆点指示起始关键帧，中间的补间帧为浅蓝色背景
	传统补间动画用一个黑色圆点指示起始关键帧，中间的补间帧有一个浅紫色背景的黑色箭头
	补间形状用一个黑色圆点指示起始关键帧，中间的帧有一个浅绿色背景的黑色箭头
	虚线表示传统补间是断开的或者是不完整的，例如丢失结束关键帧
	单个关键帧用一个黑色圆点表示。单个关键帧后面的浅灰色帧包含无变化的相同内容，在整个范围的最后一帧还有一个空心矩形
a	出现一个小 a 表明此帧已使用动作面板分配了一个帧动作
hyjgk	红色标记表明该帧包含一个标签或者注释
hyjgk	金色的锚记表明该帧是一个命名锚记

7.1.3 元件和实例

元件是一些可以重复使用的对象，它们被保存在库中。实例是出现在舞台上或者嵌套在其他元件中的元件。使用元件可以使影片的编辑更加容易，因为在需要对许多重复的元素进行修改时，只要对元件做出修改，程序就会自动根据修改的内容对所有该元件的实例进行更新，同时，利用元件可以更加容易地创建复杂的交互行为。在 Flash 中，元件分为影片剪辑元件、按钮元件和图形元件 3 种类型。

1. 影片剪辑元件

影片剪辑元件(Movie Clip)是一种可重复使用的动画片段，即一个独立的小影片。影片剪辑元件拥有独立于主时间轴的多帧时间轴，可以把场景上任何看得到的对象，甚至整个时间轴内容创建为一个影片剪辑元件，而且可以将这个影片剪辑元件放置到另一个影片剪辑元件中，还可以将一段动画(如逐帧动画)转换成影片剪辑元件。在影片剪辑元件中可以添加动作脚本来实现交互和复杂的动画操作。通过对影片剪辑元件添加滤镜或设置混合模式，可以创建各种复杂的效果。

在影片剪辑元件中，动画可以自动循环播放，也可以用脚本来进行控制。例如，时钟的秒针、分针和时针一直围绕中心点按一定间隔旋转，如图 7.4 所示。因此，在制作时钟时，应将这些针创建为影片剪辑元件。

图 7.4　时钟指针旋转

2. 按钮元件

按钮元件用于在动画中实现交互，有时也可以用它来实现某些特殊的动画效果。一个按钮元件有 4 种状态，它们是弹起、指针经过、按下和点击，每种状态可以通过图形元件或影片剪辑元件来定义，并且可以为其添加声音。在动画中一旦创建了按钮，就可以通过 ActionScript 脚本为其添加交互动作。

3. 图形元件

图形元件可用于静态图像，并可用来创建连接到主时间轴的可重用动画片段。图形元件与主时间轴同步运行。与影片剪辑元件和按钮元件不同的是，用户不能为图形元件提供实例名称，也不能在动作脚本中引用图形元件。

图形元件也有自己的独立时间轴，可以创建动画，但其不具有交互性，无法像影片剪辑元件那样添加滤镜效果和声音。

7.1.4　Flash CS5 的基本工作流程

1. 基本工作流程

基本工作流程如下：

(1) 规划文档。决定文档要完成的基本工作。

(2) 加入媒体元素。绘制图形、元件及导入媒体元素，如影像、视频、声音与文字。

(3) 安排元素。在舞台上和时间轴中安排媒体元素，并定义这些元素在应用程序中出现的时间和方式。

(4) 应用特殊效果。套用图像滤镜（如模糊、光晕和斜角）、混合及其他特殊效果。

(5) 使用 ActionScript 控制行为。撰写 ActionScript 程序代码以控制媒体元素的行为，包含这些元素响应用户互动的方式。

(6) 测试及发布应用程序。测试以确认建立的文档是否达成预期目标，以及寻找并修改错误。最后将 FLA 文档发布为 SWF 文档，这样才能在网页中显示并使用 Flash Player 播放。

注：在 Flash 中创作内容时，使用称为 FLA 的文档。FLA 文件的文件扩展名为.fla。

2. 一个简单 Flash 动画制作

1）新建一个文档

在开始界面中选择“新建”栏中的 ActionScript 3.0 命令，Flash CS5 会自动建立一个默认名称为“未命名-1.fla”的空文档，如图 7.2 所示。

2）设置舞台属性

在 Flash CS5 工作界面中选择右边的“属性”选项卡，查看并可重新设置该文档的舞台属性。默认情况下，舞台大小为 550×400 像素（如图 7.5 所示），单击“编辑”按钮可重新设置；舞台背景色为白色，单击“舞台”后的颜色块可更改舞台的背景色。

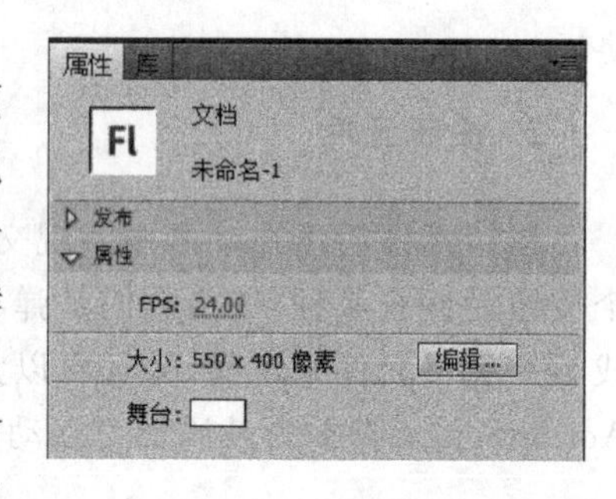

图 7.5 属性面板

Flash 影片中舞台的背景色可使用“修改/文档”命令设置，也可以选择舞台，然后在属性面板中修改舞台的颜色。在发布影片时，Flash 会将 HTML 页的背景色设置为与舞台背景色相同的颜色。

另外，新文档只有一个图层，名称为图层 1，用户可以双击图层名，重新输入一个新的图层名称。

3）绘制一个圆形

创建文档后，就可以在其中制作动画了。

从工具箱中选择椭圆工具，在属性面板中单击“笔触颜色”（描边色板），从“拾色器”中选择“无颜色”选项，然后在属性面板中单击“填充颜色”选择一种填充颜色（如红色）。

当椭圆工具仍处于选中状态时，按住 Shift 键在舞台上拖动绘制出一个圆形，如图 7.6 所示。注意，按住 Shift 键使用椭圆工具只能绘制出圆形。

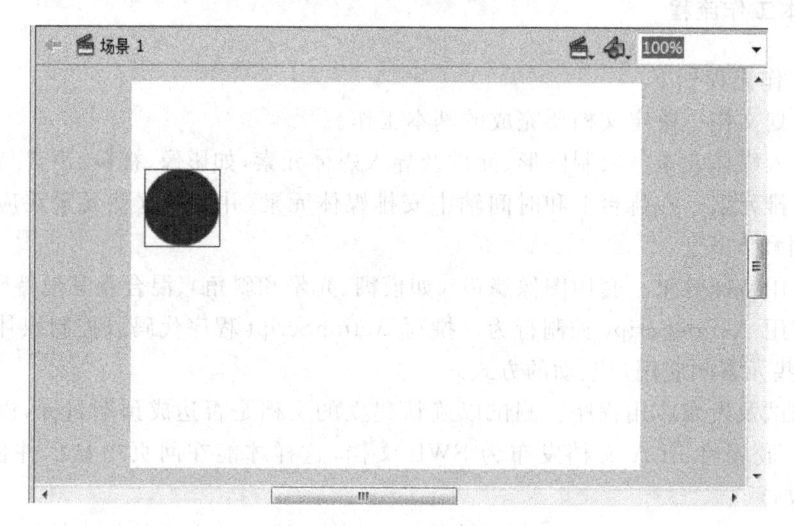

图 7.6 在舞台上绘制出的圆形

提示：如果绘制圆形时只看到轮廓看不到填充色，首先在属性面板的椭圆工具属性中检查描边和填充选项是否已正确设置。如果属性正确，检查以确保时间轴的层区域中未选中"显示轮廓"选项。注意时间轴层名称右侧的眼睛图标、锁图标和轮廓图标3个图标，确保轮廓图标为实色填充而不仅仅是轮廓。

4）创建元件

将绘制的圆形转换为元件，使其转变为可重用资源。

首先用选择工具选择在舞台上画出的圆形，然后选择"修改/转换为元件"命令（或按F8键），弹出"转换为元件"对话框，如图7.7所示。另外，也可以将选中的图形拖到库面板中，将它转换为元件。

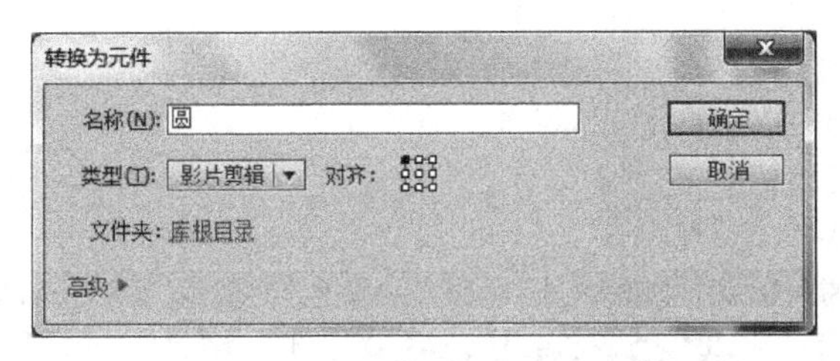

图7.7　"转换为元件"对话框

在"转换为元件"对话框中为新建元件取一个名称（如"圆"），在"类型"下拉列表中选择"影片剪辑"选项，单击"确定"按钮，系统则创建一个影片剪辑元件。此时库面板中将显示新元件的定义，舞台上的圆形将成为该元件的实例。

5）添加动画

将圆形拖到舞台区域的左侧，然后右击舞台上的圆形实例，从快捷菜单中选择"创建补间动画"命令，时间轴将自动延伸到第24帧且红色标记（当前帧指示符或播放头）位于第24帧（如图7.8所示）。这表明时间轴可供编辑1秒，即帧频率为24fps。

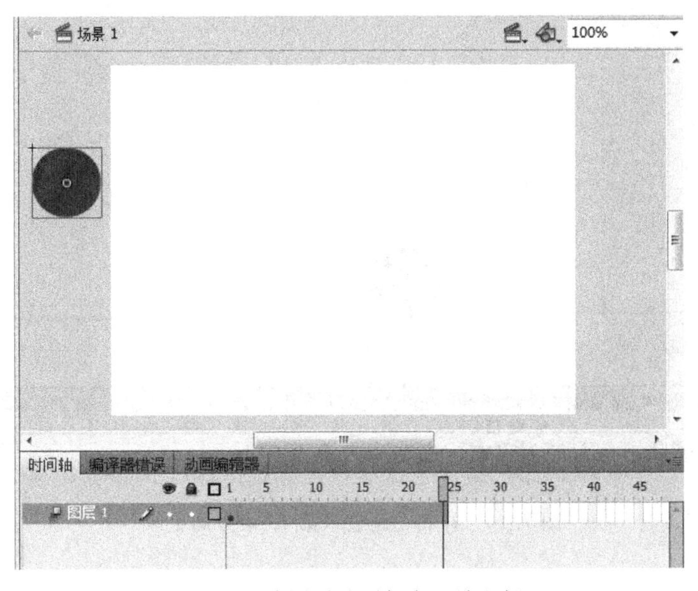

图7.8　将圆形移到舞台区域左侧

将圆形拖到舞台区域右侧，由于创建了补间动画，会产生动画参考线，表明第 1 帧与第 24 帧之间的动画路径，如图 7.9 所示。

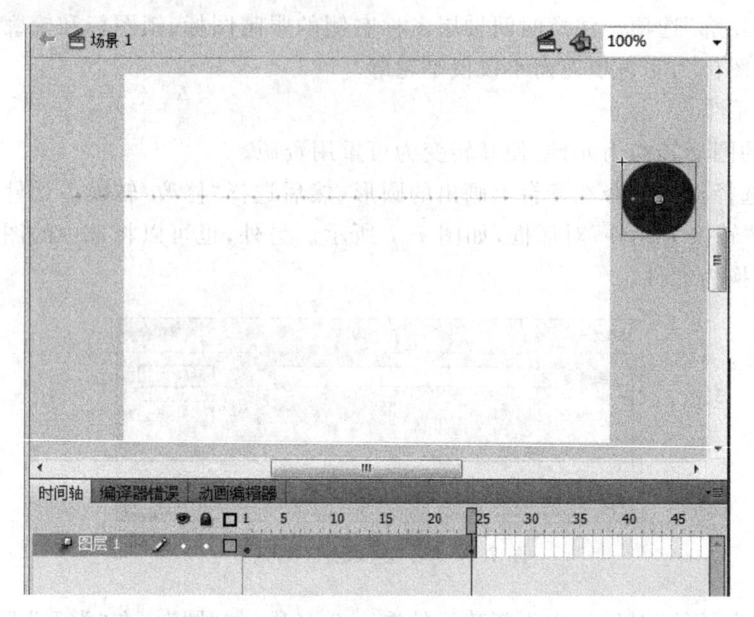

图 7.9　24 帧动画路径及第 24 帧处的圆形

在时间轴的第 1 帧和第 24 帧之间来回拖动红色的播放头可预览动画。

将播放头拖到第 10 帧，然后将圆形移到屏幕上的另一个位置，在动画中间添加方向变化，如图 7.10 所示。

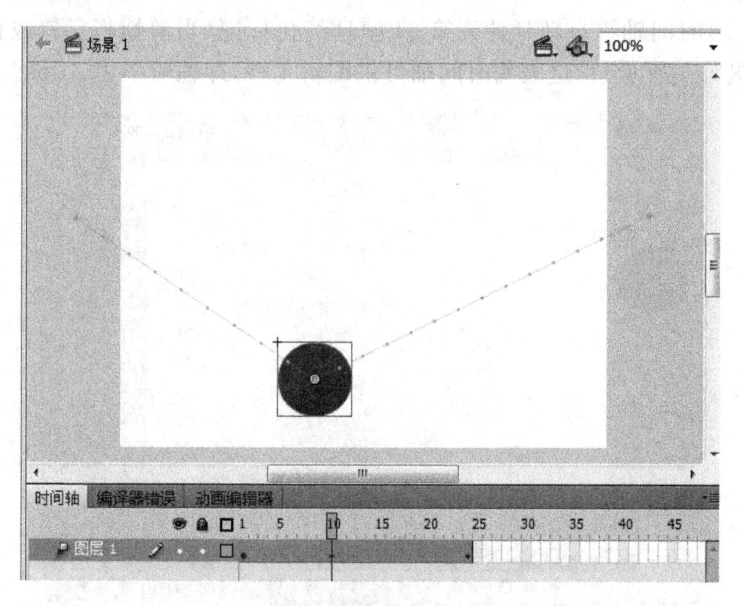

图 7.10　补间动画显示第 10 帧方向更改

用选择工具拖动动画参考线使线条弯曲，如图 7.11 所示。弯曲的动画路径将使动画沿着一条曲线而不是直线运动。

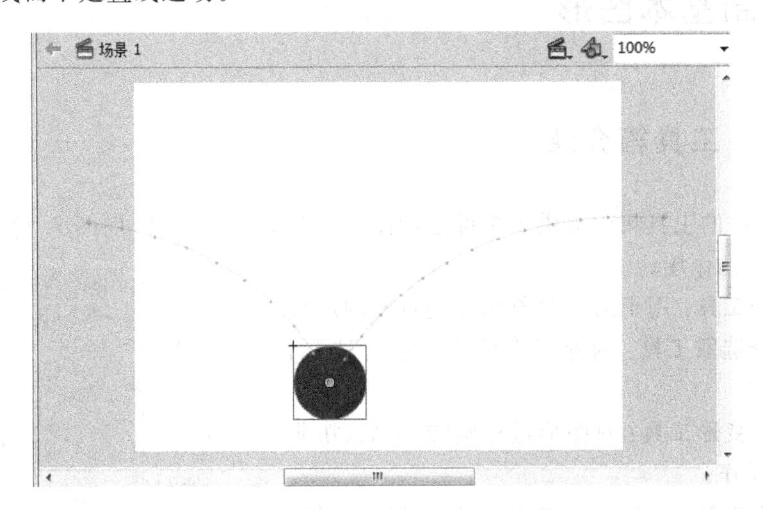

图 7.11　动画参考线更改后的曲线

注意：使用选择和部分选取工具可改变运动路径的形状。使用选择工具，可通过拖动方式改变线段的形状，补间中的属性关键帧将显示为路径上的控制点。使用部分选取工具可公开路径上对应于每个位置属性关键帧的控制点和贝塞尔手柄，用户可使用这些手柄改变属性关键帧点周围路径的形状。

6）测试影片

经过上面的制作，一个简单的动画已经建好，但在发布之前应测试影片。方法是：在菜单栏中选择"控制/测试影片"命令。

7）保存文档。

选择菜单栏中的"文件/保存"命令，Flash CS5 将以.fla 格式保存新建的文档。

8）发布

完成.fla 格式文档的建立后即可发布它，以便通过浏览器查看。发布文件时，Flash 会将它压缩为.swf 文件格式，这是放入网页中的格式。通过"发布"命令可以生成一个包含正确标签的 HTML 文件。

方法如下：

(1) 选择菜单栏中的"文件/发布设置"命令。在"发布设置"对话框中选择"格式"选项卡，并确认只选中了"Flash"和"HTML"选项。然后选择"HTML"选项卡并确认"模板"项中是"仅 Flash"。该模板会创建一个简单的 HTML 文件，它在浏览器窗口中显示时只包含 SWF 文件。最后单击"确定"按钮。

(2) 选择"文件/发布"命令，发布的文件保存在保存.fla 文档的文件夹中，用户可以在此文件夹中找到与.fla 文档同名的.swf 和.html 文档，打开.html 文档即可在浏览器窗口中看到所做的 Flash 动画。

7.2 绘制基本图形

7.2.1 工具箱介绍

Flash CS5 的工具箱中提供了多种绘制图形工具和辅助工具，如图 7.12 所示。下面介绍常用工具的作用。

(1) **选择工具**：用于选择对象和改变对象的形状。

(2) **部分选取工具**：对路径上的锚点进行选取和编辑。

(3) **任意变形工具**：对图形进行旋转、缩放、扭曲、封套变形等操作。

(4) **套索工具**：它是一种选取工具，可以勾勒任意形状的范围来进行选择。

(5) **3D 旋转工具**：转动 3D 模型，只能对影片剪辑元件发生作用。

(6) **钢笔工具**：绘制精确的路径(如直线或者平滑流畅的曲线)，并可调整直线段的角度、长度以及曲线段的斜率。

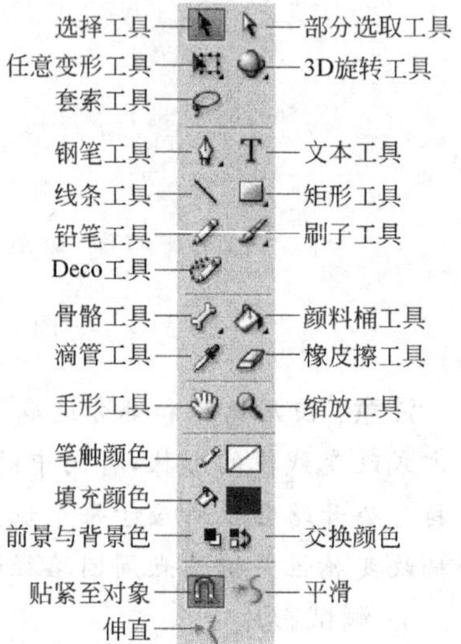

图 7.12 Flash CS5 工具箱

(7) **文本工具**：用于输入文本。

(8) **线条工具**：绘制从起点到终点的直线。

(9) **矩形工具**：用于快速绘制出椭圆、矩形、多角星形等相关几何图形。

(10) **铅笔工具**：既可以绘制伸直的线条，也可以绘制一些平滑的自由形状。在进行绘图工作之前，还可以对绘画模式进行设置。

(11) **刷子工具**：绘制刷子般的特殊笔触(包括书法效果)，就好像在涂色一样。

(12) **Deco 工具**：是一个装饰性绘画工具，用于创建复杂几何图案或高级动画效果，如火焰等。

(13) **骨骼工具**：向影片剪辑元件实例、图形元件实例或按钮元件实例添加 IK(反向运动)骨骼。

(14) **颜料桶工具**：对封闭的区域、未封闭的区域及闭合形状轮廓中的空隙进行颜色填充。

(15) **滴管工具**：用于从现有的钢笔线条、画笔描边或者填充上获取(或者复制)颜色和风格信息。

(16) **橡皮擦工具**：用于擦除笔触段或填充区域等工作区中的内容。

对应于不同的工具，在工具箱的下方还会出现其相应的选项，通过它们可以对所绘制的图形做外形、颜色及其他属性的微调。例如对于矩形工具，可以用笔触颜色设定外框的颜色或者不要外框，也可以用填充颜色选择中心填充的颜色或设定不填充，还可以设定为圆角矩形。对于不同的工具，其选项区域中的选项是不一样的。

7.2.2　基本绘图工具的应用

万丈高楼平地起，再漂亮的动画，都是由基本的图形组成的，所以掌握绘图工具对于制作好的 Flash 作品至关重要。

1. 同一图层图形的重叠效果

1）线条穿过图形

当绘制的线条穿过其他线条或图形时，它会像刀一样把其他的线条或图形切割成不同的部分，同时，线条本身也会被其他线条和图形分成若干部分，可以用选择工具将它们分开，如图 7.13～图 7.15 所示。

图 7.13　原图

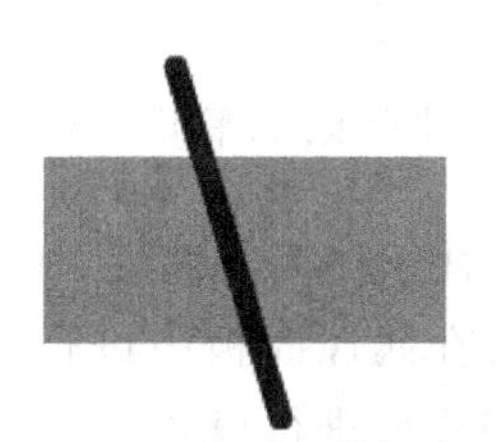

图 7.14　在原图上画线

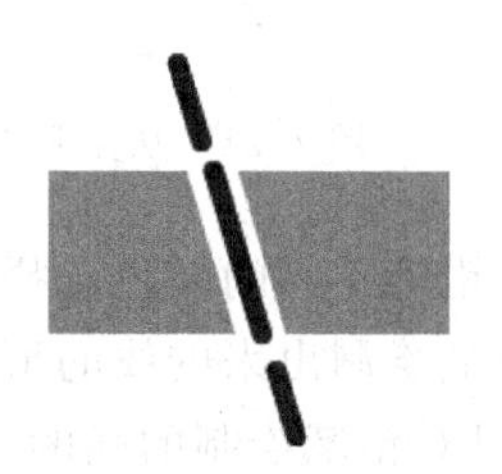

图 7.15　被分开的各部分

2）两个图形重叠

当新绘制的图形与原来的图形重叠时，新的图形将取代下面被覆盖的部分，用选择工具分开后原来被覆盖的部分就消失了，如图 7.16～图 7.18 所示。

图 7.16　原图

图 7.17　在其上画图形

图 7.18　被覆盖部分消失

3）图形的边线

在 Flash 中，边线是独立的对象，可以进行单独操作。例如在绘制圆形或者矩形时，默认情况下有边线，用选择工具可以把两者分开，如图 7.19 和图 7.20 所示。

图 7.19　绘制的圆形

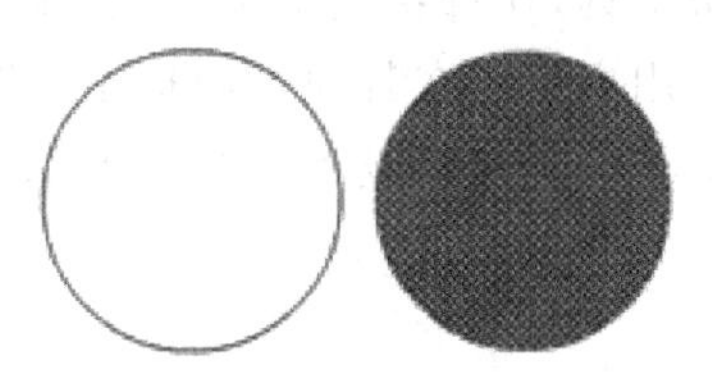

图 7.20　用鼠标直接把中间填充部分拖出

2. 铅笔工具的应用

选择铅笔工具，在舞台上单击，然后按住鼠标左键拖动，即可在舞台上随意绘制出线条。如果要绘制出平滑或伸直线条或形状，可以在工具箱下方的选项区域中为铅笔工具选择一种绘画模式。另外，可以在铅笔工具的属性面板中设置不同的线条颜色、线条粗细、线条类型。

在伸直模式下，画出的线条会自动拉直，并且画封闭图形时，会模拟成三角形、矩形、圆形等规则的几何图形。在平滑模式下，画出的线条会自动光滑化，变成平滑的曲线。在墨水模式下，画出的线条比较接近于原始的手绘图形。用 3 种模式画出一座山，分别如图 7.21 所示。

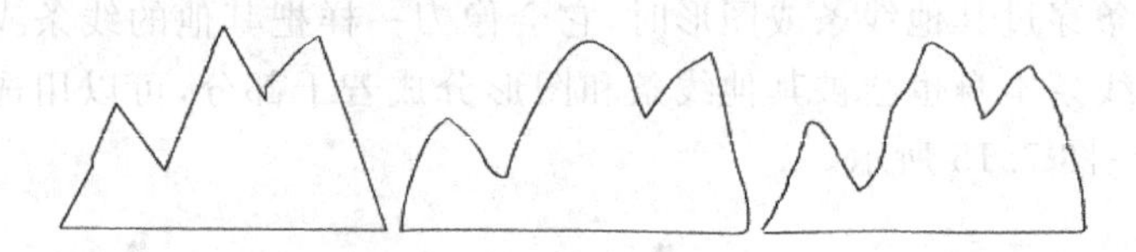

图 7.21　从左到右分别是伸直模式、平滑模式和墨水模式绘制的图形

对于铅笔工具的颜色选择，可以用笔触颜色设定。

用铅笔绘制出来的线的形状，可在属性面板中进行设置。在属性面板（如图 7.22 所示）中可以对铅笔绘制的线的宽度和线型进行设定，还可以通过单击“编辑笔触样式”按钮自定义线型。

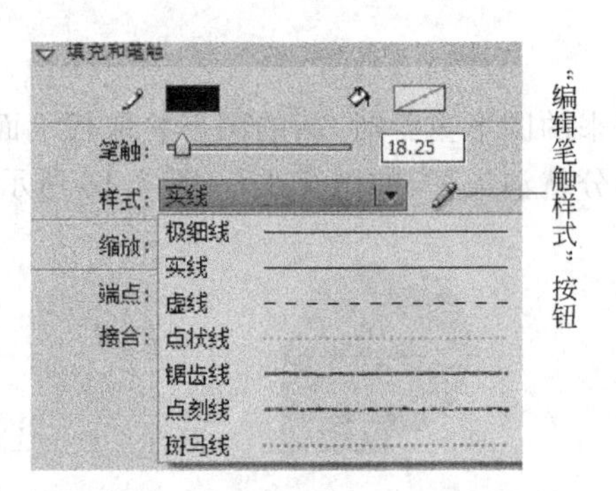

图 7.22　铅笔的线型设定

3. 线条工具的应用

选择线条工具，在舞台上单击，然后按住鼠标左键不放拖动到需要的位置，可以绘制出一条直线。用户可以在其属性面板中设置不同的线条颜色、线条粗细、线条类型等，方法与用铅笔工具绘制线的设置一样。图 7.23 是用不同属性绘制的一些线条。

图 7.23　用不同属性绘制的线条

4. 矩形组工具的应用

该组工具比较简单，主要用于绘制椭圆、矩形、多角星形等相关几何图形。例如，选择椭圆工具，在舞台上单击，然后按住鼠标左键不放，向需要的位置拖曳鼠标，即可绘制出椭圆图形。在属性面板也可以设置不同的边框颜色、边框粗细、边框线型和填充颜色。图 7.24 是用不同的边框属性和填充颜色绘制的椭圆图形。

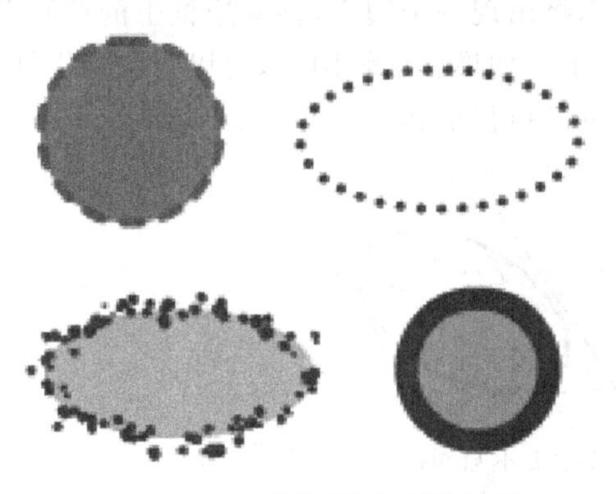

图 7.24　用不同属性绘制的椭圆

5. 刷子工具的应用

选择刷子工具，在舞台上单击，然后按住鼠标左键不放拖动，可以随意绘制出笔触。在工具箱的下方还会出现其相应的选项，如刷子形状，单击后可选择一种形状。在属性面板中可以为刷子设置不同的笔触颜色和平滑度。图 7.25 是用不同的刷子形状绘制的图形。

图 7.25　用不同刷子形状绘制的笔触效果

6. 钢笔工具的应用

选择钢笔工具，将鼠标放置在舞台上想要绘制曲线的起始位置，然后按住鼠标左键不放，此时会出现第一个锚点，并且钢笔尖光标变为箭头形状。松开鼠标左键，将鼠标放置在想要绘制的第二个锚点的位置，单击并按住不放，可以绘制出一条直线段。将鼠标向其他方向拖曳，直线将转换为曲线，松开鼠标，一条曲线就绘制完成了，如图 7.26 所示。

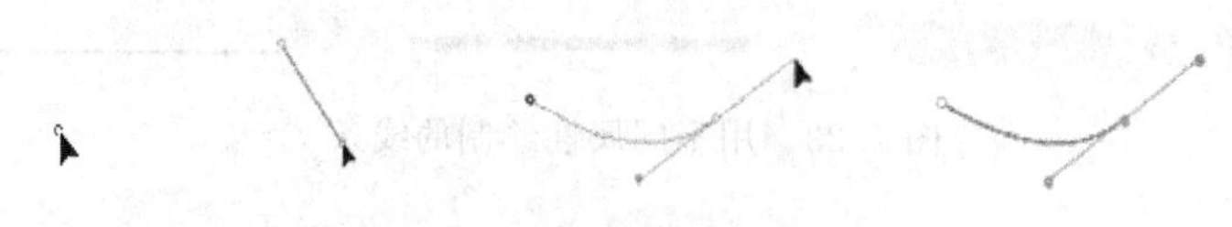

图 7.26 绘制曲线的过程

7. 任意变形工具的应用

任意变形工具可以随意地变换图形形状，使用它可以对选中的对象进行缩放、旋转、倾斜、翻转等变形操作。要执行变形操作，需要先选择要改动的部分，再选择任意变形工具，此时在选定图形的四周将出现一个边框，拖动边框上的控制点就可以修改图形的大小和变形图形，如图 7.27 所示。如果要旋转图形，可以将鼠标指针移动到控制点的外侧，当出现旋转图标的时候，就可以执行旋转了，如图 7.28 所示。

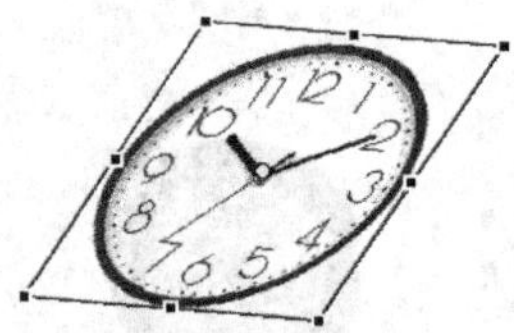

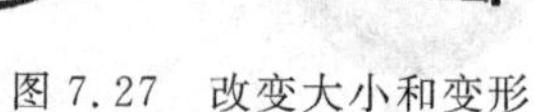

图 7.27 改变大小和变形

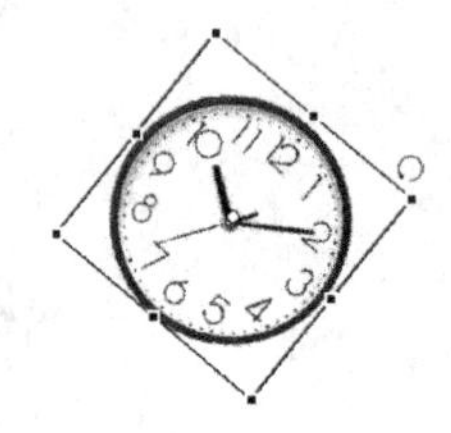

图 7.28 旋转

另外，还可以选择渐变变形工具，改变选中图形中的填充渐变效果。当图形填充色为线性渐变色时，选择渐变变形工具，用鼠标单击图形，将出现 3 个控制点和两条平行线，向图形中间拖动方形控制点，渐变区域将缩小。将鼠标指针放置在旋转控制点上，拖动旋转控制点可改变渐变区域的角度。图 7.29 所示为应用渐变变形工具改变渐变效果。

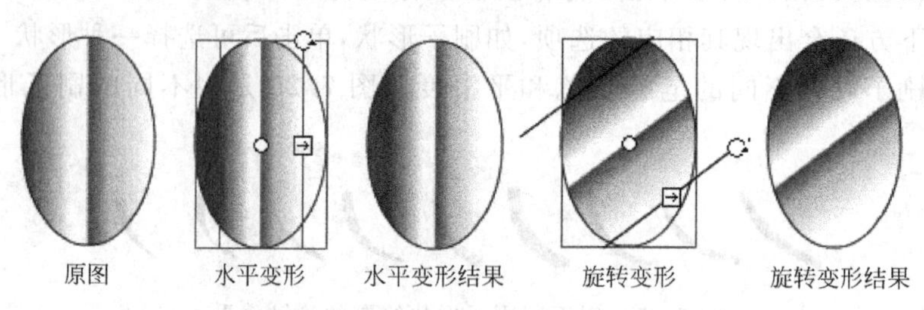

图 7.29 应用渐变变形工具改变渐变效果

对于 Flash 中其他绘图工具的使用和设置，用户可以根据前面学习的 Flash 的基本绘图工具，举一反三，轻松掌握。

7.2.3　辅助绘图工具的应用

1. 选择工具的使用

1）选择对象

使用选择工具在舞台中的对象上单击即可选择对象。按住 Shift 键，然后单击其他对象，可以同时选中多个对象。在舞台中拖曳一个矩形可以框选多个对象。

2）移动和复制对象

选择对象，按住鼠标左键不放，可以直接拖曳对象到任意位置。若按住 Alt 键拖曳选中的对象到任意位置，则选中的对象被复制。

3）调整线条和色块

选择选择工具，将鼠标指针移至对象上，鼠标指针下方会出现圆弧。此时拖动鼠标，可以对选中的线条和色块进行调整。

2. 部分选取工具的使用

选择部分选取工具，在对象的外边线上单击，对象上会出现多个节点，如图 7.30 所示。拖动节点可调整控制线的长度和斜率，从而改变对象的曲线形状。

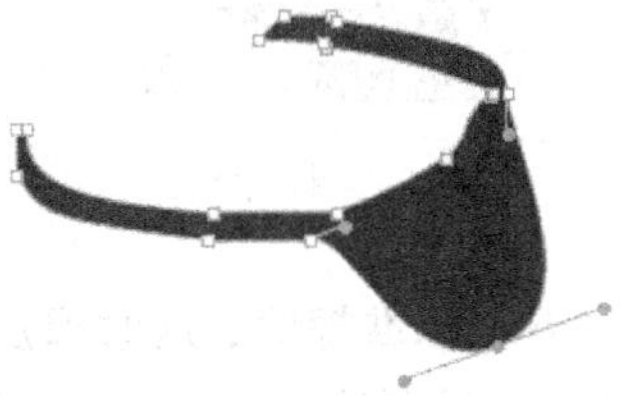

图 7.30　边线上的节点

3. 套索工具的使用

选择套索工具，在位图上任意勾选想要的区域，形成一个封闭的选区，然后松开鼠标，选区中的图像将被选中。选择套索工具后会在工具箱的下方出现“魔棒工具”和“多边形模式”。

(1) 魔棒工具：在位图上单击，则与单击点颜色相近的图像区域被选中。

(2) 多边形模式：在图像上单击，确定第一个定位点，松开鼠标并将鼠标移至下一个定位点，再单击鼠标，用同样的方法直到勾画出想要的图像，并使选取区域形成一个封闭的状态，双击鼠标，则选区中的图像被选中。

4. 滴管工具的使用

1）吸取填充色

选择滴管工具，将鼠标指针放在要吸取图形的填充色上单击，即可吸取填充色样本。在工具箱的下方，取消对“锁定填充”的选取，在要填充图形的填充色上单击，图形的颜色即被吸取色填充。

2）吸取边框属性

选择滴管工具，将鼠标指针放在要吸取图形的外边框上单击，即可吸取边框样本，在要填充图形的外边框上单击，线条的颜色和样式将被修改。

3）吸取位图图案

选择滴管工具，将鼠标指针放在位图上单击，吸取图案样本，然后在修改的图形上单击，图案即被填充。

4）吸取文字属性

滴管工具还可以吸取文字的属性，如颜色、字体、字型、大小等。选择要修改的目标文字，然后选择滴管工具，将鼠标指针放在源文字上单击，源文字的文字属性就被应用到了目标文字上。

5. 橡皮擦工具的使用

选择橡皮擦工具，在图形上想要删除的地方按下并拖动鼠标，图形将被擦除。在工具箱下方的“橡皮擦形状”的下拉菜单中，可以选择橡皮擦的形状与大小。如果想得到特殊的擦除效果，系统在工具箱的下方设置了如图 7.31 所示的 5 种擦除模式，选择一种即可。图 7.32 从左至右分别是用这 5 种擦除模式擦除图形的效果。

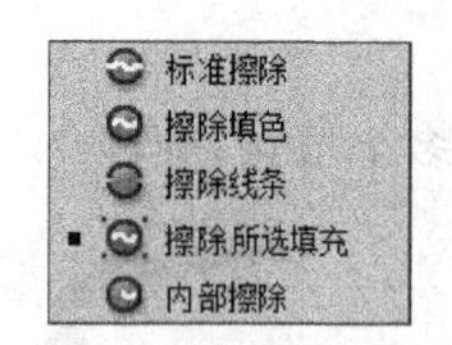

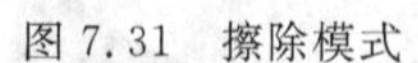

图 7.31 擦除模式

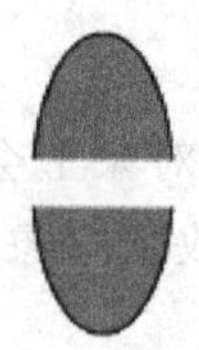
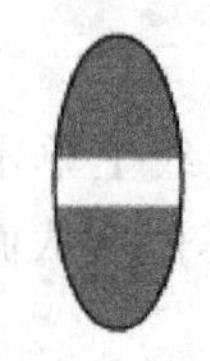
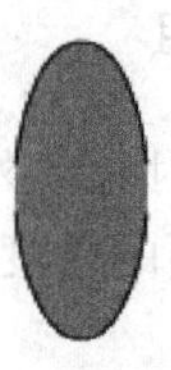
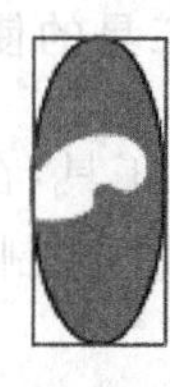

图 7.32 应用 5 种擦除模式擦除图形的效果

(1) **标准擦除**：这时橡皮擦工具就像普通的橡皮擦一样，将擦除所经过的所有线条和填充，只要这些线条或者填充位于当前图层中。

(2) **擦除填色**：这时橡皮擦工具只擦除填充色，保留线条。

(3) **擦除线条**：与擦除填色模式相反，这时橡皮擦工具只擦除线条，保留填充色。

(4) **擦除所选填充**：这时橡皮擦工具只擦除当前选中的填充色，保留未被选中的填充以及所有的线条。

(5) **内部擦除**：只擦除橡皮擦笔触开始处的填充。如果从空白点开始擦除，则不会擦除任何内容。以这种模式使用橡皮擦工具并不影响笔触。

7.2.4 文字工具的应用

从 Flash CS5 开始可以使用“文本布局框架(TLF)”向 FLA 文件添加文本。TLF 支持更多丰富的文本布局功能和对文本属性的精细控制。与以前的文本引擎(现在称为传统文本)相比，TLF 文本可加强对文本的控制。与传统文本相比，TLF 文本提供了下列增强功能：

(1) 更多字符样式，包括行距、连字、加亮颜色、下划线、删除线、大小写、数字格式及其他。

(2) 更多段落样式，包括通过栏间距支持多列、末行对齐选项、边距、缩进、段落间距和容器填充值。

(3) 控制更多亚洲字体属性，包括直排内横排、标点挤压、避头尾法则类型和行距模型。

(4) 可以为 TLF 文本应用 3D 旋转、色彩效果及混合模式等属性，且无须将 TLF 文本放置在影片剪辑元件中。

(5) 文本可按顺序排列在多个文本容器中，这些容器称为串接文本容器或链接文本容器。

(6) 能够针对阿拉伯语和希伯来语文字创建从右到左的文本。

(7) 支持双向文本，其中从右到左的文本可包含从左到右文本的元素。当遇到在阿拉伯语或希伯来语文本中嵌入英语单词或阿拉伯数字等情况时，此功能必不可少。

TLF 文本是 Flash CS5 中的默认文本类型，它提供了点文本和区域文本两种类型的文本容器。点文本容器的大小仅由其包含的文本决定，区域文本容器的大小与其包含的文本量无关。要将点文本容器更改为区域文本，可使用选择工具调整其大小或双击容器边框右下角的小圆圈。

TLF 文本有只读、可选和可编辑 3 种类型的文本块，可在属性面板中进行设置(如图 7.33(a)所示)，其在运行时的表现方式如下：

(1) 只读。当作为 SWF 文件发布时，文本无法选中或编辑。

(2) 可选。当作为 SWF 文件发布时，文本可以选中并可复制到剪贴板，但不可以编辑。对于 TLF 文本，此设置是默认设置。

(3) 可编辑。当作为 SWF 文件发布时，文本可以选中和编辑。

传统文本有静态文本、动态文本和输入文本 3 种类型的文本块，可在属性面板中进行设置(如图 7.33(b)所示)。

(1) 静态文本。是指不会动态更改的字符文本，常用于决定作品的内容和外观。

(2) 动态文本。是指可以动态更新的文本，如体育得分、股票报价或天气报告。

(3) 输入文本。可在播放后输入文本。

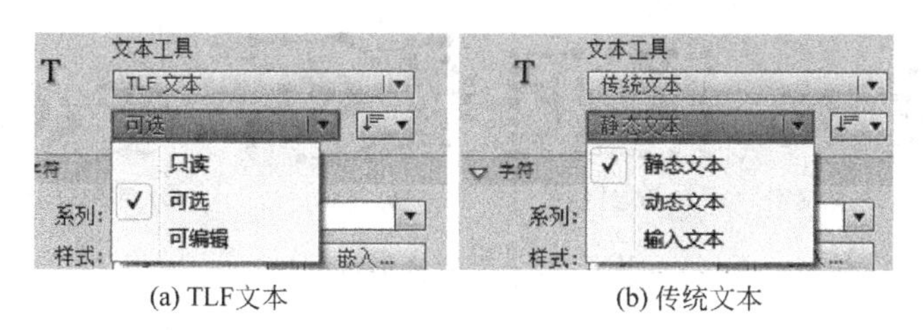

(a) TLF文本　　(b) 传统文本

图 7.33　文本模式和类型

注意：①TLF 文本要求在 FLA 文件的发布设置中指定 ActionScript 3.0 和 Flash Player 10 或更高版本。②TLF 文本无法用作遮罩，要使用文本创建遮罩，可以使用传统文本。

1. 创建文本

选择文本工具后，可在属性面板（如图 7.34 所示）中选择使用 TLF 文本或传统文本。如果选择 TLF 文本，则可进一步选择只读、可选或可编辑类型文本块；若选择传统文本，则可进一步选择静态文本、动态文本或输入文本。

在舞台上单击，会出现文本输入光标，直接输入文字即可。若单击后向右下角方向拖曳出一个文本框，输入的文字将被限定在文本框中，如果输入的文字较多，会自动转到下一行显示。

2. 设置文本的属性

文本属性一般包括字体属性和段落属性。字体属性包括字体、字号、颜色、字符间距、自动字距微调和字符位置等；段落属性则包括对齐、边距、缩进和行距等。

当需要在 Flash 中使用文本时，可先在属性面板（见图 7.34）中设置文本的属性，也可在输入文本之后，选中需要更改属性的文本，在属性面板中对其进行设置。

图 7.34 文本工具的属性面板

3. 变形文本

选中文字，执行两次“修改/分离”命令（或按两次 Ctrl+B 键），将文字打散，文字将变为如图 7.35(a)所示的位图模式。选择“修改/变形/封套”命令，在文字的周围将出现控制点（如图 7.35(b)所示），拖动控制点，可以改变文字的形状，如图 7.35(c)所示。最后的变形结果如图 7.35(d)所示。

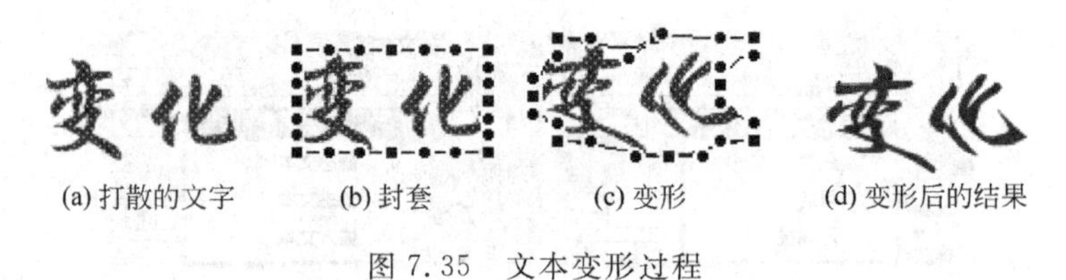

(a) 打散的文字 (b) 封套 (c) 变形 (d) 变形后的结果

图 7.35 文本变形过程

4. 填充文本

选中文字，执行两次“修改/分离”命令（或按两次 Ctrl+B 键），将文字打散。然后选择“窗口/颜色”命令，打开颜色面板，如图 7.36 所示。在类型选项中选择“线性渐变”，在颜色设置条上设置渐变颜色，则文字被填充上渐变色。图 7.37 所示为对“变形”文字填充渐变色的效果。

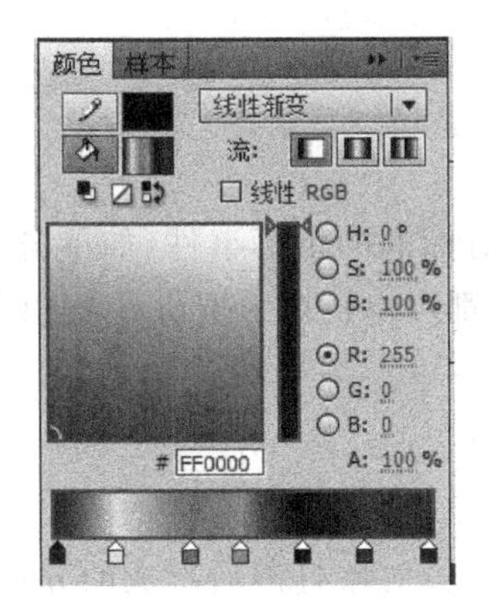

图 7.36 颜色面板

图 7.37 填充渐变色的文字

7.3 对象的编辑

使用工具箱中的工具创建的图形相对来说比较单调，如果能结合“修改”菜单命令修改图形，就可以改变原图形的形状、线条等，并且可以将多个图形组合起来达到所需要的图形效果。

7.3.1 对象类型

Flash CS5 的对象类型主要有矢量对象、图形对象、影片剪辑对象、按钮对象和位图对象。

1. 矢量对象

矢量对象(矢量图形)是由绘画工具绘制出来的图形，包括线条和填充两个部分。注意，使用文字工具输入的文字是一个文本对象，而不是矢量对象，但使用“修改/分离”命令(或按 Ctrl+B 键)打散后，它就变成了矢量对象。

2. 图形对象

图形对象也称图形元件，它是存储在“库”中可被重复使用的一种图形对象。理论上讲，任何对象都可以转换为图形对象，但在 Flash 的实际操作过程中，从图形元件的作用出发，一般只能将矢量对象、文字对象、位图对象、组合对象转化为图形对象。

从外部导入的图片，它是位图对象，而不是图形元件，但可以转换为图形元件。

3. 影片剪辑对象

影片剪辑对象也称影片剪辑元件，它是存储在“库”中可被重复使用的影片剪辑，用于创建独立于主影像时间轴进行播放的实例。理论上讲，任何对象都可以转换为影片剪辑对象,转换的对象主要根据实际需要而定。

4. 按钮对象

按钮对象也称按钮元件,用于创建在影像中对标准的鼠标事件(如单击、滑过或移离等)做出响应的交互式按钮。理论上讲,任何对象都可以转换为按钮对象,在操作过程中,应根据实际需要而定。

5. 位图对象

位图对象是对矢量、图形、文字、按钮和影片剪辑对象打散后形成的分离图形。它主要用于制作变形动画对象,如圆形变成方形及文字变形。有些对象只有变为分离图形后(即位图),才能填充颜色,如线条、边线等。

不管何种对象,只要执行“修改/分离”命令(或按 Ctrl+B 键)打散,最终都能变成位图对象。当然,位图对象通过执行“修改/组合”命令,也可以转换为矢量图形。

7.3.2 制作对象

1. 制作图形元件

制作图形元件的方法有两种,一是直接制作,二是将矢量对象转换成图形元件。

1) 直接制作

选择“插入/新建元件”命令,弹出“创建新元件”对话框(如图 7.38 所示),在“名称”文本框中输入“圆”,在“类型”下拉列表中选择“图形”选项,单击“确定”按钮,即可创建一个新的图形元件“圆”。图形元件的名称出现在舞台的左上方,舞台切换到了图形元件“圆”的窗口,窗口中间出现十字,代表图形元件的中心定位点,用椭圆工具在窗口十字处制作一个圆,如图 7.39 所示,在库面板中将显示出“圆”图形元件。

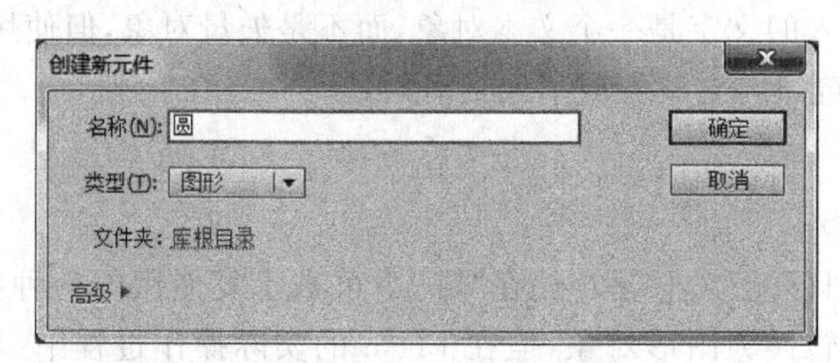

图 7.38 “创建新元件”对话框

2) 由矢量对象转换

如果在舞台上已经创建好了矢量图形并且以后还要再次应用,可将其转换为图形元件。方法是选中矢量图形,然后选择“修改/转换为元件”命令,此时会弹出“转换为元件”对话框,在“名称”文本框中输入元件名,在“类型”下拉列表中选择“图形”选项,单击“确定”按钮,则转换完成,此时在库面板中将显示出转换的图形元件。

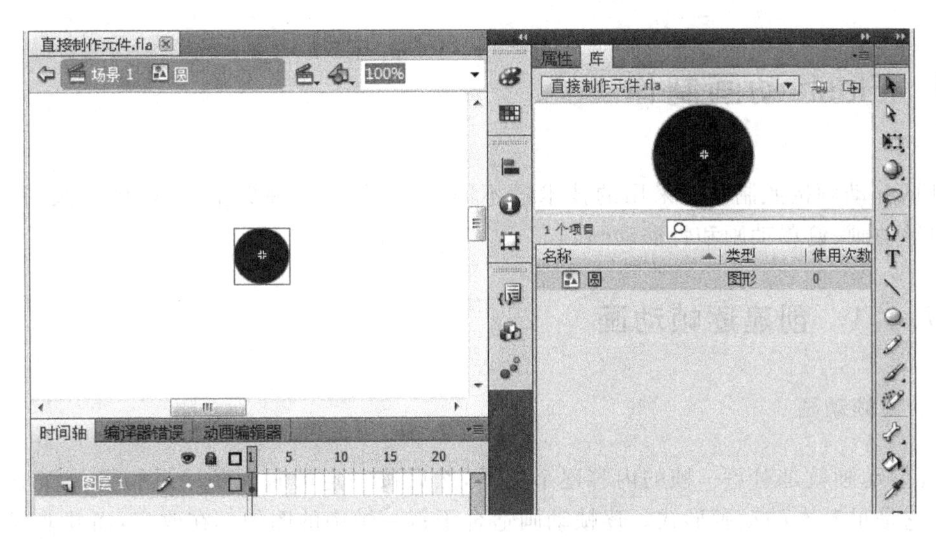

图 7.39　制作一个"圆"图形元件

2. 制作按钮元件

选择"插入/新建元件"命令，将弹出"创建新元件"对话框，在"名称"文本框中输入元件名，在"类型"下拉列表中选择"按钮"选项，单击"确定"按钮，此时，按钮元件的名称出现在舞台的左上方，舞台切换到了按钮元件的窗口，窗口中间出现了十字，代表按钮元件的中心定位点。另外，在时间轴中显示出 4 个状态帧，即"弹起"、"指针经过"、"按下"、"点击"，在库面板中显示出按钮元件。

利用绘图工具绘制按钮的 4 个帧，如图 7.40 所示。然后单击图层左上角的"场景"按钮，返回主场景，按钮制作完毕。

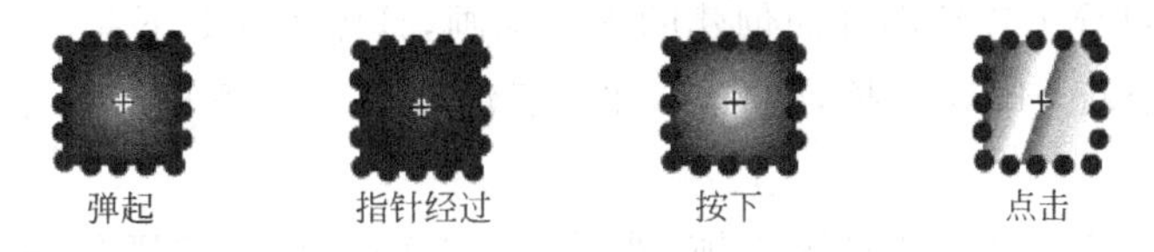

图 7.40　制作按钮元件的 4 个帧

3. 制作影片剪辑元件

选择"插入/新建元件"命令，弹出"创建新元件"对话框，在"名称"文本框中输入"变形动画"，在"类型"下拉列表中选择"影片剪辑"选项，单击"确定"按钮，此时，影片剪辑元件的名称出现在舞台的左上方，舞台切换到了影片剪辑元件"变形动画"的窗口，窗口中间出现十字，代表影片剪辑元件的中心定位点。

利用绘图工具绘制影片剪辑元件，然后单击图层左上角的"场景"按钮，返回主场景，影片剪辑元件制作完毕。

7.4 Flash 动画制作

Flash 动画按照制作时采用的技术的不同，可以分为 5 种类型，即逐帧动画、补间动画、引导动画、遮罩动画和骨骼动画。

7.4.1 创建逐帧动画

1. 逐帧动画

逐帧动画就是对每一帧的内容逐个编辑，然后按一定的时间顺序进行播放而形成的动画，它是最基本的动画形式。逐帧动画适合于每一帧中的图像都在改变，而并非仅仅简单地在舞台中移动的动画，因此，逐帧动画文件的容量比补间动画要大很多。

创建逐帧动画的几种方法：

(1) 用导入的静态图片建立逐帧动画。将 JPG、PNG 等格式的静态图片连续导入到 Flash 中，就会建立一段逐帧动画。

(2) 绘制矢量逐帧动画。用鼠标或压感笔在场景中一帧帧地画出帧内容。

(3) 文字逐帧动画。用文字作为帧中的元件，实现文字跳跃、旋转等特效。

(4) 导入序列图像。导入 GIF 序列图像、SWF 动画文件或者利用第 3 方软件(如 Swish、Swift 3D 等)产生的动画序列。

2. 走路动画的制作

这是一个通过导入连续图片而创建的逐帧动画，具体步骤如下：

(1) 创建一个新 Flash 文档，选择“文件/新建”命令，设置舞台大小为 550×230 像素、背景色为白色。

(2) 创建“背景”图层。选择第 1 帧，然后选择“文件/导入到舞台”命令，将本实例中的名为“草原.jpg”的图片导入到场景中。在第 8 帧按 F5 键，添加过渡帧使帧内容延续，如图 7.41 所示。

(3) 导入走路的图片。新建一“走路”图层，选择第 1 帧，然后选择“文件/导入到舞台”命令，将走路的系列图片导入。导入完成后，就可以在库面板中看到导入的位图图像，如图 7.42 所示。

由于在将图片导入到库面板中的同时，也把所有图片放到了第 1 帧，所以，需要将舞台中的第 1 帧中的所有图片删除。

(4) 在时间轴上分别选择“走路”图层的第 1 帧到第 9 帧，并从库面板中将相应的走路图片拖放到舞台中。注意，因为第 1 帧是关键帧，可直接放入，而后面的帧需要先插入空白关键帧后才能把图片拖放到工作区中。

图 7.41 建立的“背景”图层

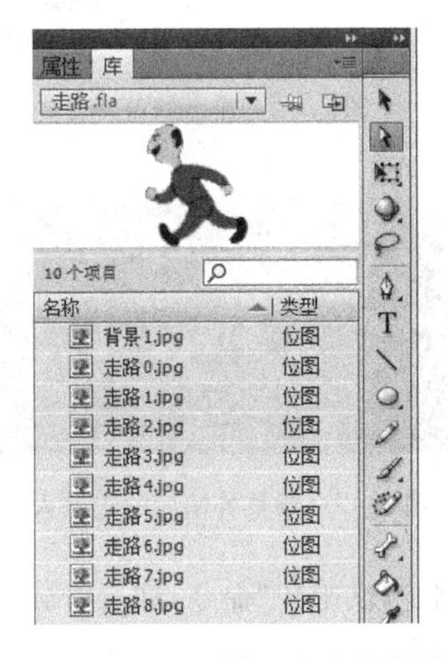

图 7.42 导入到库面板中的位图

此时，时间帧区会出现连续的关键帧，从左向右拖动播放头，就会看到一个人在向前走路（如图 7.43 所示），但是，动画序列位置尚未处于需要的地方，必须移动它们。

图 7.43 向前走路的人

当然，可以一帧帧调整位置，完成一幅图片后记下其坐标值，再把其他图片设置成相同坐标值，也可以用多帧编辑功能快速移动。

多帧编辑方法如下：

先把“背景”图层加锁，然后单击时间轴下方的“绘图纸显示多帧”按钮，再单击“修改绘图纸标记”按钮，在弹出的菜单中选择“所有绘图纸”命令，如图 7.44 所示。接着用鼠标调整各帧图像的位置，使位于各帧的图像位置合适即可，如图 7.45 所示。

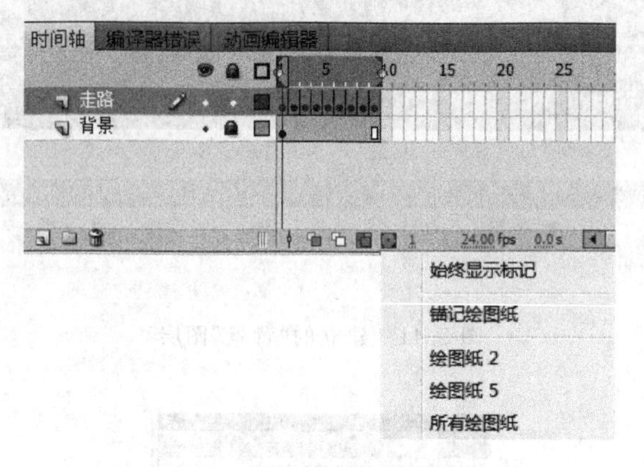

图 7.44　弹出的菜单

图 7.45　调整各帧后的走路人

(5) 测试影片。选择“控制/测试影片”命令，即可看到动画的效果。最后选择“文件/保存”命令将动画保存，以备后用。

7.4.2 创建补间动画

1. 补间动画

补间动画是通过为一个帧中的对象属性指定一个值并为另一个帧中的该相同属性指定另一个值创建的动画。

在创建补间动画时，可以在不同关键帧的位置设置对象的属性，如位置、大小、颜色、角度、透明度等。编辑补间动画后，Flash 会自动计算这两个关键帧之间属性的变化值，并改变对象的外观效果，使其形成连续运动或变形的动画效果。例如，可以在时间轴的第 1 帧的舞台左侧放置一个影片剪辑元件，然后将该影片剪辑元件移到第 20 帧的舞台右侧。在创建补间时，Flash将计算指定的右侧和左侧这两个位置之间的舞台上影片剪辑元件的所有位置。最后会得到影片剪辑元件从第1帧到第20帧，从舞台左侧移到右侧的动画。在中间的每个帧中，Flash将影片剪辑元件在舞台上移动1/20的距离。

Flash CS5支持两种不同类型的补间创建动画：一种是传统补间(包括在早期版本中Flash创建的所有补间)，其创建方法与原来相比没有改变；另一种是补间动画，其功能强大且创建简单，可以对补间的动画进行最大程度的控制。另外，补间动画根据动画变化方式的不同又分为运动补间动画和形状补间动画两类，运动补间动画是对象可以在运动中改变大小和旋转，但不能变形，而形状补间动画可以在运动中变形(如圆形变成方形)。

制作补间动画的对象类型包括影片剪辑元件、图形元件、按钮元件及文本字段。

2. 制作小鸟飞的运动补间动画

(1) 创建一个新Flash文档，选择"文件/新建"命令，设置舞台大小为550×230像素、背景色为白色。

(2) 将当前图层重命名为"背景"图层，选择第1帧，然后选择"文件/导入到舞台"命令，将一个风景图片导入到场景中。在第60帧按F5键，添加过渡帧使帧内容延续。

(3) 新建一图层，并重命名为"小鸟"，选择第1帧，然后选择"文件/导入到舞台"命令，导入一个小鸟飞的图片。用鼠标将舞台上导入的小鸟移动到右侧，并用任意变形工具调整到合适的大小，如图7.46所示。

(4) 创建传统补间动画。右击"小鸟"图层的第60帧，在弹出的快捷菜单中选择"插入关键帧"命令，然后用选择工具将小鸟调整到左上方的位置，并用任意变形工具把小鸟调小一些，如图7.47所示。右击"小鸟"图层第1帧到第60帧中间的任意帧，在弹出的快捷菜单中选择"创建传统补间"命令，结果如图7.48所示，播放即可看到小鸟飞的动画。

图7.46　第1帧的小鸟

图7.47　第60帧的小鸟

(5) 在Flash CS5中提供了更加灵活的方式创建补间动画，下面的操作是从步骤③结束后开始的。右击第1帧，在弹出的快捷菜单中选择"创建补间动画"命令，然后拖动播放头到第60帧，单击时间轴上的"动画编辑器"标签(或选择菜单栏中的"窗口/动画编辑器"命令)，打开动画编辑器面板，如图7.49所示。

动画编辑器面板由3组时间轴构成，分别是"基本动画"、"转动"和"缓动"，其中，"基本动画"组的时间轴可以分别设置元件在X、Y和Z轴方向上的移动情况；"转换"组的时间轴可以设置元件在X和Y轴方向上的倾斜、旋转，以及元件色彩和滤镜等特殊效果；"缓动"组的时间轴可以设置上面两组时间轴在移动过程中位置属性变化的方式，例如"简

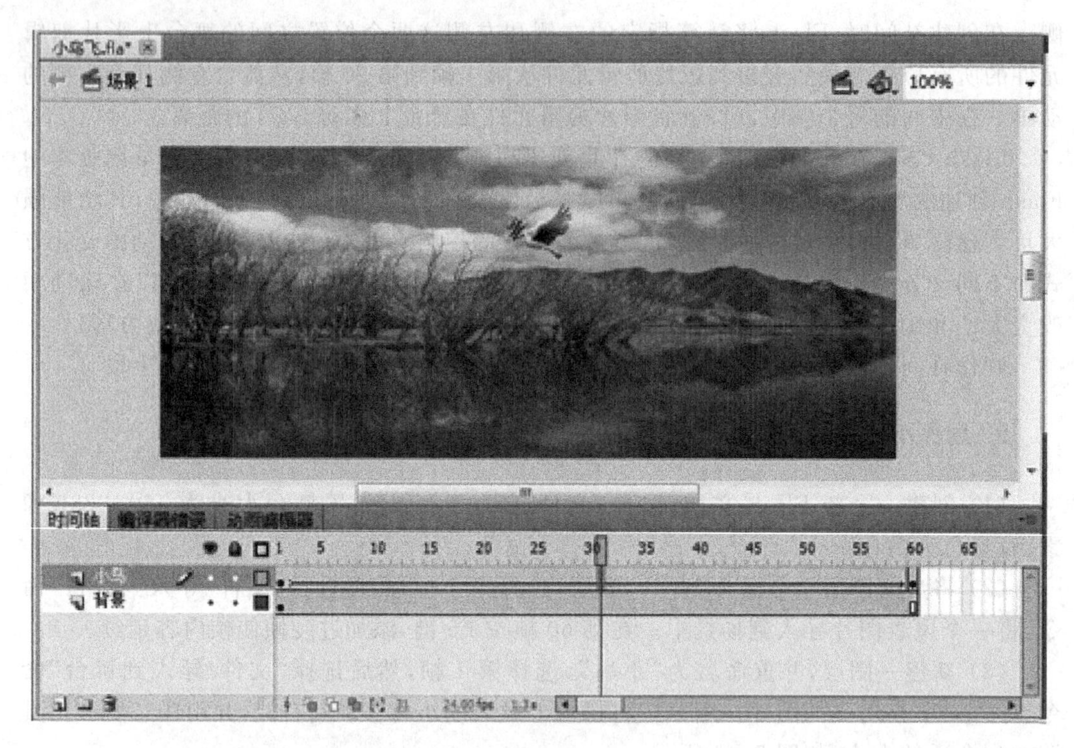

图 7.48　小鸟飞的传统补间动画

属性	值	缓动	关键帧	曲线图
基本动画		无缓动		
X	466.9 像素	无缓动		400
Y	243.3 像素	无缓动		240
旋转 Z	0°	无缓动		0
转换		无缓动		
倾斜 X	0°	无缓动		0
倾斜 Y	0°	无缓动		0
缩放 X	100 %	无缓动		100
缩放 Y	100 %	无缓动		100
色彩效果				

图 7.49　动画编辑器面板

单”、“弹簧”和“正弦波”等。

通过动画编辑器面板，可以查看所有补间属性及其属性关键帧，它还提供了向补间添加精度和详细信息的工具。动画编辑器面板显示了当前选定的补间的属性。在时间轴中创建补间后，动画编辑器面板允许用户以多种不同的方式来控制补间。

使用动画编辑器面板可以进行以下操作：

- 设置各属性关键帧的值。
- 添加或删除各个属性的属性关键帧。
- 将属性关键帧移到补间内的其他帧。
- 将属性曲线从一个属性复制并粘贴到另一个属性。
- 翻转各属性的关键帧。
- 重置各属性或属性类别。
- 使用贝塞尔控件对大多数单个属性的补间曲线的形状进行微调(X、Y 和 Z 属性没有贝塞尔控件)。
- 添加或删除滤镜或色彩效果，并调整其设置。
- 向各个属性和属性类别添加不同的预设缓动。
- 创建自定义缓动曲线。
- 将自定义缓动添加到各个补间属性和属性组中。
- 对 X、Y 和 Z 属性的各个属性关键帧启用浮动。通过浮动，可以将属性关键帧移动到不同的帧或在各个帧之间移动，以创建流畅的动画。

选择时间轴中的补间范围或者舞台上的补间对象或运动路径后，动画编辑器面板即会显示该补间的属性曲线。动画编辑器面板将在网格上显示属性曲线，该网格表示发生选定补间的时间轴的各个帧。在时间轴和动画编辑器面板中，播放头将始终出现在同一帧编号中。

(6) 选中“基本动画”组的 X 时间轴，在第 60 帧右击，在弹出的快捷菜单中选择“插入关键帧”命令，结果如图 7.50 所示。在关键帧的黑色方块上按下鼠标左键，将方块向下拖动到 100 像素左右的位置，在舞台上会显示出小鸟移动的轨迹，如图 7.51 所示。采用同样的方法，选中 Y 时间轴，在关键帧的黑色方块上按下鼠标左键，将方块向下拖动到 55 像素左右的位置，在舞台上会显示出小鸟向上移动的情况。

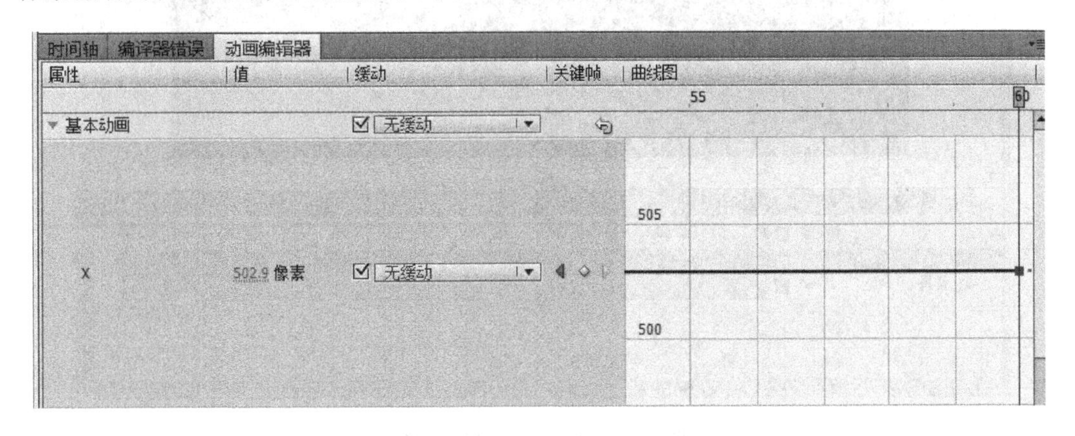

图 7.50　在 X 时间轴中插入关键帧

图 7.51　移动关键点位置

（7）单击“时间轴”标签，用任意变形工具将第 60 帧中的小鸟调小，如图 7.52 所示，这样就完成了小鸟飞的补间动画。

图 7.52　小鸟飞行补间动画

(8) 选择菜单栏中的"控制/测试影片"命令测试动画，即可看到小鸟飞的动画。

3. 制作圆变方形状补间动画

(1) 创建一个新 Flash 文档，选择"文件/新建"命令，设置舞台大小为 550×400 像素、背景色为白色。

(2) 选择椭圆工具，将填充色设置为蓝色，然后按住 Shift 键在舞台上绘制一个圆，如图 7.53 所示。

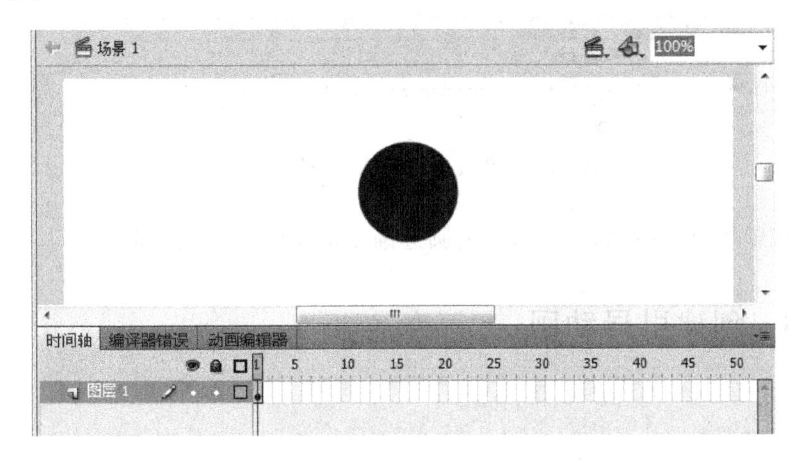

图 7.53　舞台上的圆形

(3) 在时间轴的第 24 帧按 F6 键插入一个关键帧，删除舞台上的圆，然后选择矩形工具，并将填充色改为红色，在按住 Shift 键的同时在舞台上绘制一个正方形，如图 7.54 所示。

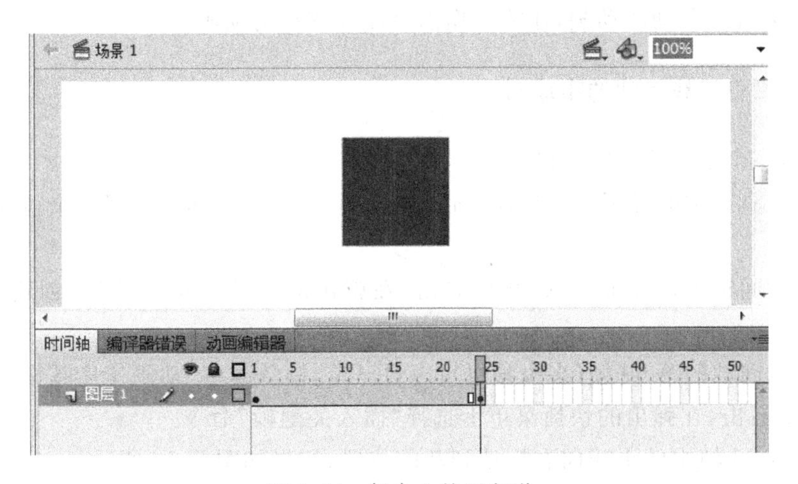

图 7.54　舞台上的正方形

(4) 在时间轴上的两个关键帧之间的任意帧上右击，在弹出的快捷菜单中选择"创建补间形状"命令，之后的界面如图 7.55 所示。至此，一个简单的变形动画制作完成。

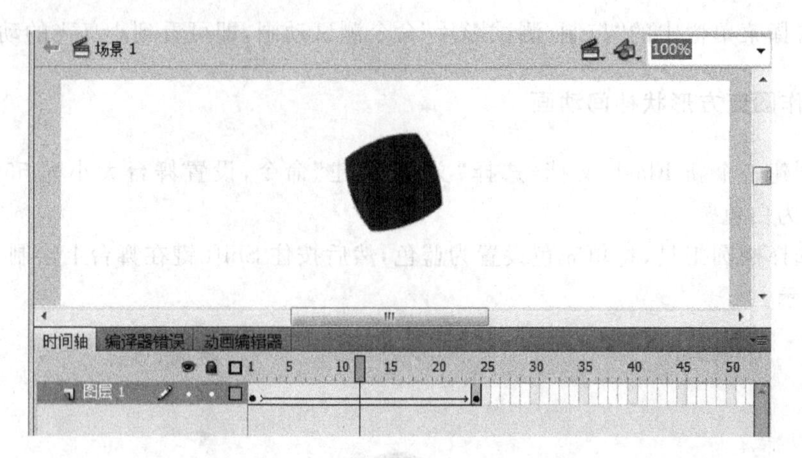

图 7.55 创建补间形状后的舞台情况

(5) 测试影片,可以看到一个蓝色的圆逐渐变成了红色的正方形。

7.4.3 创建引导动画

1. 引导层

为了在绘画时帮助对象对齐,可以创建引导层,然后将其他层上的对象与引导层上的对象对齐。引导层中的内容不会出现在发布的 SWF 动画中,可以将任何层用做引导层,它是用图层名称左侧的辅助线图标表示的。

另外,还可以创建运动引导层,用来控制运动补间动画中对象的移动情况。这样不仅仅可以制作沿直线移动的动画,还能制作出沿曲线移动的动画。

2. 制作沿引导线运动的小球动画

1) 制作一个小球移动的动画

(1) 用工具箱中的椭圆工具按住 Shift 键绘制一个小圆,然后选择一个径向渐变颜色填充小圆。

(2) 在时间轴上选择第 1 帧,然后右击,在弹出的快捷菜单上选择“创建传统补间”命令。

(3) 在时间轴的第 60 帧(多少帧也可以自己定,帧数越多,动画速度越慢,越少,动画速度越快)上右击,在弹出的快捷菜单上选择“插入关键帧”命令。

(4) 将第 60 帧中的小球向右拖动到新的位置,结果如图 7.56 所示。

2) 制作引导线

(1) 在时间轴上选择小球直线运动所在的图层,然后新建一个图层(时间轴上有个“新建图层”按钮),并使其在小球运动图层的上一图层,然后在该图层上用铅笔等工具绘制一条曲线,如图 7.57 所示。

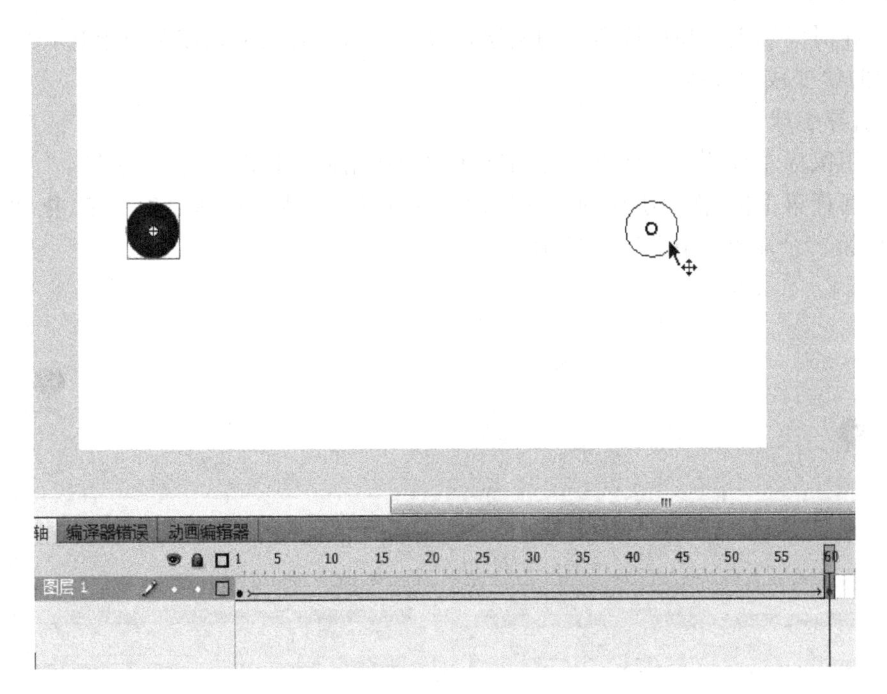

图 7.56　移动小球

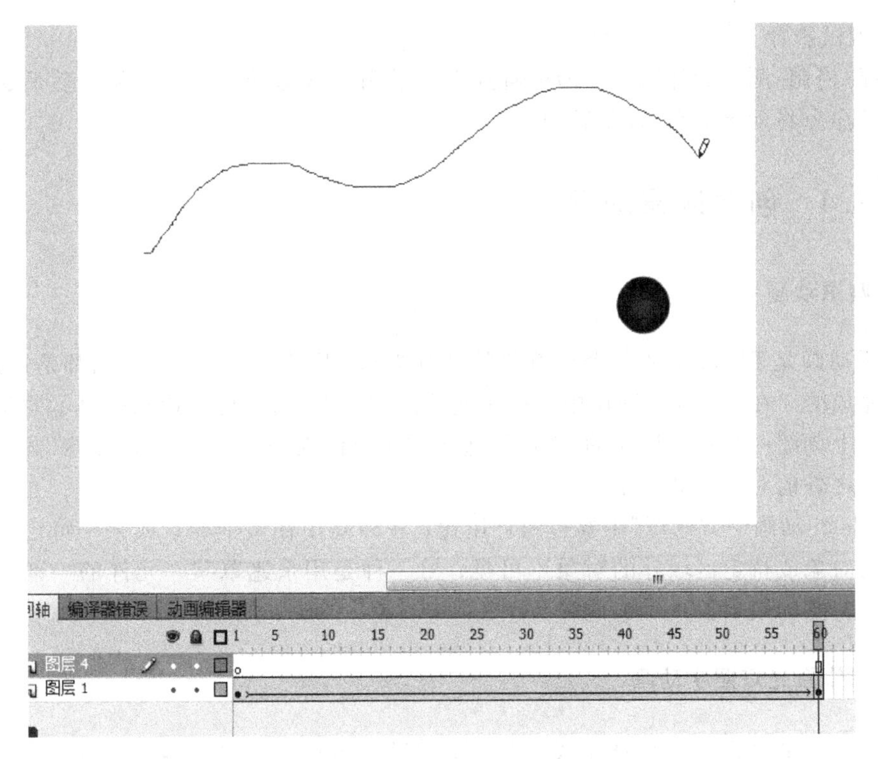

图 7.57　制作的引导线

(2) 在时间轴上选择曲线所在的图层,然后右击,在弹出的快捷菜单上选择“引导层”命令,使曲线变成引导线。

3) 引导小球

(1) 用鼠标左键按住小球直线运动所在的图层稍向上拖动,使其被引导。

(2) 选择第1帧,拖动小球到引导线的第一个端点,然后选择最后一帧,拖动小球到引导线的第二个端点,如图7.58所示。

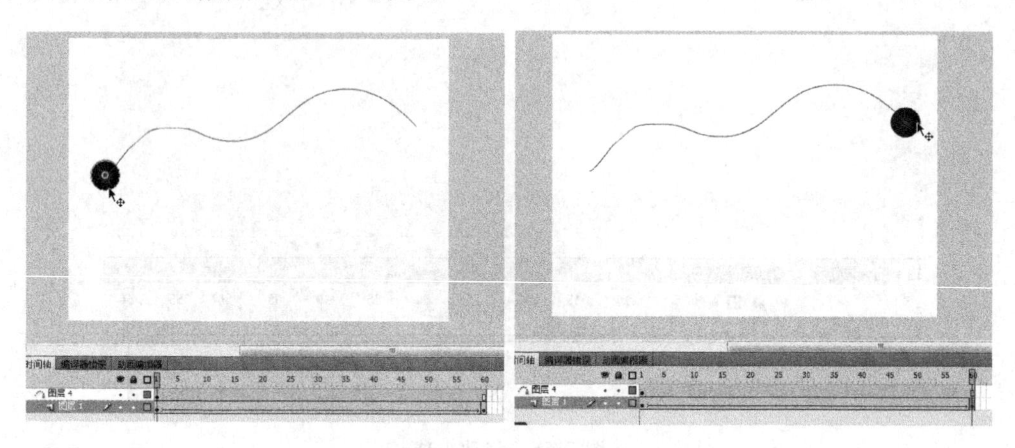

图7.58 引导小球

4) 测试影片

选择“控制/测试影片”命令,即可看到小球沿引导线移动的动画效果。然后选择“文件/保存”命令将动画保存,以备后用。

7.4.4 创建遮罩动画

1. 遮罩动画

遮罩动画是Flash中的一个很重要的动画类型,很多效果丰富的动画都是通过遮罩动画来完成的。在Flash的图层中有一个遮罩图层类型,为了得到特殊的显示效果,可以在遮罩层上创建一个任意形状的“视窗”,遮罩层下方的对象可以通过该“视窗”显示出来,而“视窗”之外的对象不会显示。

在Flash动画中,“遮罩”主要有两种用途:一种是用在整个场景或某一特定区域,使场景外的对象或特定区域外的对象不可见;另一种是用来遮罩某一元件的一部分,从而实现一些特殊的效果。

2. 制作聚光灯照字动画

本例用文字层遮罩来实现聚光灯照字的效果,用户主要掌握遮罩动画制作的3个过程。

- 制作要遮罩的实体层,本例是对圆球进行遮罩。

- 制作遮罩层，本例使用文字作为遮罩物。
- 选中遮罩层，右击选择“遮罩层”命令。

(1) 创建一个新 Flash 文档，选择“文件/新建”命令，设置舞台大小为 550×130 像素、背景色为浅蓝色。

(2) 选择文本工具，在属性面板中选择“隶书”字体，将“大小”设置为 80，“颜色”设置为黄色，“字母间距”设置为 20，如图 7.59 所示。然后在图层 1 的第 1 帧中输入文字“聚光灯照文字”，如图 7.60 所示。

图 7.59 文字属性设置

图 7.60 输入文字

(3) 在时间轴上新建一个图层，并命名为“灯光”，然后在第 1 帧使用椭圆工具绘制一个圆，如图 7.61 所示。Flash 会忽略遮罩层中的位图、渐变、透明度、颜色和线条样式。在遮罩中的任何填充区域都是完全透明的，而任何非填充区域都是不透明的。

(4) 在“灯光”图层的第 90 帧插入关键帧，将关键帧中的圆形移动到文字的右边，并在第 1 帧至第 90 帧之间创建传统补间动画。回到文字所在的图层 1，在第 90 帧插入普通帧。

(5) 右击“灯光”图层的名称，在弹出的快捷菜单中选择“遮罩层”命令，则下面的图层会自动被遮罩层遮罩，如图 7.62 所示。

图 7.61　建立遮罩项

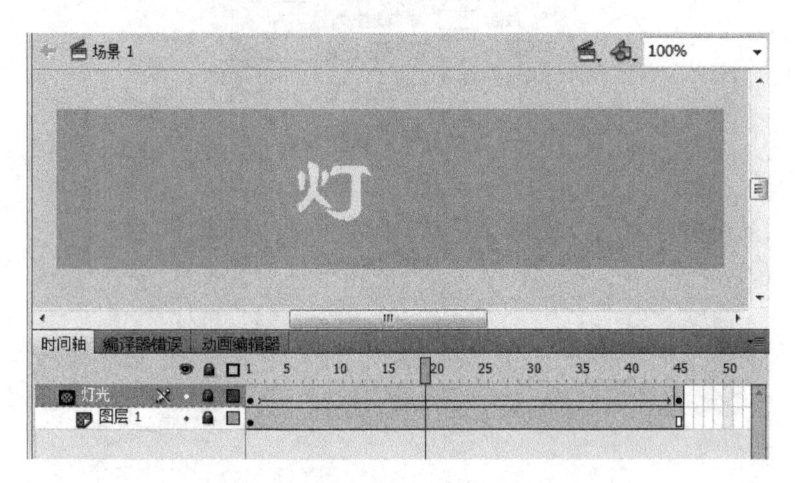

图 7.62　将“灯光”图层设置为遮罩层

（6）测试影片。选择“控制/测试影片”命令，即可看到一个聚光灯照字的动画效果。然后选择“文件/保存”命令将动画保存，以备后用。

7.4.5 创建骨骼动画

1. 关于骨骼动画

在动画设计软件中，运动学系统分为正向运动学和反向运动学两种。正向运动学指的是对于有层级关系的对象来说，父对象的动作将影响子对象，而子对象的动作不会对父对象造成任何影响。例如，当对父对象进行移动时，子对象也会同时随着移动，而子对象移动时，父对象不会产生移动。由此可见，正向运动中的动作是向下传递的。

与正向运动学不同的是，反向运动学的动作传递是双向的，当父对象进行位移、旋转或缩放等动作时，其子对象会受到这些动作的影响，反之，子对象的动作也将影响父对象。反向运动是通过一种连接各种物体的辅助工具来实现的运动，这种工具就是IK（Inverse Kinematics，反向动力学）骨骼，也称反向运动骨骼。使用IK骨骼制作的反向运动学动画就是骨骼动画。

在Flash中，创建骨骼动画一般有两种方式，一种方式是为实例添加与其他实例相连接的骨骼，使用关节连接这些骨骼，骨骼允许实例链一起运动；另一种方式是在形状对象（即各种矢量图形对象）的内部添加骨骼，通过骨骼来移动形状的各个部分以实现动画效果，这样操作的优势在于无须绘制运动中该形状的不同状态，也无须使用补间形状来创建动画。

2. 骨骼动画的制作

1）定义骨骼

Flash CS5提供了一个骨骼工具，使用该工具可以向影片剪辑元件实例、图形元件实例或按钮元件实例添加IK骨骼。在工具箱中选择骨骼工具，单击一个对象，然后将其拖动到另一个对象上，释放后即可创建两个对象间的连接。此时，两个元件实例间将显示出创建的骨骼（如图7.63所示）。在创建骨骼时，第一个骨骼是父级骨骼，骨骼的头部为圆形端点，有一个圆圈围绕着头部。骨骼的尾部为尖形，有一个实心点。

图7.63　骨骼形状

2）制作骨骼动画

在为对象添加了骨骼后，即可创建骨骼动画了。在制作骨骼动画时，可以在开始关键帧中制作对象的初始姿势，在后面的关键帧中制作对象的不同姿态，Flash会根据反向运动学的原理计算出连接点间的位置和角度，创建从初始姿态到下一个姿态转变的动画效果。

在完成对象的初始姿势的制作后，在时间轴中右击动画需要延伸到的帧，选择快捷菜单中的“插入姿势”命令。然后在该帧中选择骨骼，调整骨骼的位置或旋转角度。此时Flash将在该帧创建关键帧，按Enter键测试动画即可看到创建的骨骼动画效果了。

3. 设置骨骼动画的属性

1）设置缓动

在创建骨骼动画后，可以在属性面板中设置缓动。Flash为骨骼动画提供了几种标准的缓动，用于对骨骼的运动进行加速或减速，从而使对象的移动获得重力效果。

2）约束连接点的旋转和平移

在Flash中，可以通过设置对骨骼的旋转和平移进行约束。约束骨骼的旋转和平移，可以控制骨骼运动的自由度，创建更加逼真和真实的运动效果。

3) 设置连接点速度

连接点速度决定了连接点的粘贴性和刚性，当连接点速度较低时，该连接点将反应缓慢，当连接点速度较高时，该连接点将具有更快的反应。在选取骨骼后，在属性面板的“位置”栏的“速度”文本框中输入数值，可以改变连接点的速度。

4) 设置弹簧属性

弹簧属性是 Flash CS5 新增的一个骨骼动画属性。在舞台上选择骨骼后，在属性面板中展开“弹簧”栏，在该栏中有两个设置项。其中，“强度”用于设置弹簧的强度，输入值越大，弹簧效果越明显。“阻尼”用于设置弹簧效果的衰减速率，输入值越大，动画中弹簧属性减小的越快，动画结束的就越快。当其值设置为 0 时，弹簧属性在姿态图层中的所有帧中都将保持最大强度。

4. 用骨骼动画制作老人出行动画

1) 分割图形

(1) 创建一个新 Flash 文档，选择“文件/新建”命令，设置舞台大小为 550×400 像素、背景色为白色，然后导入如图 7.64 所示的图片。

(2) 将老人的各肢体转换为影片剪辑元件(因为皮影戏的角色只做平面运动)，然后将角色的关节简化为 10 段 6 个连接点，如图 7.65 所示。

图 7.64 老人出行皮影图

图 7.65 连接点

(3) 按连接点切割人物的各部分，然后将每个部分转换为影片剪辑元件，如图 7.66 所示。

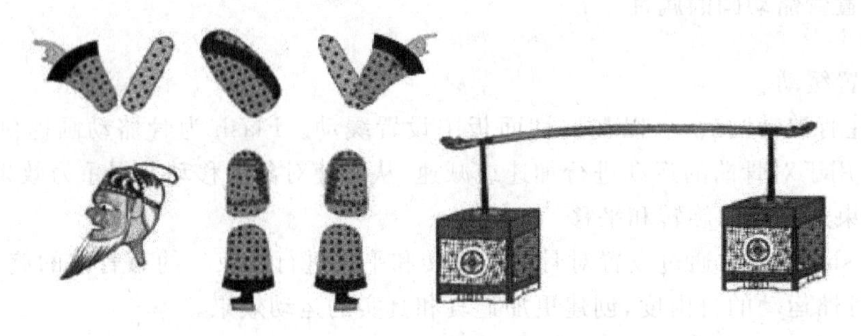

图 7.66 切割图片

(4) 将各部分的影片剪辑放置好，然后选中所有元件，将其转换为影片剪辑元件(名称为“老人”)，如图 7.67 所示。

2) 制作老人行走动画

(1) 选择工具箱中的骨骼工具，然后在左手上创建骨骼，如图 7.68 所示。

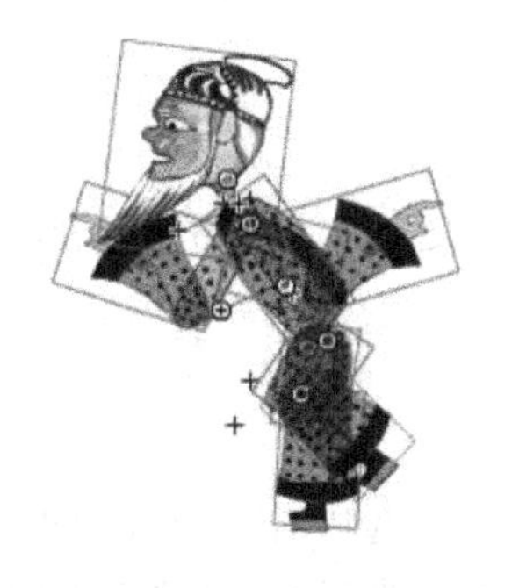

图 7.67　元件放置图

图 7.68　创建左手骨骼

注意：使用骨骼工具连接两个轴点时，要注意关节的活动部分，可以配合选择工具和 Ctrl 键进行调整。

(2) 采用相同的方法创建出头部、身体、左手、右手、左脚与右脚的骨骼。

(3) 人物的行走动画使用 35 帧完成，因此在各图层的第 35 帧插入帧。

(4) 调整第 10 帧、第 18 帧和第 27 帧上的动作，使角色在原地行走，然后创建“担子”在行走时起伏运动的传统补间动画，如图 7.69 所示。

图 7.69　调整行走动作

(5) 返回到主场景，创建出“老人”影片剪辑的补间动画，使其向前移动一段距离，如图 7.70 所示。

图 7.70　创建补间动画

3）测试影片

选择“控制/测试影片”命令，即可看到老人行走的动画效果。然后选择“文件/保存”命令将动画保存。

7.5 声音的使用

Flash 支持在动画中引入声音，这样可以让 Flash 动画变得更加有趣和引人入胜。

7.5.1 导入声音

选择“文件/导入/导入到库”命令，弹出“导入”对话框，在其中选择需要导入的声音文件，然后单击“打开”按钮即可导入声音文件到库中。图 7.71 所示为对“小鸟飞”动画中添加声音后的库面板。声音导入到 Flash 文档中后，库面板中将显示声音的波形图，单击“播放”按钮可以试听声音效果。

图 7.71 导入音乐后的库面板

7.5.2 使用声音

在“小鸟飞”动画时间轴上添加一个新图层，并将图层命名为“音乐”，然后选择该“音乐”图层的第 1 帧，从库面板中将需要的声音文件拖放到舞台上，此时在该“音乐”图层的时间轴上将显示声音的波形图，且声音被添加到文档中，如图 7.72 所示。

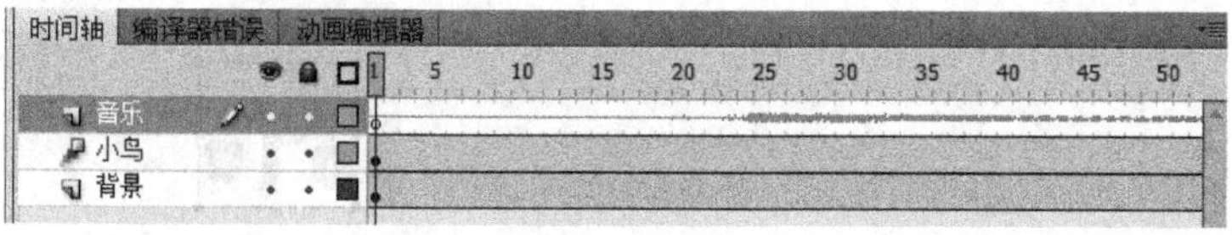

图 7.72 插入音乐的时间轴

注意：在向文档中添加声音时，可以将多个声音放置到同一个图层中，也可以放置到包含动画的图层中。但最好将不同的声音放置在不同的图层中，因为每个图层相当于一个声道，这样有助于声音的编辑处理。

7.5.3　编辑声音

1. 更改声音

与放置在库面板中的各种元件一样，声音放置在库面板中，可以在文档的不同位置重复使用。在时间轴上添加声音后，在"声音"图层中选择任意一帧，在属性面板的"名称"下拉列表中选择声音文件，此时，选择的声音文件将替换当前图层中的声音。

2. 添加声效

用户可以为添加到文档中的声音添加声音效果。在时间轴中选择"声音"图层的任意帧，在属性面板的"效果"下拉列表中选择声音效果即可。

3. 声音编辑器

在时间轴上选择声音所在的图层，在属性面板中单击"效果"下拉列表右侧的"编辑声音封套"按钮（或在"效果"下拉列表中选择"自定义"选项），将弹出"编辑封套"对话框，如图 7.73 所示。使用该对话框能够对声音的起始点、终止点和播放时的音量进行设置。

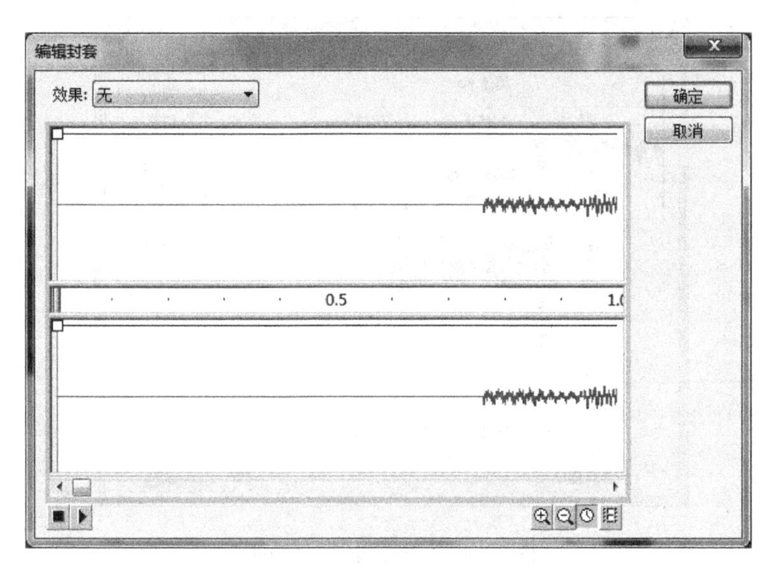

图 7.73　"编辑封套"对话框

4. 同步声音

Flash 的声音可以分为两类，一类是事件声音，另一类是流式声音。

事件声音是将声音与一个事件相关联，只有当事件触发时，声音才会播放。例如，单击按钮时发出的提示声音就是一种经典的事件声音。事件声音必须在全部下载完毕后才能播放，除非声音全部播放完，否则将一直播放下去。

流式声音是一种边下载边播放的声音，使用这种方式能够在整个影片范围内同步播放和控制声音。当影片播放停止时，声音的播放也会停止。这种方式一般用于体积较大，需要与动画同步播放的声音文件。

5. 声音的循环和重复

选择声音所在的图层，在属性面板中可以设置声音是重复播放还是循环播放。

6. 压缩声音

当添加到文档中的声音文件较大时，将会导致 Flash 文档的增大。当将影片发布到网上时，会造成影片下载过慢，影响观看效果。要解决这些问题，可以对声音进行压缩。

在库面板中双击声音图标(或在选择声音后单击库面板中的“属性”按钮)，弹出“声音属性”对话框，如图 7.74 所示。该对话框中显示了声音文件的属性信息，在“压缩”下拉列表中可以选择对声音使用的压缩格式。

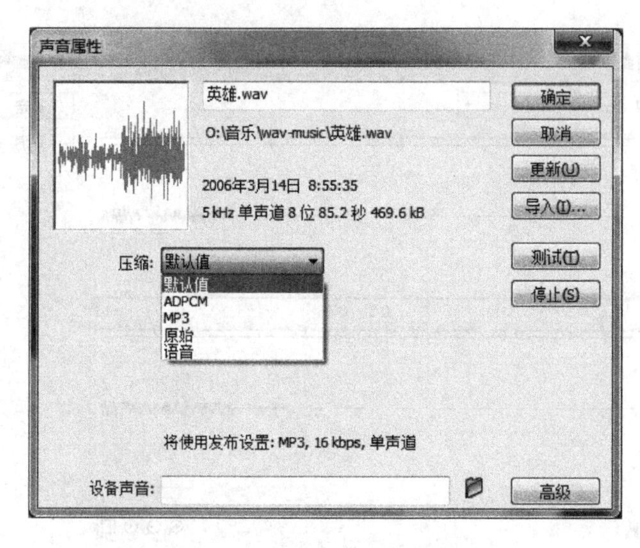

图 7.74 “声音属性”对话框

7.6 动画的发布

在完成 Flash 文档后，即可将它进行发布，以便能够在浏览器中查看。

7.6.1 发布的文件格式

在发布 FLA 文件时，Flash 提供了多种形式发布动画，其中比较重要的格式有 SWF、GIF、EXE。

1. SWF 格式

SWF(Shock Wave Flash)是 Flash 的专用格式，是一种支持矢量和点阵图形的动画文件格式，被广泛应用于网页设计、动画制作等领域，SWF 文件通常被称为 Flash 文件。其优点是体积小、颜色丰富、支持与用户交互，可用 Flash Player 打开，但浏览器必须安装 Flash Player 插件。

2. GIF 格式

GIF 就是图像交换格式(Graphics Interchange Format)，其特点如下：

(1) GIF 只支持 256 色以内的图像。

(2) GIF 采用无损压缩存储，在不影响图像质量的情况下，可以生成很小的文件。

(3) GIF 支持透明色，可以使图像浮现在背景之上。

(4) GIF 文件可以制作动画，这是它最突出的一个特点。

如果 Flash 制作的动画颜色要求不高，也没有交互，则可以发布为该格式。

3. EXE 可执行文件格式

一种内嵌播放器的格式，在任何环境中都可以自由播放。

7.6.2 发布动画

选择“文件/发布设置”命令，弹出“发布设置”对话框，如图 7.75 所示。在“发布设置”对话框中选择“Flash”选项卡，可以对 Flash 发布的细节进行设置，包括“图像和声音”、“SWF 设置”等，如图 7.76 所示。设置完毕后单击“发布”按钮，即可完成动画的发布。

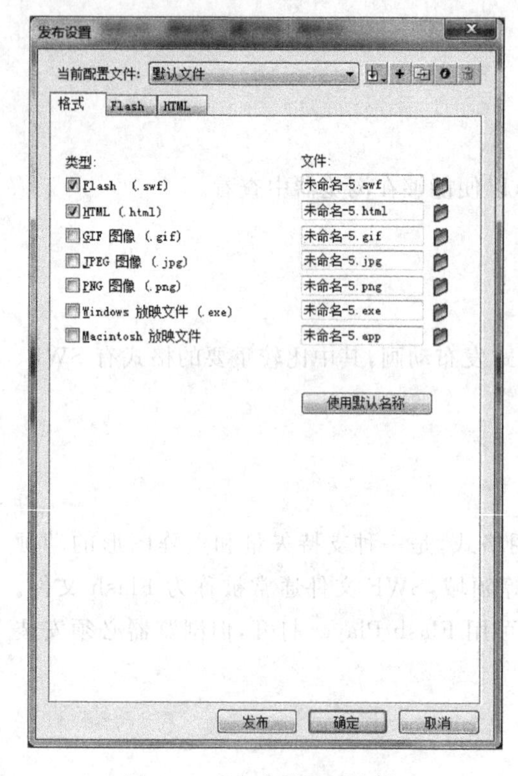

图 7.75 “发布设置”对话框

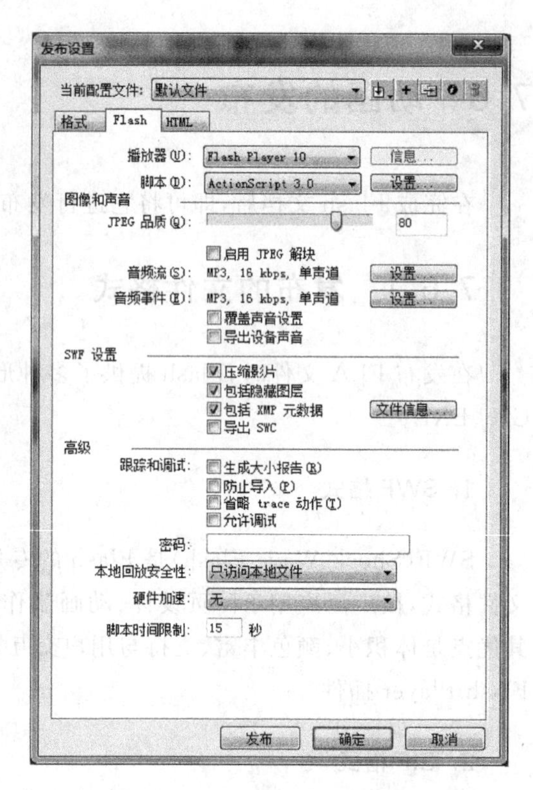

图 7.76 SWF 格式设置

习题 7

一、填空题

1. SWF 格式十分适合在 Internet 上使用,因为它的文件很小。这是因为它大量使用了________。

2. 图层可以组织文档中的插图,可以在图层上绘制和编辑对象,而________影响其他图层上的对象。

3. 元件是一些可以________使用的对象,它们被保存在库中。实例是出现在舞台上或者嵌套在其他元件中的________。

4. 按钮用于在动画中实现________,有时也可以用它来实现某些特殊的动画效果。

5. 选择套索工具后,会在工具箱的下方出现“________”和“________”。

6. 逐帧动画就是对________的内容逐个编辑,然后按一定的时间顺序进行播放而形成的动画,它是最基本的动画形式。

7. 用户可以创建引导层,控制运动补间动画中对象的移动情况,制作出________移动的动画。

8. TLF 文本要求在 FLA 文件的发布设置中指定________和________或更高版本。

9. 在 Flash 的图层中有一个遮罩图层类型，为了得到特殊的显示效果，可以在遮罩层上创建一个任意形状的“视窗”，遮罩层下方的对象可以通过该“视窗”________，而“视窗”之外的对象将________。

10. Flash CS5 提供了________，使用该工具可以向影片剪辑元件实例、图形元件实例或按钮元件实例添加 IK 骨骼。

二、选择题

1. 下面工具中可以制作 GIF 动画的是(　　)。

A. CorelDRAW　　B. Photoshop　　C. Gif Animator　　D. Cool Edit

2. 以下关于矢量动画相对于位图动画的优势，不正确的是(　　)。

A. 文件大小要小很多　　B. 放大后不失真

C. 更加适合表现丰富的现实世界　　D. 可以在网上边下载边播放

3. Flash 的元件包括图形、影片剪辑和(　　)。

A. 图层　　B. 时间轴　　C. 按钮　　D. 声音

4. 如果要在第 5 帧产生一个关键帧，下面操作错误的是(　　)。

A. 在时间轴上单击第 5 帧，按 F6 键

B. 在时间轴上单击第 5 帧，在舞台上绘制任意图形

C. 在时间轴上单击第 5 帧，然后右击，选择“插入关键帧”命令

D. 在时间轴上单击第 5 帧，然后在菜单栏中选择“插入/关键帧”命令

5. 要把一个绘制的正方形制作成 50 帧的补间动画，下面(　　)操作是错误的。

A. 将整个正方形全部选中

B. 将正方形转换为元件

C. 在第 50 帧插入空白关键帧

D. 在第 1 帧上右击，选择“创建补间动画”命令

6. 通过渐变变形工具，不能调整填充颜色的(　　)属性。

A. 角度　　B. 宽窄　　C. 范围　　D. 颜色

7. 通过补间动画，可以制作的动画效果有多种，除了(　　)。

A. 曲线运动　　B. 颜色变化的动画

C. 旋转动画　　D. 大小变化的动画

8. 关于图层，下面说法不正确的是(　　)。

A. 各个图层上的图像互不影响

B. 上面图层的图像将覆盖下面图层的图像

C. 如果要修改某个图层，必须将其他图层隐藏起来

D. 常常将不变的背景作为一个图层，并放在最下面

9. 以下(　　)不是 Flash 所支持的图像或声音格式。

A. JPG　　B. MP3　　C. PSD　　D. GIF

10. 关于脚本，下面说法不正确的是(　　)。

A. 通过脚本可以控制动画的播放流程

B. Flash 的脚本功能强大

C. 使用脚本必须要进行专门的编程的学习

D. 使用按钮往往需要结合脚本来使用

三、简答题

1. 相对于传统的GIF动画格式,Flash动画有哪些优势?

2. Flash中的时间轴主要由哪些部分组成?它们各自的作用是什么?

3. 形变动画和运动动画的主要区别是什么?

4. 元件与实例有什么关联?

5. 骨骼动画适合制作什么样的动画?

四、操作题

1. 制作一个风筝在天空飞翔的Flash动画,并选择一个音乐作为背景音乐。

2. 在Flash中使用逐帧动画的方式,制作一个水滴动画,并以Flash和GIF两种格式输出。

3. 选择一首喜爱的MP3歌曲,设计一些动画,尝试制作歌曲的Flash MTV。

4. 用Flash制作一个日出到日落的动画,应该包含以下内容:

- 有一个简单的场景(可以是大山、大海等);
- 太阳从升起到落下的动画;
- 太阳在运动过程中颜色的变化;
- 其他的一些辅助的内容(云彩、整个场景的明暗变化)。

5. 绘制一个简易的飞机(或导入),制作飞机沿任意指定路线飞行的动画,并同时留下飞行轨迹路径。

6. 使用文本工具输入一些文字,然后使用属性面板设置文字的字体、大小、颜色、行距和字符等,接着制作一个文字飘入和消失的动画。

视频处理技术

视频技术的出现和发展有机地综合了多种媒体对信息的表现能力，革新了对信息的表达方式，使信息的表达从单一表达发展为将文字、图形图像、声音、动画等多种媒体进行综合表达，使得人和计算机之间的信息交流变得更加方便和准确。

8.1 视频概述

当连续的图像变化每秒超过24帧(Frame)画面以上时，根据视觉暂留原理，人眼就无法辨别单幅的静态画面了，看上去是平滑连续的视觉效果，这样连续的画面称为视频。而学术范畴的视频(Video)泛指将一系列静态影像以电信号方式加以捕捉、记录、处理、储存、传送与重现的各种技术。视频技术最早是为了电视系统而发展的，但现在已经发展为各种不同的格式以利于消费者将视频记录下来。网络技术的发达也促使视频片段以串流媒体的形式存在于因特网之上并可被计算机接收与播放。视频和电影属于不同的技术，后者是利用照相技术将动态的影像捕捉为一系列的静态照片。

8.1.1 视频

1. 画面更新率

画面更新率(Frame Rate)指荧光屏上画面更新的速度，其单位为fps(frame per second)，读作帧每秒，画面更新率越高画面越流畅。典型的画面更新率由早期的每秒6或8张发展至现今的每秒120张不等，而要达成最基本的视觉暂留效果大约需要10fps的速度。PAL(欧洲、亚洲、澳洲等地的电视广播格式)与SECAM(法国、俄罗斯、部分非洲等地的电视广播格式)规定其更新率为25fps，而NTSC(美国、加拿大、日本等地的电视广播格式)则规定其更新率为29.97fps，电影胶卷则是以稍慢的24fps在拍摄，这使得各国电视广播在播映电影时需要一些复杂的转换。

2. 模拟视频和数字视频

模拟视频是一种用于传输图像和声音且随时间连续变化的电信号。早期视频的获取、存储和传输采用的都是模拟方式。以前人们在电视上所见到的视频图像就是以模拟电信号的形式记录下来的，并用模拟调幅的手段在空间传播，可由磁带录像机将其模拟电信号记录在磁带上。数字视频就是以数字形式记录的视频，和模拟视频相对。数字视频有不同的产生方式、存储方式和播出方式。例如通过数字摄像机直接产生数字视频信号，存储在数字带、P2 卡、蓝光盘或者磁盘等介质上，从而得到不同格式的数字视频，然后通过计算机或特定的播放器等播放出来。

3. 视频分辨率

人们常说的视频多少乘多少，严格来说不是分辨率，而是视频的高/宽像素值。分辨率是用于度量图像内数据量多少的一个参数，通常表示成 ppi（每英寸像素 pixel per inch）。一个 320×180 的视频是指它在横向和纵向上的有效像素个数是 320 和 180，窗口小时 ppi 值较高，看起来清晰；窗口大时，由于没有那么多有效像素填充窗口，有效像素值下降，就模糊了（放大时有效像素间的距离拉大，而显卡会把这些空隙填满，也就是插值，插值所用的像素是根据上、下、左、右的有效像素"猜"出来的"假像素"，没有原视频信息）。所以，我们习惯上说的分辨率是指图像的高/宽像素值，严格意义上的分辨率是指单位长度内的有效像素值。

4. 视频压缩的基本概念

视频压缩的目标是在尽可能保证视觉效果的前提下减少视频数据量。视频压缩比一般指压缩前后的数据量之比。由于视频是连续的静态图像，其压缩编码算法与静态图像的压缩编码算法有某些共同之处，但是运动的视频还有其自身的特性，因此在压缩时还应考虑其运动特性才能达到高压缩的目标。在视频压缩中常需用到以下基本概念：

1）有损和无损压缩

在视频压缩中有损（Lossy ）和无损（Lossless）的概念与静态图像中基本类似。无损压缩即压缩前和解压缩后的数据完全一致。多数的无损压缩都采用 RLE 行程编码算法。有损压缩意味着解压缩后的数据与压缩前的数据不一致。在压缩的过程中要丢失一些人眼和人耳所不敏感的图像或音频信息，而且丢失的信息不可恢复。几乎所有高压缩的算法都采用有损压缩，这样才能达到减少数据量的目标。丢失的数据量与压缩比有关，压缩比越小，丢失的数据越多，解压缩后的效果一般越差。此外，某些有损压缩算法采用多次重复压缩的方式，这样还会引起额外的数据丢失。

2）帧内和帧间压缩

帧内（Intraframe）压缩也称为空间压缩（Spatial compression）。在压缩一帧图像时，仅考虑本帧的数据而不考虑相邻帧之间的冗余信息，这实际上与静态图像压缩类似。帧内一般采用有损压缩算法，由于帧内压缩时各个帧之间没有相互关系，所以压缩后的视频数据仍可以帧为单位进行编辑。帧内压缩一般达不到很高的压缩量。帧间（Interframe）压缩是基于许多视频或动画的连续前、后两帧具有很大的相关性，或者前、后两帧信息变化很小的特点。即连续的视频其相邻帧之间具有冗余信息，根据这一特性，压缩相邻帧之间的冗余信息就可以进一步提高压缩量，减小压缩比。帧间压缩也称为时间压缩(Temporal compression)，它通过比较时间轴上不同帧之间的数据进行压缩。帧间压缩一般是无损的。帧差值(Frame differencing)算法是一种典型的时间压缩法，通过比较本帧与相邻帧之间的差异，仅记录本帧与其相邻帧的差值，这样可以大大减少数据量。

3) 对称和不对称压缩

对称性(symmetric)是压缩编码的一个关键特征。对称意味着压缩和解压缩占用相同的计算处理能力和时间，对称算法适合于实时压缩和传送视频，如视频会议应用就宜采用对称的压缩编码算法。而在电子出版和其他多媒体应用中，一般是把视频预先压缩处理好，然后再播放，因此可以采用不对称(asymmetric)压缩编码。不对称或非对称意味着压缩时需要花费大量的处理能力和时间，而解压缩则能较好地实时回放，即以不同的速度进行压缩和解压缩。一般来说，压缩一段视频的时间比回放(解压缩)该视频的时间要多得多。例如，压缩一段3分钟的视频片断可能需要10分钟的时间，而该片断实时回放的时间只有3分钟。

8.1.2 视频数字化

视频数字化就是将视频信号经过视频采集卡转换成数字视频文件存储在数字载体——硬盘中。在使用时，将数字视频文件从硬盘中读出，再还原成为电视图像加以输出。需要指出的一点是，视频数字化的概念是建立在模拟视频占主角的时代，现在通过数字摄像机摄录的信号本身已是数字信号，只不过需要从磁带上转到硬盘中，现在视频数字化的含义更确切地指出这个过程。对视频信号的采集，尤其是动态视频信号的采集需要很大的存储空间和数据传输速度，这就需要在采集和播放过程中对图像进行压缩和解压缩处理。一般采用在前面讲过的压缩方法，不过是利用硬件进行压缩。目前大多使用的是带有压缩芯片的视频采集卡。

数字视频的来源有很多，例如来源于摄像机、录像机、影碟机等视频源的信号，包括从家用级到专业级、广播级的多种素材，还有计算机软件生成的图形、图像和连续的画面等。高质量的原始素材是获得高质量最终视频产品的基础。首先要提供模拟视频输出的设备，如录像机、电视机、电视卡等；然后提供对模拟视频信号进行采集、量化和编码的设备，一般由专门的视频采集卡来完成；最后，由多媒体计算机接收和记录编码后的数字视频数据。在这一过程中起主要作用的是视频采集卡，它不仅提供接口连接模拟视频设备和计算机，而且具有把模拟信号转换成数字数据的功能。

值得注意的是，数字化后的视频存在大量的数据冗余。

8.2 数字视频基础

利用多媒体计算机和网络的数字化、大容量、交互性及快速处理能力，对视频信号进行采集、处理、传播和存储是多媒体技术不断追求的目标。

8.2.1 基本概念

1. 数字视频

数字视频(digital video)包括运动图像(visual)和伴音(audio)两部分。一般来说,视频包括可视的图像和可听的声音,由于伴音处于辅助地位,并且在技术上视像和伴音是同步合成在一起的,因此,有时把视频(video)与视像(visual)等同,而将声音或伴音用audio表示。

2. 视频制式

各个国家对电视和视频工业指定的标准不同,其制式也有一定的区别。现行的彩色电视制式主要有3种,即NTSC、PAL和SECAM,各种制式的帧速率各不相同。

1) NTSC(正交平衡调幅制式)

NTSC由美国全国电视标准委员会制定,分为NTST-M、NTSC-N等类型,影像格式的帧速率为29.97帧/秒。NTSC主要被美国、加拿大等大部分西半球国家以及日本和韩国采用。

2) PAL(正交平衡调幅逐行倒相制式)

PAL分为PAL-B、PAL-I、PAL-M、PAL-N、PAL-D等类型,影像格式的帧速率为25帧/秒。PAL主要被英国、中国、澳大利亚、新西兰等地采用,中国采用的是PAL-D制式。

3) SECAM(顺序传送彩色信号与存储恢复彩色信号制式)

SECAM也称为轮换调频制式,帧速率为25帧/秒;隔行扫描;画面比例为4∶3;分辨率为720×576。SECAM主要被法国、东欧、中东及部分非洲国家采用。

3. 视频序列的表示单位

从一段视频的起始帧到终止帧,其间的每一帧都有一个唯一的时间码地址。时间码用于识别和记录视频数据流中的每一帧。动画和电视工程师协会(SMPTE)使用的时间码格式是:小时:分钟:秒:帧(hours:minutes:seconds:frames)。一段长度为00:05:30:15的视频片段的播放时间为5分钟30秒15帧,如果以每秒30帧的速率播放,则播放时间为5分钟30.5秒。

需要注意的是,NTSC制式实际使用的帧率是29.97fps,而不是30fps,因此在时间码与实际播放时间之间有0.1%的误差。对于此误差问题,通过设计丢帧(drop-frame)格式来解决,即在播放时每分钟要丢两帧(实际上是存在两帧,不显示),这样可以保证时间码与实际播放时间一致。

4. 线性编辑

传统的视频编辑是线性编辑,主要在编辑机系统上进行。编辑机系统一般由一台或多台放像机和录像机、编辑控制器、特技发生器、时基校正器、调音台、字幕机等设备组成。编辑人员在放像机上重放磁带上早已录好的影像素材，并选择一段合适的素材打点，把它记录到录像机中的磁带上，然后在放像机上找下一个镜头打点，记录，这样反复播放和录制，直到把所有合适的素材按照需要全部以线性方式记录下来。

由于磁带记录画面是顺序的，其缺点是无法在已录好的画面之间插入素材，也无法在删除某段素材之后使画面连贯播放，而必须把之后的画面全部重新录制一遍，工作量巨大，且影像素材画面质量也会随录制次数的增多而下降。

5. 非线性编辑

相对遵循时间顺序的线性编辑而言，非线性编辑具有编辑方式非线性、信号处理数字化和素材随机存取三大特点。非线性编辑的优点是节省时间，并且视频质量基本无损失，可以充分发挥编辑制作人员的想象力和创造力，可以实现更为复杂的编辑功能和效果。非线性编辑的工作过程是数字化的，编辑、声音、特技、动画、字幕等功能可以一次完成，十分灵活、方便。无论对录入的素材怎样进行反复编辑和修改，无论进行多少层画面合成，都不会造成图像质量的大幅下降。同时，非线性编辑可根据预先采集的视/音频内容从素材库中选择素材，并可选取任意的时间点，非常方便地添加各种特技效果，从而大大提高了制作效率。

在非线性编辑中，所有的素材都以文件的形式存储，这些素材除了视频和音频之外还可以是图像、图形和文字。非线性编辑的工作流程基本是，首先创建一个编辑过程平台，将数字化的素材导入到过程平台中，然后调用编辑软件中提供的各种手段，如添加或删除素材，对素材进行剪辑，添加特效、字幕、动画等，这些过程可反复调整，直到达到用户的要求为止，最后将节目输出到录像带、VCD 或 DVD 等视频载体中。

8.2.2 视频编辑常见术语

在视频编辑过程中，大家经常会遇到一些比较专业的术语，下面简单介绍这些常见的专业术语。

1. 剪辑

剪辑也称为素材，它可以是一部电影或者视频项目中的原始素材，也可是一段电影、一幅静止图像或者一段声音文件。通常将由多个剪辑组成的复合剪辑称为剪辑序列。

2. 帧、帧速率和关键帧

帧是组成视频或动画的单个图像，是构成动画的最小单位。当一些内容差别很小的静态画面以一定的速率在显示器上播放的时候，根据视觉暂留现象，人的眼睛会认为这些图像是连续不间断的运动。构成这种运动效果的每一幅静态画面就是“帧”。

帧速率是指每秒被捕获的帧数，或每秒播放的视频或动画序列的帧数，单位是 fps

(帧/秒)。帧速率的大小决定了视频播放的平滑程度,帧速率越高,动画效果越平滑。

关键帧是素材中的特定帧,主要用于控制动画的回放或其他特性。例如,应用视频滤镜对开始帧和结束帧指定不同的效果,可以在视频素材从开始到结束的过程中,展现视频的显示变化。另一方面,创建视频时为数据传输要求较高的部分指定关键帧,有助于控制视频回放的平滑程度。

3. 场景

一个场景也称为一个镜头,它是视频作品的基本元素,大多数情况下是摄像机一次拍摄的一小段内容。对于专业人员来说,一个场景大多不会超过十几秒,但业余人员往往连续拍摄十几分钟也很常见,所以在编辑过程中经常需要对冗长场景进行剪切。

4. 转场过渡

两个场景如果直接过渡会感觉有些突兀,这时如果使用一个切换效果在两个场景之间进行过渡就会显得自然很多,这种切换就是转场过渡。最简单的切换就是淡入淡出效果,复杂一点的则可以把后一个场景用多种几何分割方式展示出来,或者让后面的画面以3D方式飞进等。另外,切换是视频编辑中常用的一个技巧。

5. 滤镜

滤镜又称为Filter或Effect,滤镜效果可以快速修改原始影像内容,可以调整素材的亮度、对比度与色温,也可以直接做出特殊的视觉,例如"雨滴"、"云雾"、"泡泡"等粒子效果,适当地使用滤镜效果可以做出令人赞叹的作品。

6. 时间轴

时间轴是影片按时间顺序的图形化呈现,素材在时间轴上的相对大小可使使用者精确掌握媒体素材的长度。

7. 时间码

视频文件的时间码是视频中位置的数字呈现方法,时间码可用于精确编辑。

8. 故事板

故事板是一种以照片或手绘的方式形象地说明情节发展和故事概貌的分镜头画面集合。在Premiere中,可以将项目面板中的剪辑缩略图作为故事板,协助编辑者完成粗编。

9. 导入和导出

导入是将一组数据(素材)从一个程序引入另一个程序的过程。数据被导入到Premiere中后,源文件内容保持不变。导出是将数据转换为能被其他应用程序分享的格式的过程。

8.2.3 MPEG数字视频

MPEG(Moving Picture Experts Group)的标准名称为动态图像专家组,用于速率小于1.5Mb/s的数字媒体存储。MPEG的最大压缩可达1∶200,目标是把广播视频信号压缩到能够记录在CD光盘上,并能够用单速的光盘驱动器来播放,并具有电视显示质量和高保真立体伴音效果。VCD或小影碟采用MPEG-1标准,而DVD采用的是MPEG-2标准。

MPEG采用有损和不对称的压缩编码算法。MPEG标准包括3个部分,即MPEG视频、MPEG音频和MPEG系统。

1. MPEG视频

MPEG视频是标准的核心,它采用多种压缩算法,压缩后的数据率为1.2～3Mb/s,可以实时播放存储在光盘上的数字视频图像。

2. MPEG音频

MPEG-1标准支持高压缩的音频数据流,还原后声音质量接近于原来的声音质量。例如CD音质,其音频数据率为1.333Mb/s,采用MPEG-1音频压缩算法可以把单声道位速率降到0.192Mb/s甚至更低,而声音的质量无明显的下降。目前在网络上广泛使用的MP3音频文件,就是利用MPEG-3的音频技术,实现了1∶10甚至1∶12的压缩率,而且失真很小。

3. MPEG系统

MPEG系统通过采用同步和多路复合技术,把数字电视图像和伴音复合成单一的、位速率为1.5Mb/s的数据位流。MPEG的数据位流分成内、外两层,外层为系统层,内层为压缩层。系统层提供了在一个系统中使用MPEG数据位流所必需的功能,包括定时、复合和分离视频图像和伴音,以及在播放期间图像和伴音的同步。压缩层包含压缩的视频和伴音数据位流。

虽然MPEG-1具有标准化、高压缩、视频质量好的特点,但MPEG文件只能在解压后回放,且不能用绝大多数的视频编辑软件进行编辑。

8.2.4 AVI数字视频

在AVI文件中,运动图像和伴音数据是以交织的方式存储的(按交织方式组织音频和视像数据能更有效地从存储媒介得到连续的信息),并独立于硬件设备。与MPEG标准不同的是,AVI采用的压缩算法并无统一的标准。也就是说,同样是AVI格式的视频文件，其采用的压缩算法可能不同，需要相应的解压缩软件才能识别和回放。Microsoft公司在推出AVI文件格式和VFW软件时，同时也推出了一种压缩算法。由于AVI和VFW的开放性，其他的公司也相应推出了压缩算法，只要把该算法的驱动加到Windows系统中，用VFW就可以播放用该算法压缩的AVI文件。

1. AVI文件的组成

构成一个AVI文件的主要参数包括视像参数、伴音参数等。

1）视像参数

视像参数包括视窗尺寸和帧速率。

(1) 视窗尺寸。根据不同的应用要求，AVI的视窗大小或分辨率可按4：3的比例或随意调整，大到全屏640×480，小到160×120甚至更低。当然，窗口越大，视频文件的数据量就会越大。

(2) 帧速率。帧速率也可以调整，且与数据量成正比。不同的帧速率会产生不同的画面连续效果。

2）伴音参数

在AVI文件中视像和伴音分别存储，因此，可以把一段视频中的视像与另一段视频中的伴音组合在一起。因为WAV文件是AVI文件中伴音信号的来源，所以伴音的基本参数也就是WAV文件的参数，除此以外，AVI文件还包括与音频有关的其他参数，主要包括视像与伴音的交织参数、同步控制参数、压缩参数。

(1) 视像与伴音的交织参数：是指AVI格式中每X帧交织存储的音频信号。X的最小值是一帧，即每个视频帧与音频数据交相组织，这是CD-ROM上使用的默认值。交织参数越小，回放AVI文件时读取内存中的数据流越少，回放越容易连续。

(2) 同步控制参数：在AVI文件中，视像和伴音能够很好的同步。但计算机在回放AVI文件时，有可能出现视像和伴音不同步的现象。

(3) 压缩参数：在采集原始模拟视频时可以采用不压缩的方式，这样可以获得最合适的图像质量，编辑后应根据应用环境选择合适的压缩参数。

2. AVI数字视频的特点

AVI视频数据具有以下特点：

(1) 提供硬件无关视频回放功能。

根据AVI格式的参数，其视窗的大小和帧速率可以根据播放环境的硬件能力和处理速度进行调整。这样，VFW就可以适用于不同的硬件平台，使用户可以在普通的计算机上进行数字视频信息的编辑和重放，而不需要昂贵的专门硬件设备。

(2) 实现同步控制和实时播放。

AVI可以通过调整同步控制参数来适应重放环境，如果计算机的处理能力不够高，而AVI文件的数据率又较大，在Windows环境下播放文件时，播放器可以通过丢掉某些帧，调整AVI的实际播放数据率来达到视频、音频同步的效果。

(3) 可以高效地播放存储在硬盘和光盘上的 AVI 文件。

由于 AVI 数据交叉存储,VFW 播放 AVI 数据时只需占用有限的内存空间,因为播放程序可以一边读取一边播放。这种方式不仅可以提高系统的工作效率,同时也可以快速地启动播放程序,减少用户播放时的等待时间。

(4) 开放的 AVI 数字视频文件结构。

AVI 文件结构不仅解决了音频和视频的同步问题,而且具有通用和开放的特点。它可以在任何 Windows 环境下工作,而且具有扩展环境的功能。用户可以开发自己的 AVI 视频文件,在 Windows 环境下可随时调用。

(5) AVI 文件可以再编辑。

AVI 一般采用帧内有损压缩,可以用一般的视频编辑软件,如 Premiere 或 Media Studio 进行再编辑和处理。

习题 8

一、填空题

1. 当连续的图像变化每秒超过 24 帧(Frame)画面以上时,根据视觉暂留原理,人眼无法辨别单幅的静态画面,看上去是平滑连续的视觉效果,这样连续的画面称为________。

2. 视频与________属于不同的技术,后者是利用照相技术将动态的影像捕捉为一系列的________。

3. ________指荧光屏上画面更新的速度,其单位为 fps(frame per second),读作帧每秒。

4. 根据压缩前和解压缩后的数据是否一致,压缩可分为________和________。

5. 常用的视频格式有________(列 5 种)。

二、简答题

1. 简述 MPEG 标准。
2. 适合网络传输的常用视频格式有哪些?
3. AVI 格式的特点是什么?
4. 视频压缩和静态图片压缩的主要区别在什么地方?有哪些相同之处?
5. 帧内和帧间压缩的区别是什么?
6. 对称和不对称压缩各有什么特点?

第9章 视频处理软件Premiere

Premiere 是 Adobe 公司出品的一款基于非线性编辑设备的多媒体编辑软件，广泛应用于广告制作、电影剪辑等领域。Premiere 可以在各种平台下和硬件配合使用，专业人员结合专业系统可以制作出广播级的视频作品；而在普通的计算机上，配以比较廉价的压缩卡或输出卡也可以制作出专业级的视频作品和 MPEG 压缩影视作品。

9.1 Premiere 简介

9.1.1 Premiere 基本功能

Premiere 是一种基于非线性编辑设备的视/音频编辑软件，最早的版本是 1993 年推出的 Premiere for Windows，2007 推出的版本为 Premiere Pro CS3，其最新版本为 Adobe Premiere Pro CS5。

Premiere 集视频和音频处理于一体，能将视频、动画、声音、图形、图像、文字等多种素材进行编辑合成，并可以根据需要添加多种特效和运动效果，最后输出为多种形式的作品。其主要功能如下：

(1) 从摄像机或者录像机上捕获视频资料，从麦克风或者录音设备上捕获音频资料。

(2) 将视频、音频、图形图像等素材剪辑成完整的影视作品。

(3) 在前、后两个镜头画面间添加转场特效，使镜头平滑过渡。

(4) 利用视频特效制作视频的特殊效果。

(5) 对音频素材进行剪辑，添加音频特效，产生微妙的声音效果。

(6) 输出多种格式的文件，既可以输出 AVI、MOV 等格式的电影文件，也可以直接输出到 DVD 光盘或者录像带上。

(7) 可以和 Photoshop、After Effects、Illustrator 等软件结合使用，共同完成影片的编辑制作。

9.1.2 Premiere 界面介绍

1. Premiere 的启动

双击打开 Premiere 程序，欢迎界面如图 9.1 所示。

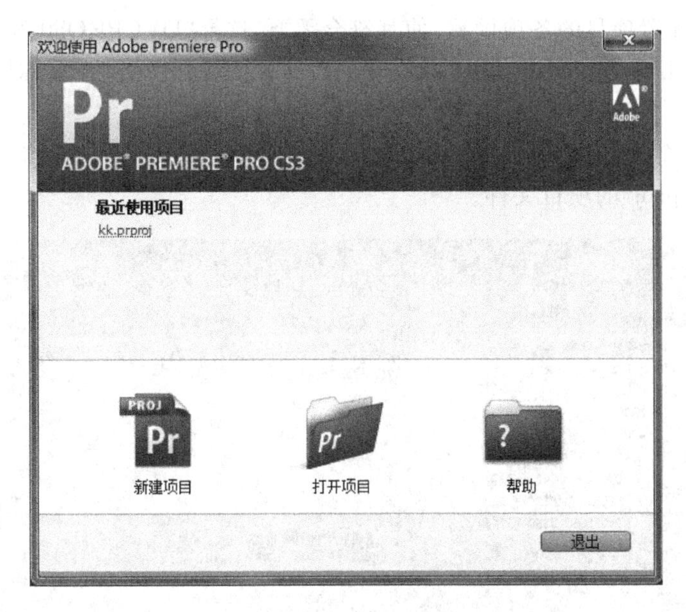

图 9.1　Premiere 欢迎界面

如果最近使用并创建了 Premiere 的项目工程，会在"最近使用项目"下显示出来，只要单击即可进入。要打开之前已经存在的项目工程，单击"打开项目"按钮，然后选择相应的工程即可打开。

要新建一个项目，则单击"新建项目"按钮，系统弹出"新建项目"对话框，如图 9.2 所示。

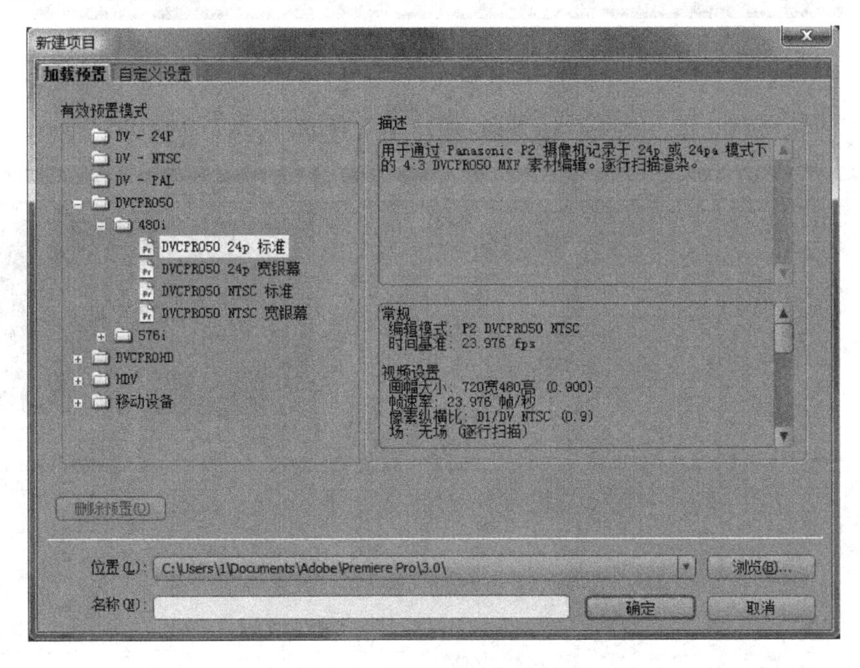

图 9.2　"新建项目"对话框

现在，可以配置项目的各项设置，使其符合需要，选择“DVCPRO50 NTSC 宽银幕”预置模式来创建项目工程。另外，还可以修改项目文件的保存位置，在名称栏中输入工程的名字。

这里新建一个“终南山隐士”的项目，如图 9.3 所示。这时，系统会自动创建一个名为“终南山隐士. prproj”的项目文件。

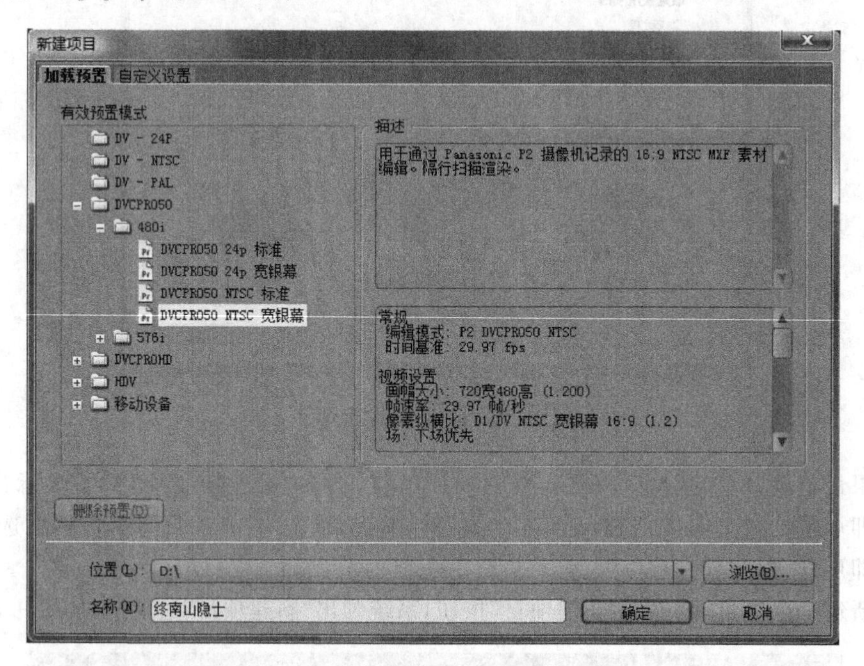

图 9.3　创建项目

单击“确定”按钮，进入基本操作界面，如图 9.4 所示。

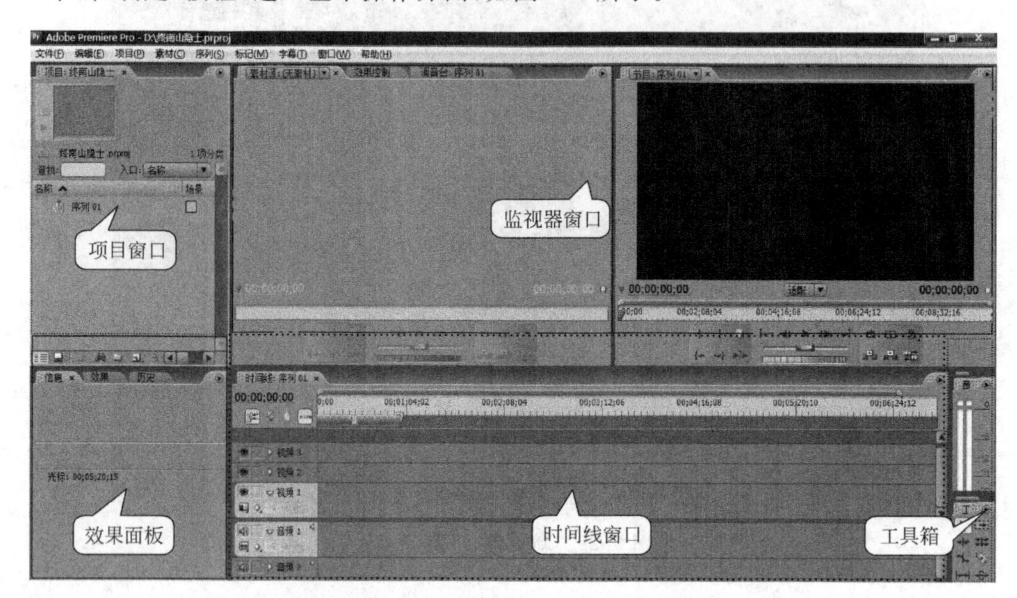

图 9.4　Premiere 基本操作界面

2. 基本操作界面

Premiere 的默认操作界面主要分为项目窗口、监视器窗口、效果面板、时间线窗口和工具箱 5 个部分。在效果面板中，通过选择不同的选项卡，可以显示信息面板和历史面板。

1）项目窗口

导入、新建素材后，所有的素材都存放在项目窗口中，用户可以随时查看和调用项目窗口中的所有文件（素材）。项目窗口中的素材可以用列表和图标两种视图方式来显示，也可以为素材分类、重命名或新建一些类型的素材。在项目窗口双击某一素材可以打开素材监视器窗口。

项目窗口主要由 3 部分组成：预览区、素材区和工具栏，如图 9.5 所示。

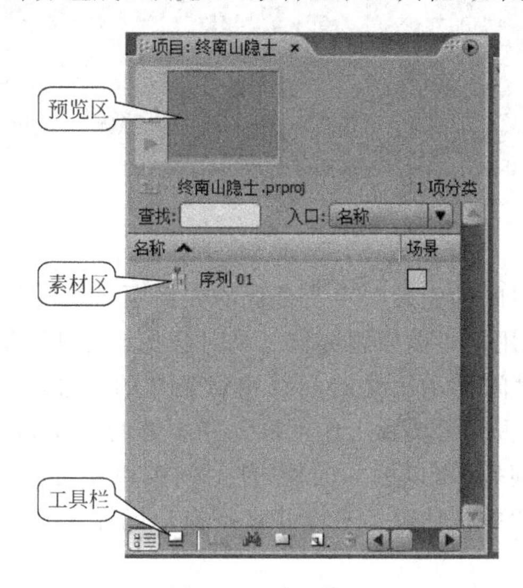

图 9.5　项目窗口

（1）预览区。项目窗口的上部是预览区。在素材区中单击某一素材文件，就会在预览区中显示该素材的缩略图和相关的文字信息。对于影片、视频素材，选中后按下预览区左侧的“播放/停止开关”按钮，可以预览该素材。当播放到该素材具有代表性的画面时，单击“播放/停止开关”按钮上方的“标识帧”按钮（项目窗口中），便可将画面作为该素材缩略图，便于用户识别和查找。

此外，还有“查找”和“入口”两个用于查找素材区中某一素材的工具。

（2）素材区。素材区位于项目窗口中间部分，主要用于排列当前编辑的项目文件中的所有素材，可以显示包括素材类别图标、素材名称、格式在内的相关信息。默认显示方式是列表方式，如果单击项目窗口下部的工具栏中的“图标”按钮，素材将以缩略图方式显示；然后单击工具栏中的“列表视图”按钮，可以返回列表方式显示。

（3）工具栏。位于项目窗口最下方的工具栏提供了一些常用的功能按钮，例如“自动匹配到序列”、“查找”、“新建分类”、“容器”和“清除”等。单击“新建分类”按钮，会弹出一个菜单，方便用户在素材区中快速新建“序列”、“脱机文件”、“字幕”、“彩条”、“黑场视频”、“彩色蒙版”、“通用倒计时片头”、“透明视频”等类型的素材。

2) 时间线窗口

时间线窗口以轨道的方式实施视频、音频的编辑，用户的编辑操作都需要在该窗口中完成。时间线窗口分为上、下两个区域，上方为时间显示区，下方为轨道区。时间线窗口默认包含3个视频轨道和3个立体声音频轨道，如图9.6所示。

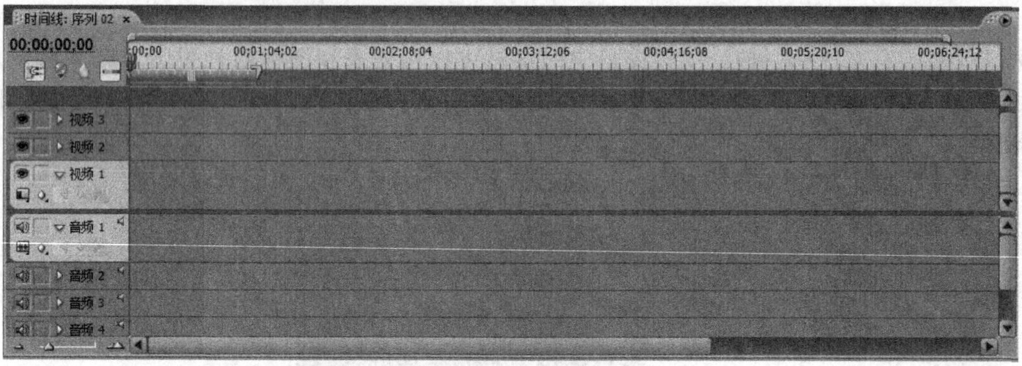

图9.6 时间线窗口

素材片段按照播放时间的先后顺序及合成的先后顺序在时间线上从左至右、由上及下排列在各自的轨道上，用户可以使用编辑工具对这些素材进行编辑操作。

(1) 时间显示区。时间显示区是时间线窗口工作的基准，承担着指示时间的任务。它包括时间标尺、时间编辑线滑块及工作区域。左上方的时间码显示的是时间编辑线滑块所处的位置。单击时间码，可以输入时间，使时间编辑线滑块自动停到指定的时间位置。用户也可以在时间栏中按住鼠标左键并水平拖动鼠标来改变时间，确定时间编辑线滑块的位置。

时间标尺用于显示序列的时间，其时间单位以项目设置中的时基设置(一般为时间码)为准。时间标尺上的编辑线用于定义序列的时间，拖动时间线滑块可以在节目监视器窗口中浏览影片内容。时间标尺上方的标尺缩放条工具和窗口下方的缩放滑块工具效果相同，都可以控制标尺精度，改变时间单位。标尺下是工作区控制条，它确定了序列的工作区域，在预演和渲染影片的时候，一般要指定工作区域，控制影片的输出范围。

(2) 轨道区。轨道是用来放置和编辑视频、音频素材的地方。用户可以对现有的轨道进行添加、删除操作，还可以将它们锁定、隐藏、扩展和收缩。

在轨道的左侧是轨道控制面板，使用其中的按钮可以对轨道进行相关的控制设置。它们是“开关轨道输出”按钮、“轨道锁定开关”按钮、“设置显示风格(及下拉菜单)”按钮、“显示关键帧(及下拉菜单)” 按钮，以及“跳转到前一关键帧”和“跳转到后一关键帧”按钮。轨道区右侧上半部分是3条视频轨，下半部分是3条音频轨。在轨道上可以放置视频、音频等素材片段。在轨道的空白处右击，在弹出的快捷菜单中可以选择“添加轨道”、“删除轨道”等命令来实现轨道的增减。

3）工具箱

Premiere 的工具箱如图 9.7 所示。

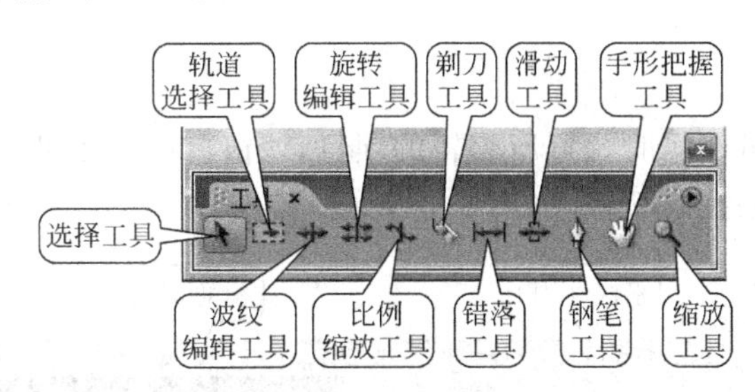

图 9.7　工具箱

下面介绍工具的基本功能。

(1) 选择工具：使用选择工具可以选中轨道上的一段剪辑，并可以拖曳一段剪辑的左、右边界，改变入点或出点。按住 Shift 键，通过选择工具可以选中轨道上的多个剪辑。

(2) 轨道选择工具：使用轨道选择工具单击轨道上的剪辑，被单击的剪辑及其右边的所有剪辑将全部被选中。按住 Shift 键单击轨道上的剪辑，所有轨道上单击处右边的剪辑都会被选中。

(3) 波纹编辑工具：使用波纹编辑工具拖曳一段剪辑的左、右边界时，可以改变该剪辑的入点或出点。相邻的剪辑随之调整在时间线上的位置，入点和出点不受影响。使用波纹编辑工具调整之后，影片的总时间长度发生变化。

(4) 旋转编辑工具：与波纹编辑工具不同，使用旋转编辑工具拖曳一段剪辑的左、右边界改变入点或出点时，相邻素材的出点或入点也相应改变，影片的总长度不变。

(5) 比例缩放工具：使用比例缩放工具拖曳一段剪辑的左、右边界，该剪辑的入点和出点不发生变化，但该剪辑的速度将会加快或减慢。

(6) 剃刀工具：使用剃刀工具单击轨道上的剪辑，该剪辑在单击处被截断。按住 Shift 键单击轨道上的剪辑，所有轨道中的剪辑都在该处被截断。

(7) 错落工具：使用错落工具选中轨道上的剪辑拖曳，可以同时改变该剪辑的出点和入点，而剪辑总长度不变(前提是出点后和入点前有必要的余量可供调节使用)，同时相邻剪辑的出/入点及影片长度不变。

(8) 滑动工具：和错落工具正好相反，使用滑动工具选中轨道上的剪辑并拖曳，被拖曳剪辑的出/入点和长度不变，而前一相邻剪辑的出点与后一相邻剪辑的入点随之发生变化，前提是前一相邻剪辑的出点后与后一相邻剪辑的入点前要有必要的余量可供调节使用。

(9) 钢笔工具：使用钢笔工具可以在节目监视器窗口中绘制和修改遮罩。用钢笔工具还可以在时间线窗口中对关键帧进行操作，但只可以沿垂直方向移动关键帧的位置。

(10) 手形把握工具：使用手形把握工具可以拖曳时间线窗口中的显示区域，且轨道上的剪辑不会发生任何改变。

(11) 缩放工具：使用缩放工具在时间线窗口中单击，时间标尺将放大并扩展视图。在按住 Alt 键的同时使用缩放工具在时间线窗口中单击，时间标尺将缩小并缩小视图。

4) 监视器窗口

通过监视器窗口可以实时预览所编辑的项目，该窗口由 3 个部分组成：素材源窗口、预览窗口和嵌入的效果控制面板，如图 9.8 所示。

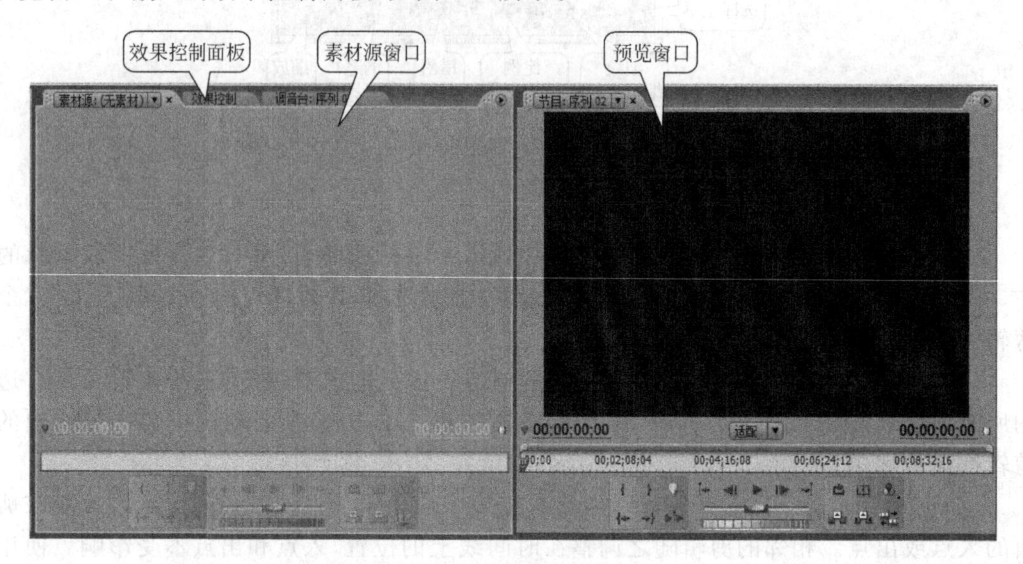

图 9.8 双显模式的监视窗口

9.1.3 素材的导入和基本操作

1. Premiere 支持的基本素材类型

素材是 Premiere 中非常重要的操作对象，在 Premiere 中可以使用的素材主要有图像、动画、视频和音频几大类。

1) 静态图像文件

Premiere 支持的静态图像文件主要有 JPG 格式、PSD 格式、BMP 格式、GIF 格式、TIF 格式、PCX 格式、AI 格式的文件。

2) 动画文件

Premiere 支持的动画文件主要有 AI 格式、PSD 格式、GIF 格式的动画文件，以及 FLI 格式的动画文件、TIP 格式的动画文件、TGA 格式的序列文件、PIC 格式的序列文件、BMP 格式的序列文件。

3) 视频格式文件

Premiere 支持的视频格式文件主要有 AVI 文件、MOV 文件、DV 文件、Windows Media Player 文件(*. wma. *. wmv. *. asf)。

4）音频格式文件

Premiere 支持的音频格式文件主要有 MP3 格式的音频文件、WAV 格式的音频文件、AIF 格式的音频文件、SDI 格式的音频文件、Quick Time 格式的音频文件。

2. 素材的导入

下面创建一个工程文件，命名为“秦岭山水.prproj”。

工程文件创建后，在项目窗口中会出现一个空白的序列片段素材夹。现在就可以导入素材了，在项目窗口中导入素材的方法主要有以下 3 种。

方法一：选择菜单命令“文件/导入”，其快捷键为 Ctrl+I，在弹出的“导入”对话框中选择所要导入的素材文件，然后单击“打开”按钮，如图 9.9 所示。

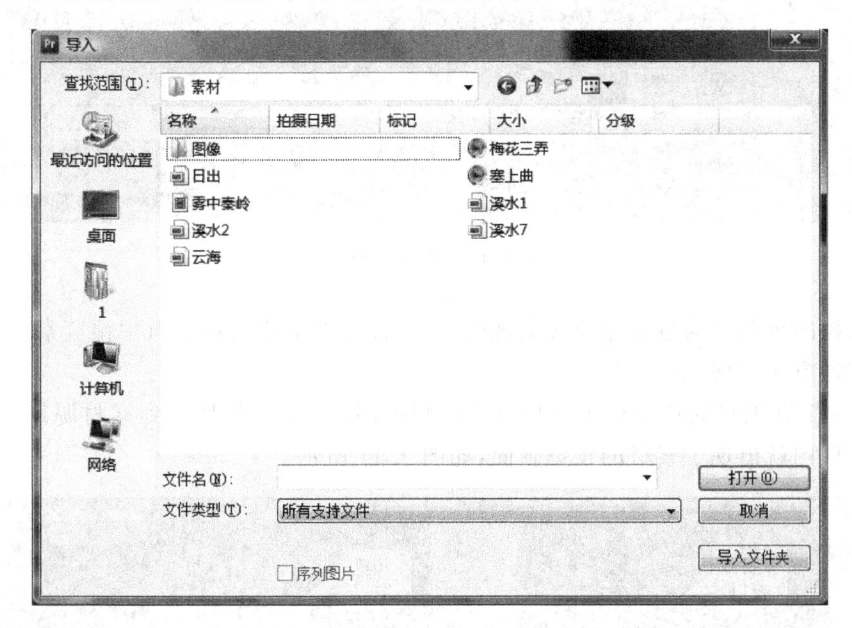

图 9.9　“导入”对话框

方法二：在项目窗口中的空白处双击（或者右击，在弹出的快捷菜单中选取“导入”命令），在弹出的“导入”对话框中选择所要导入的素材文件，然后单击“打开”按钮。

方法三：如果需要导入包括若干素材的文件夹，选中文件夹后单击“导入”对话框右下角的“导入文件夹”按钮。

注意：如果要同时导入多个素材，在按住 Ctrl 键的同时逐个选择所需的素材。

3. 在监视器窗口中显示素材

导入视频素材“雾中秦岭.AVI”，在进行编辑之前，需要把所用的素材添加到时间线窗口中序列的轨道上，以便进行编辑工作。方法是：选取素材，将其拖动到时间线窗口中的轨道上。

Premiere 监视器窗口有 3 种显示模式，即单显、双显和修改模式。导入素材之后，在监视器窗口左边的素材源窗口中不会自动显示素材，如图 9.10 所示。

图 9.10　素材的显示

对素材的预览是通过双显模式实现的，要在监视器的素材源窗口中预览素材，可以通过以下 3 种方法实现。

方法一：在项目窗口中选中素材，按住鼠标左键不放将其拖放到素材源窗口，这时，素材源窗口内就出现了素材的预览画面，如图 9.11 所示。

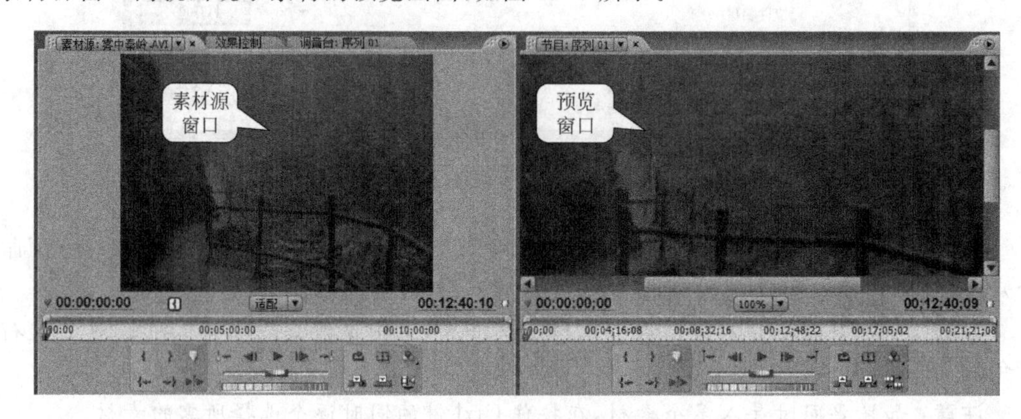

图 9.11　监视器窗口素材的显示

方法二：在项目窗口中双击素材名称或图标，即可在监视器窗口中出现素材的预览画面。

方法三：在时间线窗口中双击素材，将素材在监视器窗口中打开。

4. 素材的管理

在编辑影片、查找和调用素材时，由于素材种类多、数量大，使用起来很麻烦，因此在编辑之前对素材进行有效的管理，对提高工作效率是非常有帮助的。

1) 查看素材信息

素材包含了供用户查看的详细信息，包括素材的名称、文件路径、类型、文件大小、格式、尺寸、持续时间等。用户可以快速、直接地查看素材的相关信息，以便合理规划、使用和管理素材。

在项目窗口中右击所要查看的某个素材，在弹出的快捷菜单中选择"属性"命令，在弹出的对话框中将显示素材的详细信息。用户还可以在项目窗口单击某个素材，然后打开信息面板，查看该素材的相关信息。

2) 定义影片

用户不仅可以查看素材的属性，还可以通过"定义影片"命令修改素材的属性，使其更符合影片编辑要求。

在项目窗口中右击某个素材，在弹出的快捷菜单中选择"定义影片"命令，弹出"定义影片"对话框，如图 9.12 所示。在"帧速率"选项组中可以设置影片的帧速率，如果"使用来自文件的帧速率"单选按钮被选中，影片将使用原始的帧速率。用户可以在"假定帧速率为"文本框中输入所需要的数值(我国的电视制式为 25fps)。如果帧速率改变，影片的"持续时间"(长度)也将发生相应的变化。在"像素纵横比"选项组中，"使用来自文件的像素纵横比"单选按钮默认被选中，用户可以在"符合为"下拉菜单中重新选择所需要的像素纵横比来改变素材尺寸比例。"方形像素(1.0)"是供计算机显示器屏幕观看，若在电视机上观看，应选择"D1/DV PAL(1.067)"或者"D1/DV PAL 宽银幕 16∶9(1.422)"。一个素材(图片、视频)若没有正确的像素纵横比，画面会被拉长或被压缩而变形。

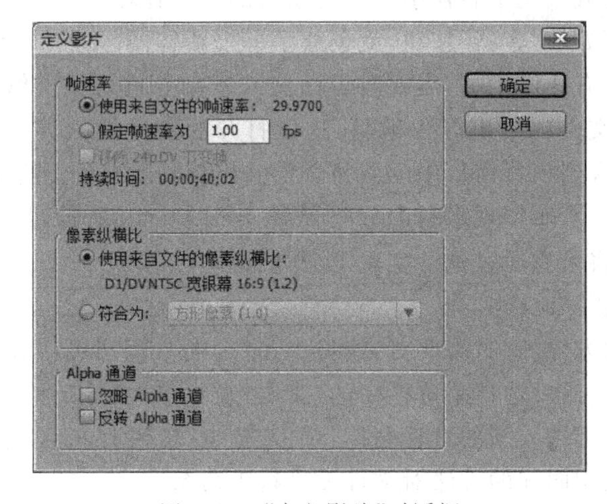

图 9.12 "定义影片"对话框

3）编辑附加素材

在项目窗口中可以对素材进行基本的剪切编辑工作，缩短素材的持续时间。

在项目窗口右击素材，在弹出的快捷菜中选择“编辑附加素材”命令，弹出“编辑附加素材”对话框，如图 9.13 所示。

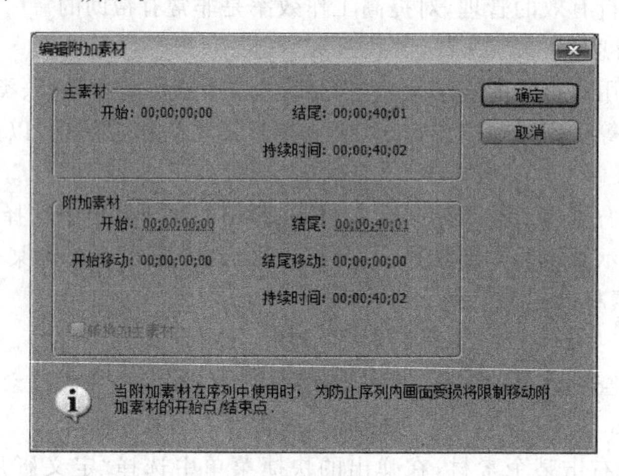

图 9.13 “编辑附加素材”对话框

用户可以在“附加素材”选项组中用鼠标拖动（或直接设置）改变素材的“开始”或“结尾”时间码，单击“确定”按钮后，项目窗口中的源素材便缩短了持续时间，即将源素材的一部分（开始至结尾间）保留在项目窗口中，对源素材进行了剪切编辑。

4）素材的分类管理

在项目窗口中，当素材文件的数量和种类较多时，可以按照素材的种类、格式或内容等特征进行分类管理，这样在编辑过程中查找、调用素材会十分方便。在素材的管理上，使用容器管理功能即可实现素材的分类管理，每个容器可以存放不同类型的素材，这样，就可以把同类型素材放入一个容器中实现对素材的分类管理。

单击项目窗口下方的“容器”按钮，就创建了一个新容器，然后给容器取一个合适的名字。新建容器里面没有任何素材，需要向里面装入素材并进行分类管理。双击素材文件夹名称或图标，打开文件夹后再导入素材，这样打开的素材就归类在这个容器中了。另外，还可以将已经导入到项目窗口中的素材选中并拖放到所建的图标上，这样就将素材放置在所建的容器中了，从而实现素材的分类管理。如图 9.14 所示，其中创建了 3 个容器：图片、视频、音频，并将素材通过拖动实现了分类管理。

5）素材的重命名

为了使素材查找方便，有时需要对素材进行重命名。用户可以在项目窗口中单击需要重命名的素材名称，然后选择菜单栏中的“素材/重命名”命令，弹出“重命名素材”对话框。在“素材名”文本中输入新的素材名称，单击“确定”按钮后，项目窗口中的原素材名称被改变。用户也可以用同样的方法对文件夹进行重命名。

6）素材的清除

对于项目窗口中不用的素材，或者是错误导入的素材，用户可以将其清除。如果该素

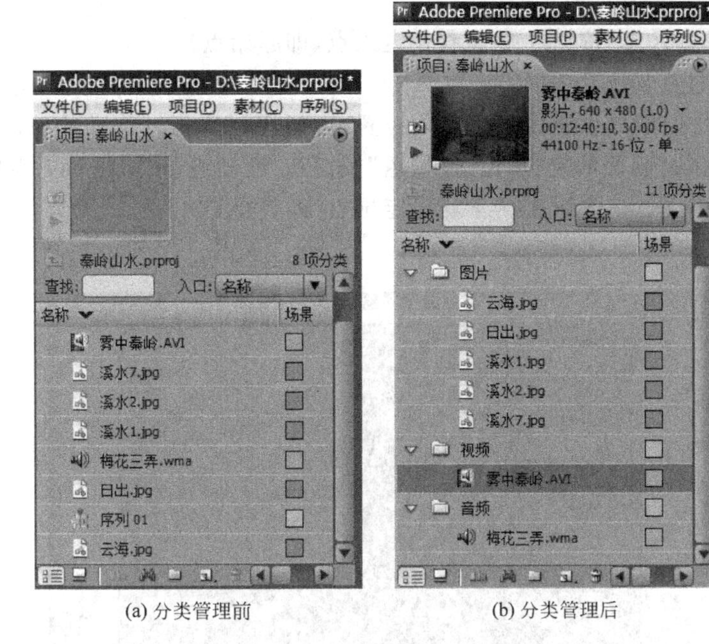

(a) 分类管理前　　　　(b) 分类管理后

图 9.14　素材的容器分类管理

材已在序列中使用，则会在序列中相应位置留下空位。因此，清除素材时需要慎重。

清除过程如下：

在项目窗口中单击某个素材图标，然后选择菜单栏中的“编辑/清除”命令。当然，也可以在项目窗口某个素材图标上右击，在弹出的快捷菜单中选择“清除”命令。

5. 素材的剪辑

在 Premiere 中可以利用时间线窗口进行素材的剪辑，这种剪辑更注重的是处理各种素材之间的关系，特别是位于时间线窗中不同轨道上素材之间的关系，从宏观上把握各段素材在时间线上的进度。但在很多时候，用户在剪辑素材时更注重的是素材的内容。

对素材的剪辑实际上是设置该素材片断入点(InPoint)和出点(OutPoint)的过程。所谓入点，就是素材剪辑完成后的开始点，对于视频素材而言，也就是第一帧画面；出点则是素材剪辑完成后的结束点，即视频素材片断的最后一帧画面。通过改变入点和出点的位置，即可实现素材长短的改变。

素材入点和出点的设置既可以在素材导入到时间线窗口之前进行，也可在素材导入到时间线窗口之后进行。

1）在素材源窗口中设置素材入点和出点

设置入点的过程如下：

(1) 在素材源窗口中显示素材“雾中秦岭.AVI”。

(2) 放映素材至用户想要设立入点的位置。可以用鼠标指针拖动放映区下方的游标和履带条来进行素材画面的定位，用“逐帧退”按钮和“逐帧进”按钮进行更为精确的定位。

(3) 单击“设置入点”按钮 { 为素材设定入点(即起始点)。

设置出点的过程如下：

(1) 放映素材至用户想要设立出点的位置,可以用鼠标指针拖动放映区下方的游标和履带条来进行素材画面的定位,用“逐帧退”按钮和“逐帧进”按钮进行更为精确的定位。

(2) 单击“设置出点”按钮 } 为素材设定出点(即终止点)。

结果如图 9.15 所示。

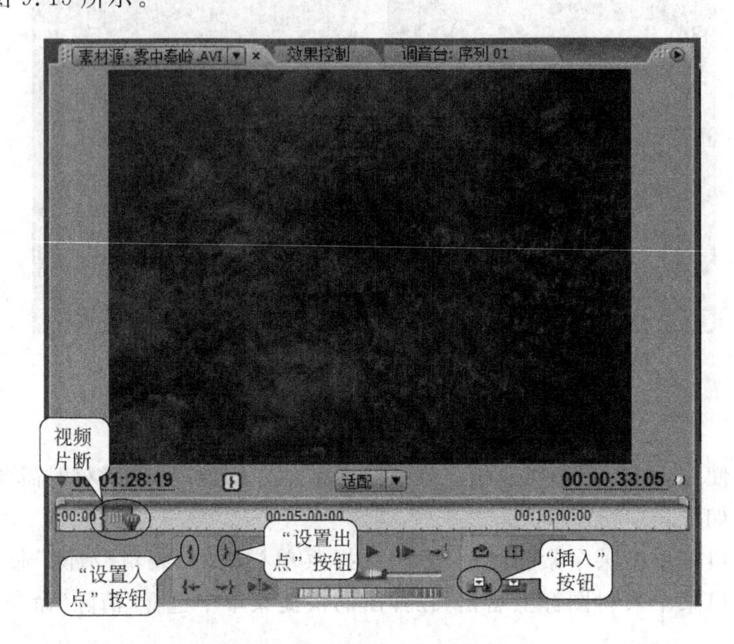

图 9.15　设置素材的入点和出点

设定好入点和出点之后,这段素材的剪辑就完成了,如不满意可以按 G 键将素材恢复至剪辑前的状态。

设置了入点和出点的视频片断并没有导入到时间线窗口中,可以通过“导入”命令将视频片断导入到时间线窗口中。

2) 在时间线窗口中设置素材入点和出点

(1) 将素材导入时间线窗口。

(2) 在预览窗口中设置入点和出点,如图 9.16 所示。

(3) 单击预览窗口中的“提取”按钮,可将视频片断导入到时间线窗口中。

6. 调整素材速率

在影视作品中经常会看到快动作和慢动作,对于已经摄制好的素材,可以利用速率调整工具来实现这种效果。速率调整工具的功能就是改变某段素材在时间线窗中的持续时间,同时对素材放映的速率进行调整,使之与新的持续时间相适应。

如果用户对素材的持续时间或速率变化的要求不那么精确,那么使用速率调整工具

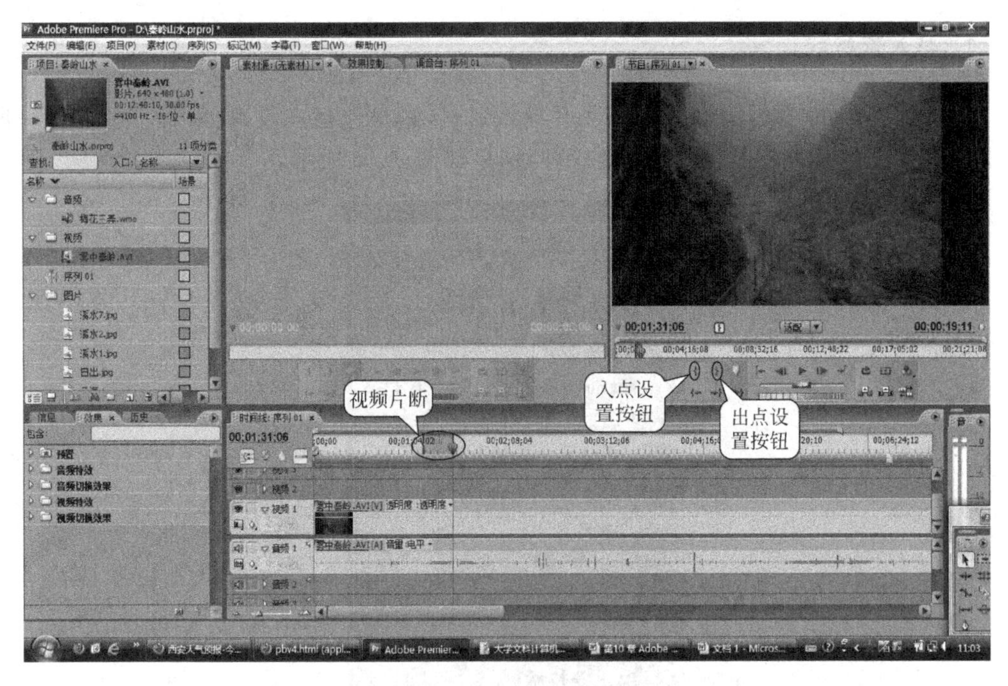

图 9.16　在预览窗口中设置素材的入点和出点

是个明智的选择，但有些时候对某段素材的速率调整必须用具体倍数来控制，此时应当使用快捷菜单中的“速度/持续时间”命令。通过该命令，用户可以用具体的加速倍数和持续时间数（帧数）来控制素材的播放速率。

调整素材速率的过程如下：

（1）在时间线窗口中右击需要改变速率的素材，在弹出的快捷菜单中选择“速度/持续时间”命令。

（2）系统弹出“素材速度/持续时间”对话框，如图 9.17所示，根据需要进行相应的设置即可。

图 9.17　设置素材速率

9.1.4　简单的应用举例

要完成一个视频的处理，大致需要经过以下步骤：

（1）导入素材。

（2）将素材放到时间线窗口中并进行编辑。

（3）添加转场。

（4）添加音乐、增加字幕。

（5）导出影片。

下面通过制作一个介绍秦岭山水的简单视频来说明 Premiere 的使用。

1. 导入素材

创建项目文件"秦岭山水.prproj"，并导入素材，素材包括一段视频、若干图片和一段音乐。然后建立容器进行素材的分类管理，结果如图 9.18 所示。

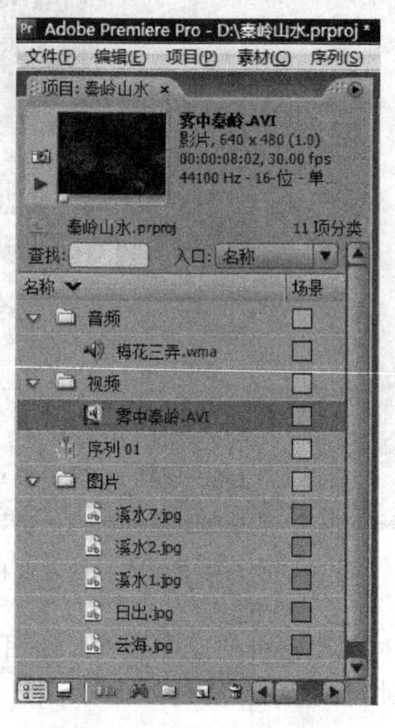

图 9.18 导入素材

素材的基本内容如图 9.19 所示。

图 9.19 基本素材内容

2. 将素材导入时间线窗口中并进行编辑

将所有素材拖放到时间线窗口中，各素材的基本设置如下：

“日出”导入视频 1 轨道，持续时间 12 秒；“云海”导入视频 1 轨道，持续时间 9 秒；“雾中秦岭”导入视频 2 轨道，持续时间 8 秒；“溪水 1”导入视频 1 轨道，持续时间 8 秒；“溪水 2”导入视频 1 轨道，持续时间 8 秒；“溪水 7”导入视频 1 轨道，持续时间 8 秒；同时导入音乐素材。结果如图 9.20 所示。

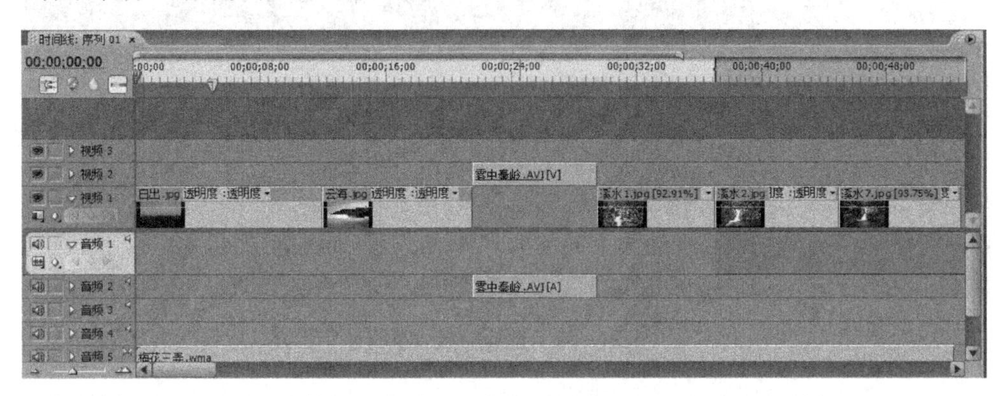

图 9.20　将素材导入时间线窗口

3. 添加转场

打开效果面板，如图 9.21 所示。“视频切换效果”文件夹中罗列了系统提供的转场设置，用户可以根据实际需要选择相应的转场效果。

图 9.21　转场效果

下面在“日出”和“云海”之间添加转场效果，具体过程如下：

在效果面板下，选择“卷页”文件夹下的“中心卷页”转场特效，按住鼠标左键，将其拖动到时间线窗口中“日出”素材和“云海”素材的中间，如图 9.22 所示，松开左键，这时会在两个素材之间增加一个“中心卷页”的转场效果。

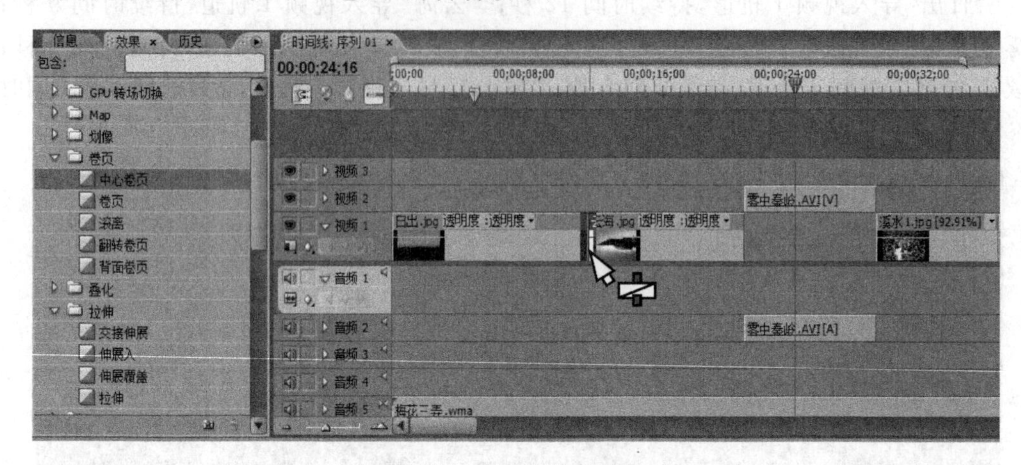

图 9.22　设置转场效果

在素材“云海”的末端添加“卷页”文件夹下的“翻转卷页”转场特效，在素材“雾中秦岭”的开始添加“卷页”文件夹下的“翻转卷页”转场特效；在素材“雾中秦岭”的末端添加“划像”文件夹下的“十字划像”转场特效，在素材“溪水 1”的开始添加“划像”文件夹下的“十字划像”转场特效；在素材“溪水 1”和“溪水 2”之间添加“滑动”文件夹下的“中心聚合”转场特效；在素材“溪水 2”和“溪水 7”之间添加“拉伸”文件夹下的“交接伸展”转场特效，设置结果如图 9.23 所示。

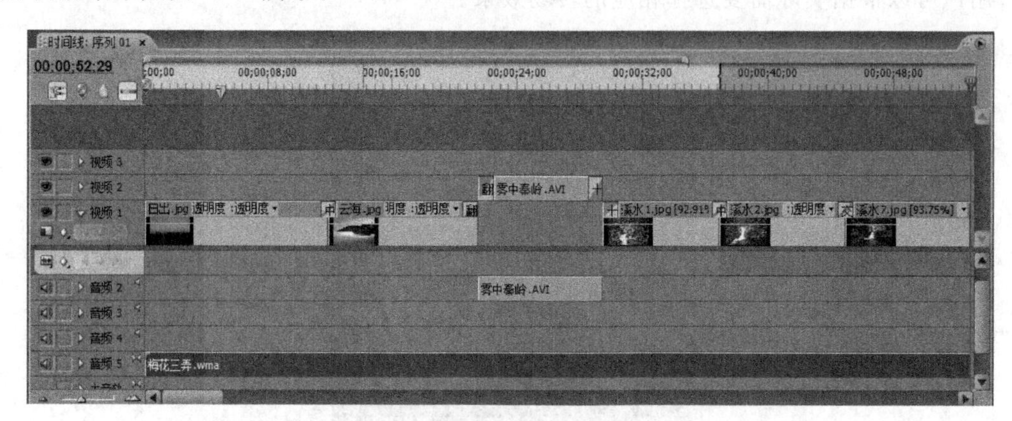

图 9.23　转场效果设置

4. 添加音乐、增加字幕

调整配音音乐的长度，使其和视频部分协调。

接下来，给视频添加字幕，过程如下：

将鼠标指针指向项目窗口空白处，然后右击，在快捷菜单中选择“新建分类/字幕”命令，系统弹出“新建字幕”对话框，给字幕取名“字幕 1”，如图 9.24 所示，创建字幕。

图 9.24　创建字幕

将创建好的字幕导入时间线窗口的视频 3 轨道，并调整字幕的长度，使其和视频长度相适应，结果如图 9.25 所示。

图 9.25　设置结果

5. 导出影片

完成所有素材的编辑工作并达到预期效果后,就可以输出节目了。下面以 AVI 格式的文件为例说明影片的导出。

(1) 选择菜单命令"文件/导出/影片",系统弹出"导出影片"对话框,如图 9.26 所示。

图 9.26 "导出影片"对话框

(2) 输入文件名"秦岭山水",单击右下角的"设置"按钮进行相关内容的设置。设置完成后,单击"保存"按钮,系统开始渲染媒体,如图 9.27 所示。

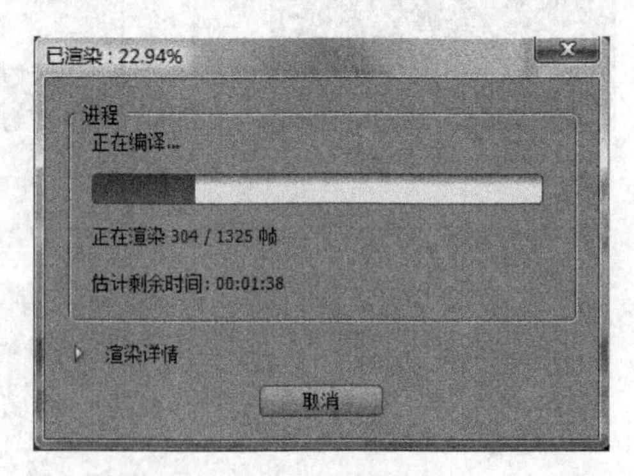

图 9.27 渲染媒体

(3) 渲染成功后,就可以得到所需要的视频文件。

9.2　Premiere 视频和图像处理

导入的视频素材可能有些不满足需求，这时就需要对视频进行编辑处理。此外，不同的视频素材之间的切换也需要通过转场来实现。在素材编辑中，转场与特效起着美化作用，它们使素材的连接更加和谐，过渡更加自然，画面更加美观。如果说编辑是主体，那么转场与特效就是一个很好的装饰。大家看到的电视节目和电影，几乎都用了转场与特效。

9.2.1　基本编辑技巧

1. 切换镜头

影片中绝大多数镜头之间是通过切换来完成转接的，切换是利用镜头画面直接切出、切入的方法衔接镜头、连接场景、转换时空，以无技巧的方式进行镜头组接的编辑方法。镜头组接时要注意以下两个问题：

(1) 强调镜头的内在联系。

镜头组接要能够讲明事件的发展状况，不能一味省略而使观众看不懂，要时刻考虑是否符合叙事的要求，观众能否理解和接受。

(2) 注意节奏的安排。

影片的节奏由内部节奏和外部节奏组成。内部节奏由影片的情节发展、矛盾冲突及主体本身的运动变化而产生，主要由影片的剧本、结构及拍摄手法决定。外部节奏主要指镜头的运动速度和镜头切换的速度，可以由编辑方式决定。

2. 景别的运用

不同景别的镜头具有不同的含义，通常大全景、全景排列在开头或结尾，交代人物活动的环境，展现气氛气势；中景更重视具体动作和情绪交流，有利于交代人与人、人与物之间的关系；近景画面更加突出主体，用来细致地表现人物的面部神态和情绪；特写可以起到放大形象、强化内容、突出细节等作用，并达到透视事物深层内涵、揭示事物本质的目的。

按照全景、中景、近景、特写的顺序组织镜头是一种比较顺畅的编辑方式。一个场景的开始可以用全景或大全景交代情节发生的环境因素，之后用中景、近景交代主体的活动，推动剧情的发展，在交代某种细节、突出某种特征的时候，特写是最有效的方式，但是特写不同于普通镜头，过于频繁使用会适得其反。

3. 镜头语言的省略与凝练

蒙太奇是一种省略的艺术，可以将漫长的生活流程用短短的几个镜头表达出来。一部影片所包含的内容可能很多，要表达的故事可能很复杂，如何取舍、如何抓住讲述的重点十分关键。不加以取舍，影片就会像流水账一样，平淡无味。凝练不是不顾观众是否理解将所有的东西都省略，而是在压缩时间的同时，为情绪的表达增加写意空间，有紧有松，形成节奏的变化。

9.2.2 视频及图像编辑

视频和图像的编辑一般包括选择、剪切、复制、移动、删除等操作。

1. 时间线窗口

时间线窗口是非线性编辑的核心面板，视频、音频剪辑的大部分编辑合成工作和特效制作都要在该窗口中完成。在时间线窗口中，从左到右按顺序排列的视频、音频剪辑最终将渲染成影片。时间线窗口的基本组成如图 9.28 所示。

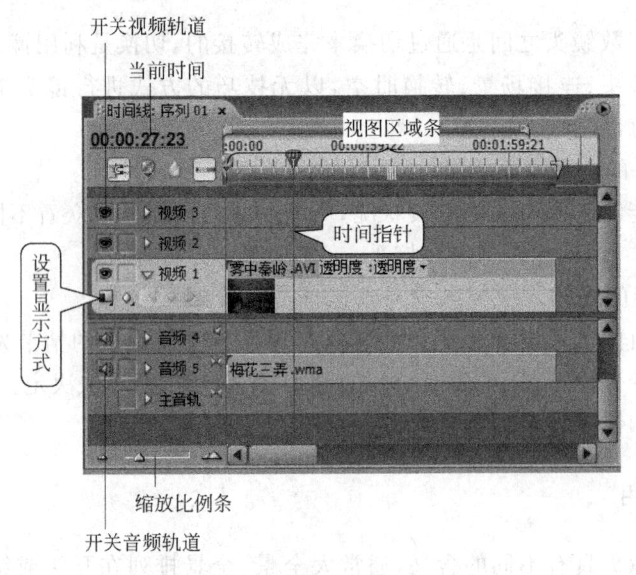

图 9.28 时间线窗口的基本组成

在操作时间线窗口中的素材时，经常会用到工具箱，工具箱集中了用于编辑剪辑的所有工具。要使用工具箱中的某个工具时，先在工具箱中单击将其选中，然后移动鼠标指针到时间线窗口所要操作对象的上方，鼠标指针会变为该工具的形状，并在工作区下方的提示栏中显示相应的编辑功能，接下来就可以进行相应的操作了。

2. 素材的选择

在时间线窗口中可以选择单个或多个剪辑，选择方法有多种：

(1) 单个素材的选取。选择工具箱中的选择工具，然后单击所要选取的剪辑，被选中的剪辑周围会出现虚线框。

(2) 多个素材的选取。选择工具箱中的选择工具，然后在时间线窗口中单击并拖动鼠标,鼠标经过的剪辑都会被选中。

提示:也可以按住 Shift 键不放,然后用鼠标逐个单击所要选择的素材。

(3) 选择某个轨道上的素材。选择工具箱中的轨道选择工具,然后单击该轨道上对应的素材。

3. 素材的分离和关联

在素材的编辑过程中,有时需要把所导入素材的视频和音频部分分开,或者把独立的视频素材和音频素材关联起来,可以通过素材的分离和关联来实现。

素材的分离过程如下:

(1) 将素材"雾中秦岭.AVI"拖动到时间线窗口中。

(2) 选中该素材,可以发现素材的视频部分和音频部分是作为一个整体移动的,这表明它们之间是相关的,如图 9.29 所示。

图 9.29　分离前移动效果

(3) 选择菜单命令"素材/解除视音频链接",可以发现,视频部分和音频部分已经分离。

有些素材需要分离,而有些素材则需要进行关联。

素材的关联过程如下:

(1) 删除"雾中秦岭.AVI"的音频部分,然后导入素材"梅花三弄.wma"并拖入到时间线窗口中。

(2) 选择所要关联的素材,然后选择菜单命令"素材/链接视音频",可以发现,视频部分和音频部分已经关联,结果如图 9.30 所示。

图 9.30　关联后移动效果

4. 素材的剪辑

素材的剪辑可以在素材源窗口、预览窗口和时间线窗口中进行，下面以时间线窗口为例来说明如何实现素材的剪辑。

在时间线窗口中剪辑素材有多种方法，例如：

- 使用出点、入点工具进行剪辑。
- 通过在素材两端直接拖动进行剪辑。
- 使用剃刀工具或滑动工具进行剪辑。

使用出点、入点工具进行剪辑在 9.2.3 节已经说明，下面简单介绍另外几种素材剪辑的方法。

方法一：通过“素材”菜单进行剪辑。

其过程如下：

(1) 新建一个项目，导入视频素材“雾中秦岭. AVI”，并将素材拖动到时间线窗口的视频轨道上，然后单击选定要分隔的剪辑，并把编辑线移动到要分隔的位置。

(2) 选择菜单命令“序列/应用剃刀于当前时间标示点”，这时查看时间线窗口中的“雾中秦岭. AVI”，可以发现已从编辑线处分割成了两个相邻的剪辑片断，如图 9.31 所示。

方法二：使用剃刀工具。

其过程如下：

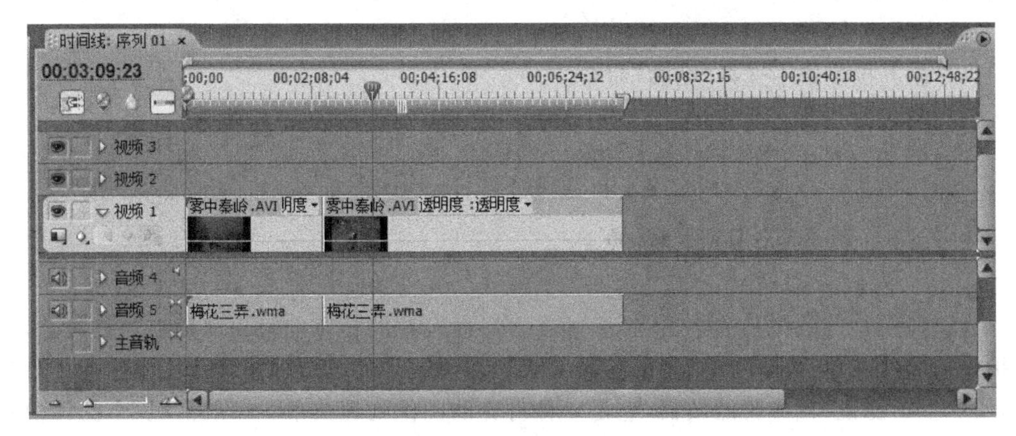

图 9.31　剪辑的分割

选择时间线窗口工具箱中的剃刀工具，然后在要分割的时间点处单击，剪辑即在单击处被分割开。

对于已经分隔的素材，选择不需要的部分，然后右击，在快捷菜单中选择“清除”或“波纹删除”命令即可删除所选素材。

注意：选择“清除”命令删除素材，不影响其他的素材；而选择“删除波纹”命令删除素材，被删素材后面的素材会自动前移。

方法三：直接拖动素材进行剪辑。

对素材“雾中秦岭.AVI”进行以下操作：

单击选择工具，然后将鼠标指针移动到需要剪辑的一端，当鼠标指针变为拉伸光标后，按住鼠标左键拖动，即可对素材进行剪辑，如图 9.32 所示。

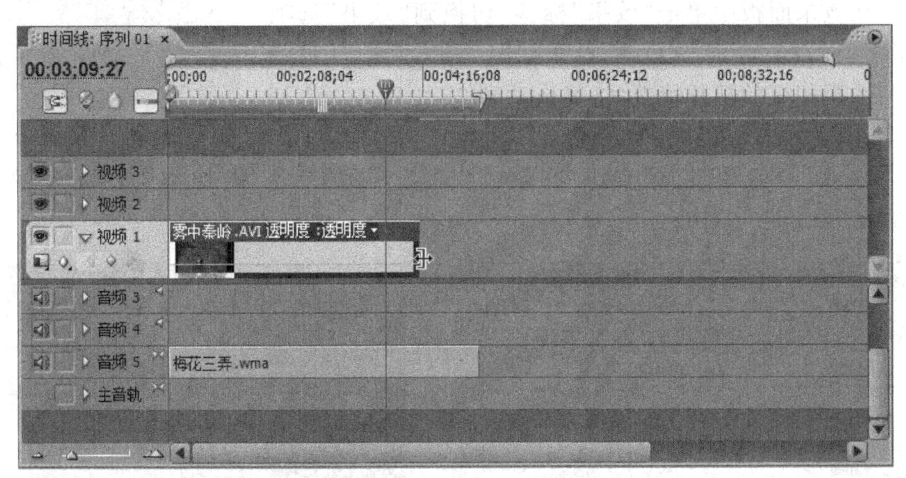

图 9.32　通过拖动剪辑素材

5. 剪辑的粘贴与删除

剪辑的粘贴过程如下：

(1) 选定剪辑,然后右击,在快捷菜单中选择“复制”命令(也可按 Ctrl+C 键)。

(2) 在下拉菜单中选择“粘贴”命令。

剪辑的删除过程如下:

在时间线窗口中选择不需要的剪辑,按 Delete 键。

9.2.3 视频及图像特效

为了使照片的效果更为丰富,摄影师在摄影时会在照相机的镜头前加上各种镜片,这样拍摄的照片就包含了所加镜片的特殊效果。特殊镜片的思想延伸到计算机图像处理领域,便产生了滤镜,也称为滤波器,它是一种特殊的图像处理技术。一般情况下,滤镜由特定的程序来实现,通过程序对图像中相应像素的颜色、亮度、饱和度、对比度、色调、分布、排列等属性进行处理,从而使图像产生特殊的效果。

在 Premiere 中,滤镜是通过视频特效来实现的。使用视频特效能够根据需要为影视作品添加神奇多变的视觉艺术效果。Premiere 提供了 140 多种视频特效,必要时可为一段剪辑添加多个视频特效。

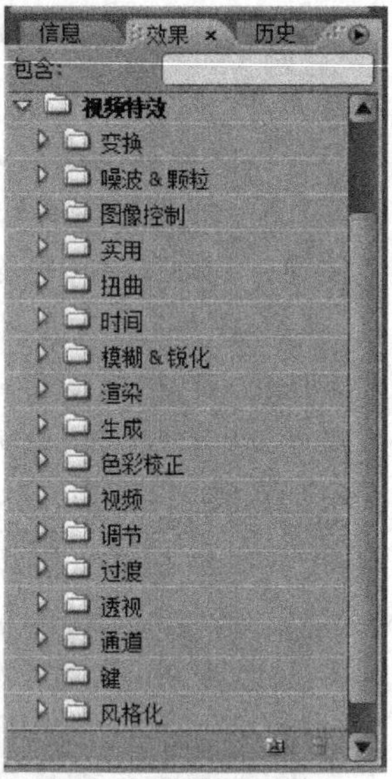

1. 添加视频特效

下面给时间线窗口中的“雾中秦岭. AVI”剪辑添加视频特效。

过程如下:

(1) 在效果面板中单击“效果”标签,切换到“效果”选项卡,然后展开“视频特效”文件夹,结果如图 9.33 所示。

(2) 选择相应的视频特效,将其拖动到“雾中秦岭. AVI”剪辑上,即可添加视频特效。

图 9.33 “视频特效”文件夹

在本例中,给剪辑添加“弯曲”特效、“扭曲”特效和“放大”特效,结果如图 9.34 所示。

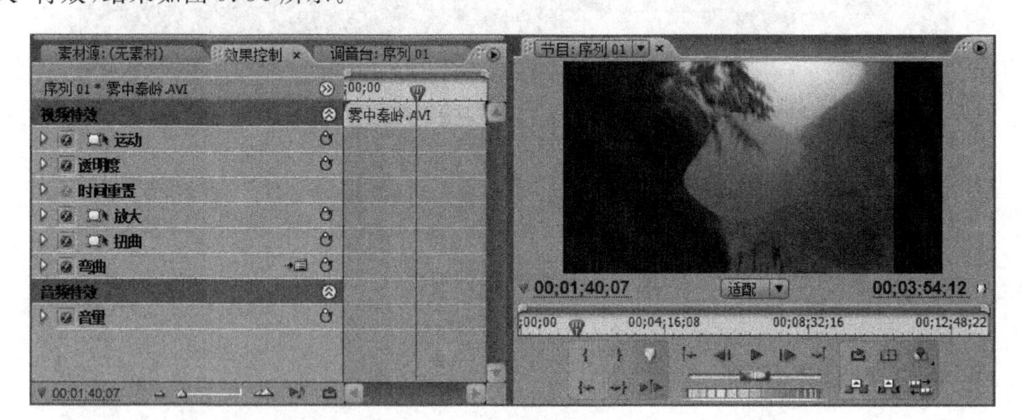

图 9.34 视频设置结果

注意：图像也可以设置特效，其设置过程和方法同视频剪辑。

2. 修改视频特效

特效在添加之后还可以修改参数，使其满足实际的需求，设置特效参数的过程如下：

(1) 在时间线窗口中选择设置了特效的剪辑。

(2) 在素材源窗口中单击"效果控制"标签，切换到"效果控制"选项卡，如图 9.35 所示。

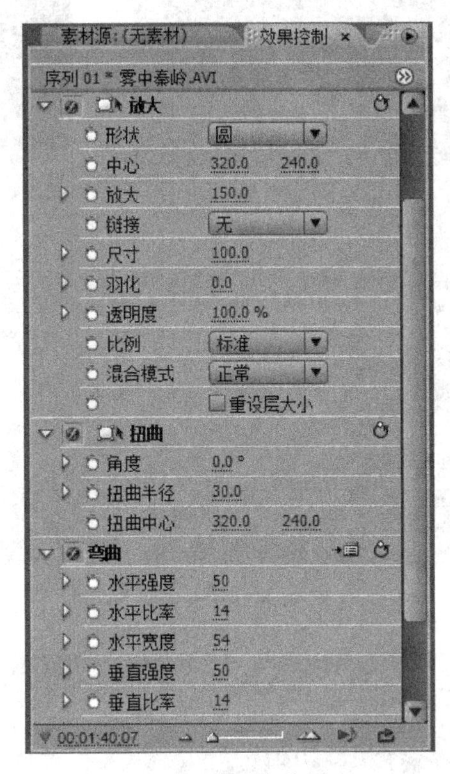

图 9.35　效果参数设置

(3) 调整参数，达到所需要的效果。

3. 关键帧的处理

关键帧是一类特殊的帧，通过为关键帧在不同的时间设置不同的视频特效参数值来改变视频特效，从而达到改变视频播放效果的目的。简单地说，通过关键帧设置可以将静态图像素材生成精彩的动态视频效果。

在创建过程中有 3 个要点：显示比例的设定，关键帧的设定，运动轨迹的设定。

下面通过创建关键帧实现镜头平移和拉近效果。

具体步骤如下：

第一步：导入素材

(1) 启动 Premiere，新建一个项目文件"流动的山水.prproj"，然后导入图片"溪水 7.jpg"。

(2) 双击项目窗口中的“溪水 7.jpg”文件名，在素材源窗口中显示图片内容。

(3) 选择“素材”菜单下的“插入”命令，素材源窗口内的素材被加入到时间线窗口中的视频 1 轨道上。插入前，其起始时间为时间轴中红色时间指示器指示的原始位置，如图 9.36 所示。插入后时间指示器自动向后移动至新加入视频的尾部，如图 9.37 所示。

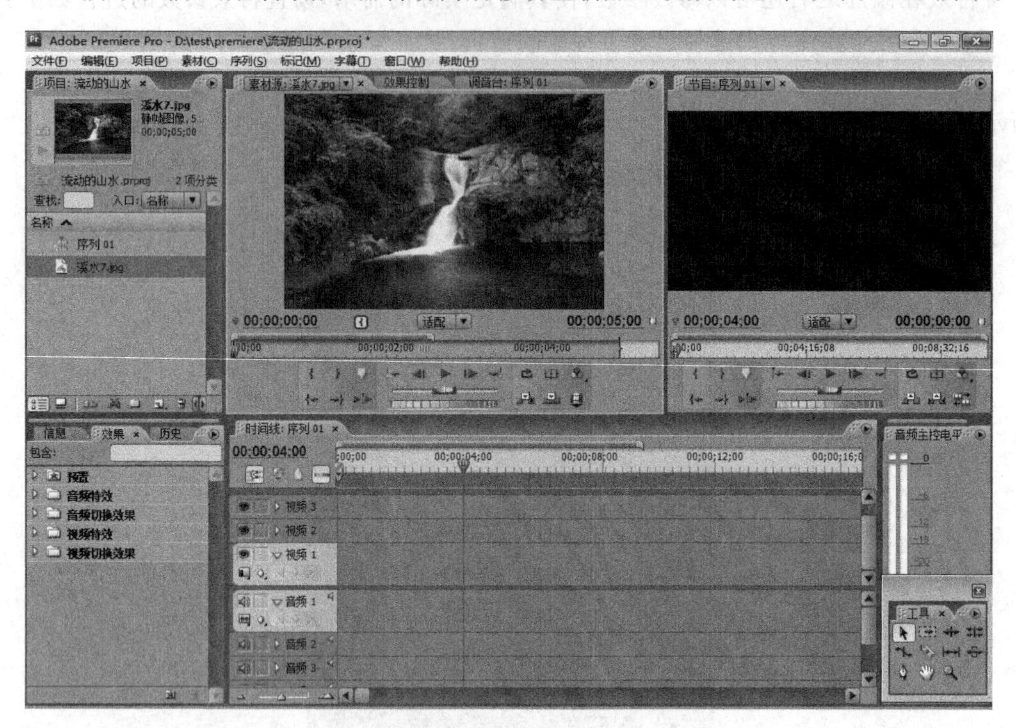

图 9.36 导入素材

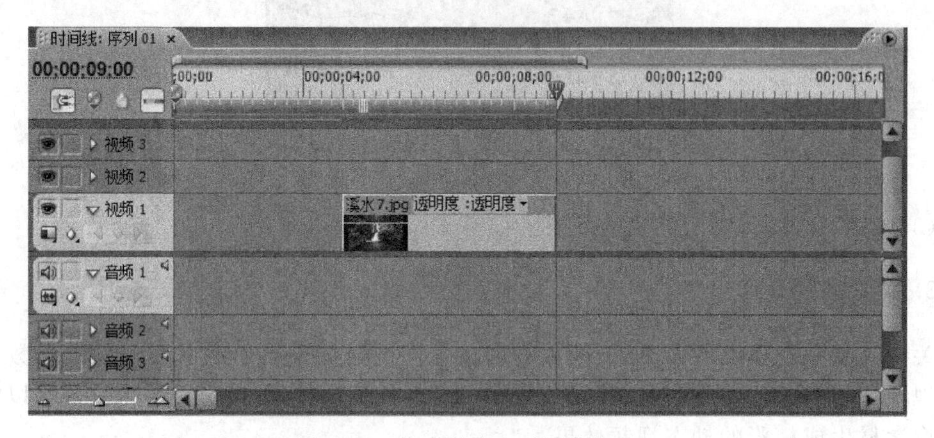

图 9.37 将素材导入时间线窗口

第二步：改变素材的显示比例

素材的大小一般不太合适，因此需要对其尺寸进行修改。

具体方法：在时间线上窗口中双击“溪水 7.jpg”素材，使之在两个监视器窗口中都显示。然后在素材源窗口中单击“效果控制”标签，切换到“效果控制”选项卡。单击“视频特效”中“运动”选项左侧的展开按钮，可以看到“运动”中有“位置”、“比例”、“旋转”、“定位点”、“抗闪烁过滤”等参数，将“比例”设置为“140”，设置前后的显示效果如图 9.38 所示。

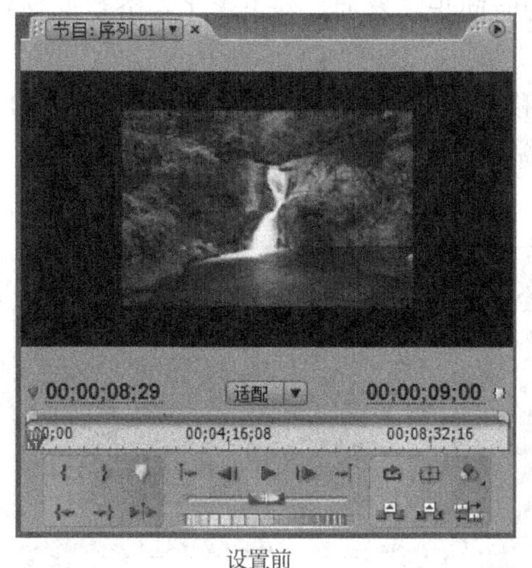

设置前

设置后

图 9.38　设置素材的显示比例

第三步：使用关键帧设置运动轨迹生成镜头平移效果

在视频中创建关键帧的主要目的是生成动画，要生成随时间变化的动画至少要设置两个关键帧。设置关键帧的步骤可概括如下：

首先指定需要设置关键帧的素材，然后固定设置关键帧的时间点，接着改变参数在该时间点上的数值，最后打开关键帧开关。

具体操作如下：

(1) 在时间线窗口上单击需要添加关键帧的图片“溪水 7.jpg”，然后在素材源窗口中单击“效果控制”标签，切换到“效果控制”选项卡。

(2) 单击“运动”选项左侧的展开按钮，在窗口右上角的标记处有一个箭头符号，单击该箭头，窗口右侧出现关于素材的时间标尺，如图 9.39 所示。

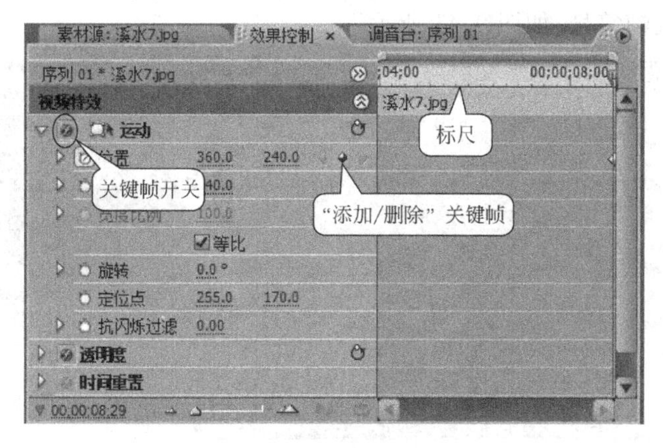

图 9.39　设置视频特效

(3) 设置第 1 个关键帧。将图中时间轴上红线状的时间指示器移动到时间标尺的"00:00:04:00"处,确定加入第 1 个关键帧的具体时间。将"位置"的坐标参数输入为"800,240",再单击"位置"左边的按钮,会发现时间指示器的红线上多了一个菱形符号,这就是关键帧的符号。

(4) 设置第 2 个关键帧。将时间指示器移动到时间标尺的最右侧,将"位置"的坐标参数输入为"50,240",此时会发现时间指示器上又多了一个菱形关键帧符号,如图 9.40 所示。

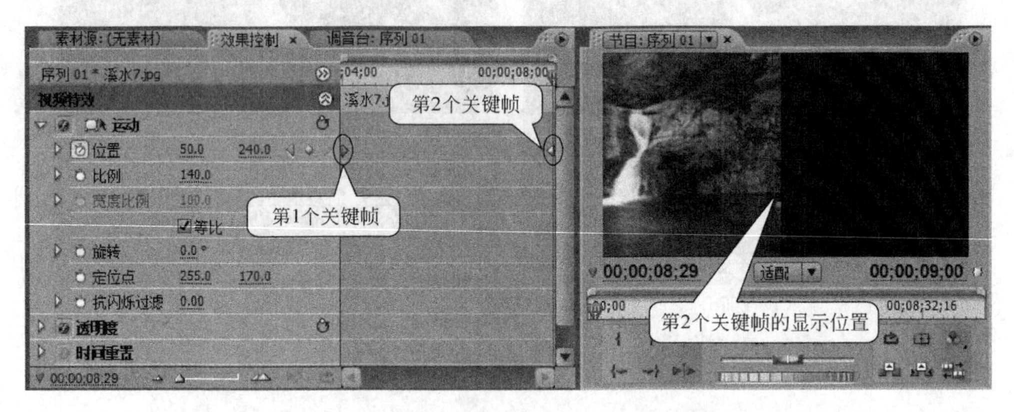

图 9.40 创建关键帧实现镜头平移效果

第(1)、(2)、(3)、(4)步的作用是:在两个关键帧执行的时间范围内,图片"溪水 7.jpg"的中心坐标由"800,240"变为"50,240",图片位置在水平方向上从右向左移动,在监视器中呈现的结果为镜头正在由左向右移动,类似摄像机水平拉动镜头的操作,从而实现了静态图像的运动。

第四步:制作镜头拉近的动态效果

(1) 将时间指示器移动到素材"溪水 7.jpg"上的"00:00:04:00"处,把"运动"下的"比例"参数设置为"100",打开关键帧开关。

(2) 将时间指示器移动到时间标尺的最右侧,把"比例"参数调整为"300",系统会自动添加第 2 个关键帧符号,如图 9.41 所示。

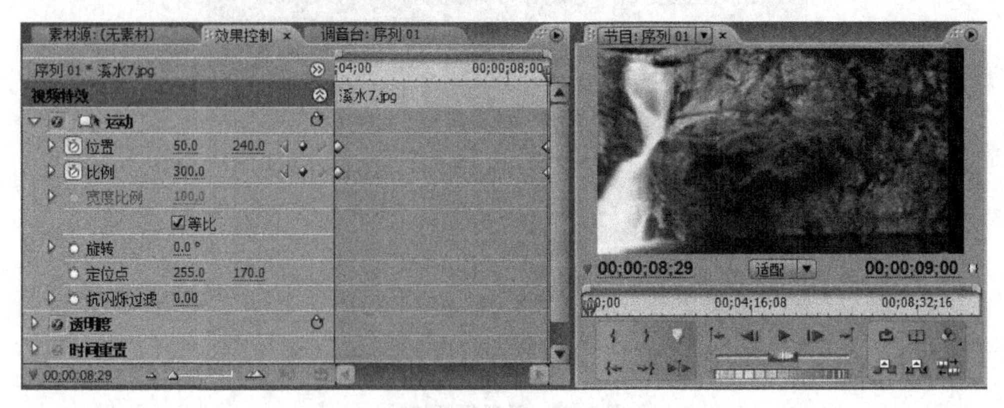

图 9.41 创建关键帧实现镜头拉近效果

播放素材可以发现，在“00:00:04:00”到“00:00:08:00”这段时间里，“溪水 7.jpg”图片从右向左移动，同时按比例放大，形成镜头拉近的动态效果。

9.2.4 叠加效果的制作

叠加效果是将两个或多个素材重叠在同一个屏幕上播放，下面介绍两种常见的叠加方法。

1. 使用透明度叠加视频

改变视频的透明度可以使两个或多个视频同时或部分播放。透明度数值高，视频内容轻薄透明；透明度数值低，视频内容坚实不透明。用户可以在时间线窗口中使用钢笔工具调整素材的透明度，也可以在“效果控制”选项卡中调整，可以通过对透明度进行关键帧的设置完成素材“淡入淡出”的效果。

2. 使用键控设置叠加的效果

在电视制作中键控被称为抠像。抠像是将背景进行特殊透明叠加的一种技术，它通过将指定区域的颜色除去，使其透明来完成和其他素材的合成效果。一般常用的抠像特效有蓝屏抠像、绿屏抠像、非红色抠像、亮度抠像和跟踪抠像。

在“视频特效”的“键”文件夹中有 14 种不同的键控效果，如图 9.42 所示。使用它们可以实现在素材叠加时，指定上层的素材哪些部分是透明的，哪些部分是不透明的。键控效果与透明度叠加的区别在于，透明度是将素材的所有部分都变得透明。

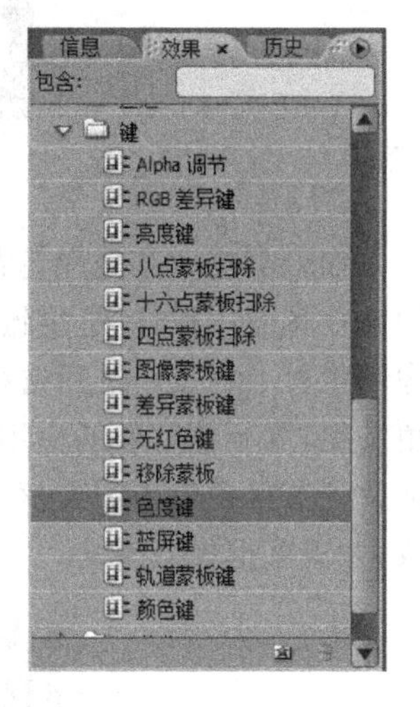

图 9.42 14 种键控效果

下面以色键抠像为例来说明抠像的使用，色键抠像是通过比较目标的颜色差别来完成透明，其中，蓝屏抠像是常用的抠像方式。

要进行抠像合成，一般情况下，至少需要在抠像层和背景层上、下两个轨道上放置素材。抠像层放置人物在蓝色或绿色背景前拍摄的素材（画面），背景层放置要在人物背后添加的新的背景素材（画面），并且抠像层在背景层之上，这样可以保证为对象设置抠像效果后，可以透出下面的背景层。

现在有两个素材，如图 9.43 所示，要求以溪水为背景显示小鸟。

具体过程如下：

(1) 将“溪水 2.jpg”拖放到时间线窗口中的视频 1 轨道上，将“小鸟.jpg”素材拖放到视频 2 轨道上，并与背景素材上下重叠。

(2) 选择抠像素材“小鸟.jpg”，打开“视频特效”文件夹，单击“键”子文件夹，展开其所有的抠像特效。

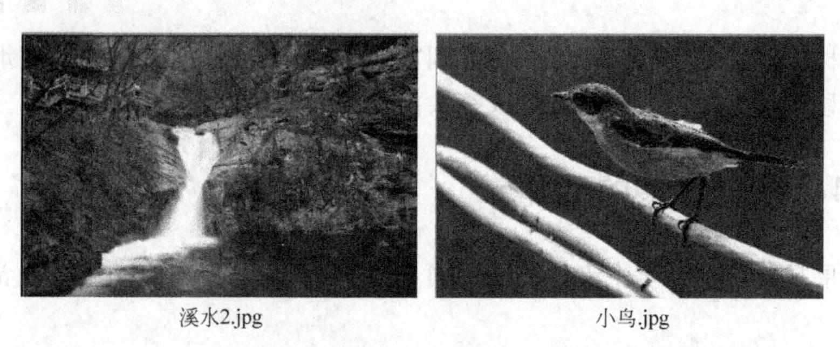

溪水2.jpg　　　　小鸟.jpg

图 9.43　素材

(3) 在展开的抠像特效中按住“蓝屏键”选项，将其拖到时间线窗口中的视频 2 轨道的抠像素材上释放。这时在监视器窗口中可以看到蓝色的背景已经被抠除，只留下了小鸟与底层合成的画面，如图 9.44 所示。

图 9.44　处理结果

如果需要对其他颜色背景的素材进行抠像，可以按照上述(1)、(2)步完成后，在展开的键控特效中按住“色度键”项目，并将其拖到时间线窗口中的视频 2 轨道上需要进行抠像的素材上释放。然后选择素材视窗上方的“效果控制”选项卡，单击“色度键”前的小三角按钮，展开该特效的应用工具，如图 9.45 所示。在“颜色”选项中选择滴管工具，并将其拖放到节目视窗中需要抠去的颜色上释放，吸取颜色。吸取颜色后，可以调节下列各项参数，并观察抠像效果。

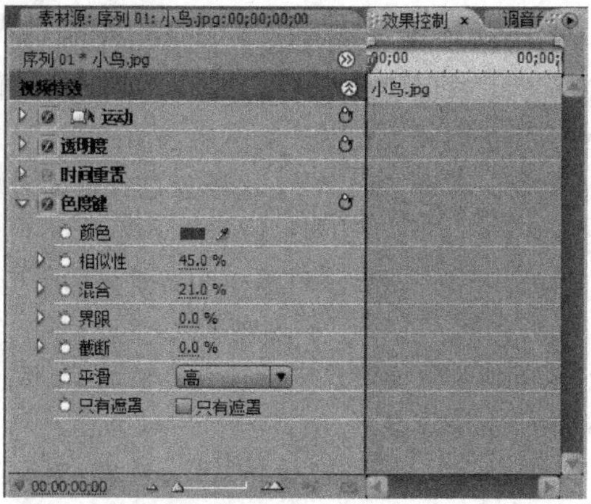

素材源：序列 01：小鸟.jpg:00;00;00;00　效果控制 ×　调音台

序列 01 * 小鸟.jpg

视频特效

运动

透明度

时间重置

色度键

颜色

相似性　45.0 %

混合　21.0 %

界限　0.0 %

截断　0.0 %

平滑　高

只有遮罩　只有遮罩

00;00;00;00

图 9.45　设置色度键参数

其中，“相似性”用于控制颜色的容差度，容差度越高，与指定颜色相近的颜色被透明的越多，容差度越低，被透明的颜色越少；“混合”用于调节透明与非透明边界色彩的混合度；“界线”用于调节图像的阴暗部分；“截断”使用纯度键调节暗部细节；“平滑”可以为素材变换的部分建立柔和的边缘。

9.2.5 视频及图像转场

为了使视频内容的条理性更强、情节的发展更清晰，在场面与场面之间的转换中，需要一定的手法。

1. 转场的基本形式

转场的方法多种多样，通常可以分为两类：一类是用特技的手段作转场，另一类是用镜头的自然过渡作转场，前者称技巧转场，后者称无技巧转场。

1）技巧转场

技巧转场一般用于情节段落之间的转换，它强调的是心理的隔断性，目的是使观众有较明确的段落感。归纳起来主要有以下几种形式：

（1）淡出与淡入。淡出是指上一段落最后一个镜头的画面逐渐隐去直至黑场，淡入是指下一段落第一个镜头的画面逐渐显现直至正常的亮度。淡出与淡入画面的长度，一般各为两秒，但实际编辑时，应根据电视片的情节、情绪、节奏的要求来决定。有些影片中淡出与淡入之间还有一段黑场，给人一种间歇感。

（2）划像。划像一般用于两个内容意义差别较大的段落转换，可分为划出与划入。前一个画面从某一方向退出荧屏称为划出，下一个画面从某一方向进入荧屏称为划入。划出与划入的形式多种多样，根据画面进、出荧屏的方向不同，可以分为横划、竖划、对角线划等。

（3）叠化。叠化指前一个镜头的画面与后一个镜头的画面相叠加，前一个镜头的画面逐渐隐去，后一个镜头的画面逐渐显现的过程。叠化主要有以下几种功能：一是用于时间的转换，表示时间的消逝；二是用于空间的转换，表示空间已发生变化；三是用叠化表现梦境、想象、回忆等插叙、回叙场合；四是表现景物变幻莫测、琳琅满目、目不暇接。

（4）翻页。翻页是指第一个画面像翻书一样翻过去，第二个画面随之显露出来。现在由于三维特技效果的发展，翻页已不再是某一单纯的模式。

除以上常见的转场方法外，技巧转场还有 3D 运动、滑动等其他方式。

2）无技巧转场

无技巧转场是用镜头的自然过渡来连接上、下两段内容，主要适用于蒙太奇镜头段落之间的转换和镜头之间的转换。与情节段落转换时强调心理的隔断性不同，无技巧转换强调视觉的连续性。并不是任何两个镜头之间都可应用无技巧转场方法，运用无技巧转场方法需要注意寻找合理的转换因素和适当的造型因素。无技巧转场的方法主要有以下几种：

（1）相同主体转换。相同主体的转换包含几个层面的意思：一是上、下两个相接镜头中的主体相同，通过主体的运动、主体的出画/入画，或者摄像机跟随主体移动，从一个场合进入另一个场合，以完成空间的转换；二是上、下两个镜头之间的主体是同一类物体，但并不是同一个，假如上一个镜头主体是一个书包，下一个镜头的主体是一个公文包，这两个镜头相接，可以实现时间或者空间的转换，也可以同时实现时空的转换；三是利用上、下镜头中主体在外形上的相似完成转场的任务。

(2) 遮挡镜头转场。遮挡镜头转场是指在上一个镜头接近结束时，被摄主体挪近以致挡黑摄像机的镜头，下一个画面主体又从摄像机镜头前走开，以实现场合的转换。上、下两个相接镜头的主体可以相同，也可以不同。用这种方法转场，能给观众视觉上较强的冲击，还可以造成视觉上的悬念，同时使画面的节奏紧凑。如果上、下两个画面的主体是同一个，还能使主体本身得到强调和突出。

(3) 主观镜头转场。上一个镜头拍摄主体正在观看的画面，下一个镜头接转主体观看的对象，这就是主观镜头转场。主观镜头转场是按照前、后两个镜头之间的逻辑关系来处理转场的手法，主观镜头转场既显得自然，也可引起观众的探究心理。

(4) 特写转场。特写转场指不论上一个镜头拍摄的是什么，下一个镜头都由特写开始。由于特写能集中人的注意力，因此即使上、下两个镜头的内容不相称，场面突然转换，观众也不至于感觉到太大的视觉跳动。

(5) 承接式转场。承接式转场也是按逻辑关系进行的转场，它是利用影视节目两段之间在情节上的承接关系，甚至利用悬念、两镜头在内容上的某些一致性来达到顺利转场的目的。

(6) 动势转场。动势转场是指利用人物、交通工具等动势的可衔接性及动作的相似性完成时空转换的一种方法。

2. 使用转场应遵守的原则

利用转场将前、后两个画面连接起来，使观众明确意识到前后画面间、前后段落间的隔离转换，可以避免镜头变化带来的跳动感，并且能够产生一些直接切换不能产生的视觉及心理效果。但使用转场应遵守以下原则：

(1) 有连接性。利用特效进行转场应具有较好的连接性，技巧形式应该与上、下画面内容相互融合，形成一个有机的整体，得到自然平滑的视觉心理效果。

(2) 有节制。使用转场特效要有节制，过多地使用技巧进行转场，容易造成作品结构松散，使人感觉作品过于零碎，并且由于人为痕迹过于明显，会影响作品的真实性。

3. 效果面板

在效果面板中，包含“预置”、“音频特效”、“音频切换效果”、“视频特效”、“视频切换效果”5 部分，如图 9.46 所示。

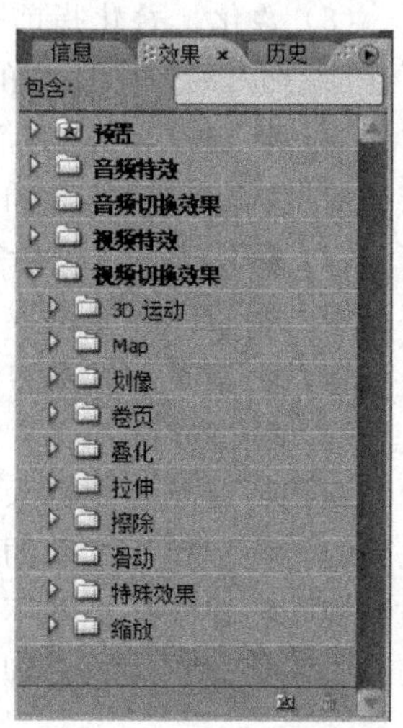

图 9.46 效果设置

4. 添加转场

视频转场使镜头衔接更加自然、美观，音频转场使音频转场更加自然、和谐。视频转场共有10类，用户应根据实际需要选择合适的转场特技。

添加转场的过程如下：

拖动转场，直接放置到两个素材中间，此时，两个素材中间会出现转场标志。

如果对已经加入的视频转场不满意，选中已经加入的视频转场，按Delete键即可删除，也可以通过右键，在弹出的快捷菜单中选择“清除”命令。

创建项目文件“小女孩.prproj”，然后导入素材，素材包括3张图片，3张图片的大小均为2560×1920，其内容如图9.47所示。

女孩1.jpg

女孩2.jpg

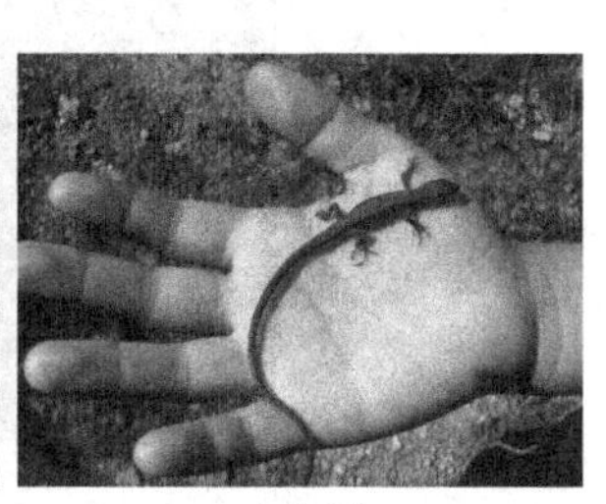

女孩3.jpg

图9.47　素材内容

将所有素材拖放到时间线窗口中。“女孩1.jpg”导入视频1轨道，持续时间8秒；“女孩2.jpg”导入视频1轨道，持续时间8秒；“女孩3.jpg”导入视频1轨道，持续时间8秒。

由于素材尺寸较大，需要调整素材的显示比例，在素材窗口中选择“效果控制”选项卡，调整显示比例参数为“24”，以达到所需要的效果。首先对素材“女孩3.jpg”创建关键帧，使静态图像产生拉进效果，然后添加转场。

添加转场的具体过程如下：

打开项目窗口中的效果面板，在“视频切换效果”文件夹下罗列了系统提供的各种转场特效，可以根据实际需要选择相应的转场效果。在素材“女孩1.jpg”和“女孩2.jpg”之间添加“中心分割”转场效果，在素材“女孩2.jpg”和“女孩3.jpg”之间添加“缩放”转场效果。添加转场的结果如图9.48所示。

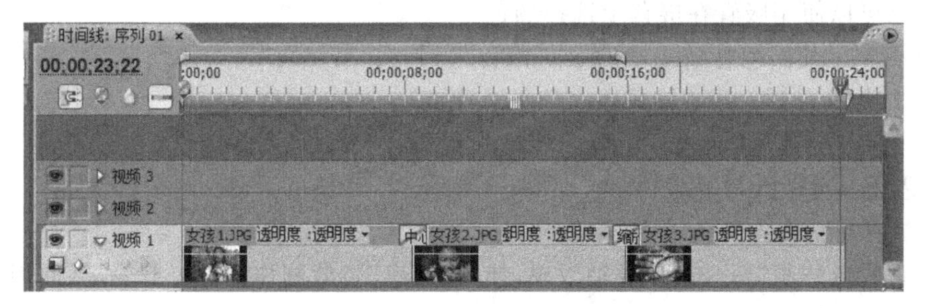

图9.48　添加转场的结果

5. 设置转场参数

通过设置转场参数的数值可以调节转场起始的效果、转场的长度和起始方式。

对剪辑应用视频转场特效后，特效的属性及参数都将显示在效果控制面板中。双击视频轨道上的转场特效矩形框，可以打开效果控制面板，如图 9.49 所示。单击该面板右上角的按钮，可以打开时间线区域。

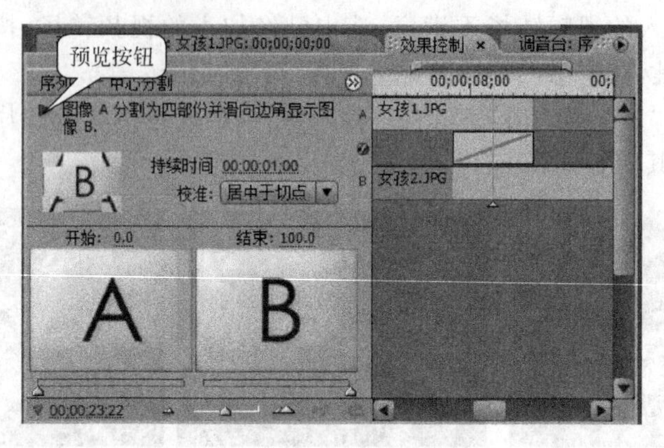

图 9.49 设置转场参数

下面介绍效果控制面板中各选项的具体含义。

(1) 预览：单击此按钮，可以在缩略图视窗中预览切换效果。对于某些有方向性的切换，可以单击缩略图视窗边缘的箭头改变切换方向。

(2) 持续时间：在该栏中拖曳鼠标，可以延长或缩短转场的持续时间，也可以双击鼠标左键，在文本框中直接输入数值，做精细地调节。

(3) 校准：可在该下拉列表中选择对齐方式，包括“居中于切点”、“开始于切点”、“结束于切点”、“自定义开始”4 项。

(4) 开始和结束：设置转场特效起止位置的进程百分比，可以单独移动特效的开始和结束状态。按住 Shift 键拖动滑块，可以使开始、结束位置以相同数值变化。

另外，在一些转场中还有以下参数。

(1) 边宽：调节转场边缘的宽度，默认值为 0。

(2) 边色：设定转场边缘的颜色。单击颜色框可以调出拾色器，在其中选择所需要的颜色，也可以使用吸管在屏幕上选择颜色。

(3) 反转：使转场特效运动的方向相反。

(4) 抗锯齿品质：调节转场边缘的平滑程度。

9.2.6 设计实例

使用“彩色蒙版”命令制作卷轴效果，使用“滚离”特效制作图像展开效果，使用效果控制面板修改素材的大小。

具体过程如下：

(1) 启动 Premiere，创建一个新的工程“品味山水.prproj”，预置模式为“DVCPRO50 NTSC 宽银幕”，并导入素材“归隐叠翠.jpg”，素材内容如图 9.50 所示。

图 9.50　归隐叠翠.jpg

(2) 在项目窗口中单击“新建分类”按钮，在弹出的菜单中选择“彩色蒙版”命令，弹出“颜色拾取”对话框，如图 9.51 所示。将颜色设为灰色，单击“确定”按钮，弹出“选择名称”对话框，在文本框中输入“灰色蒙版”，单击“确定”按钮，项目面板中会生成“灰色蒙版”。

(3) 使用相同的方法，创建“黑色蒙版”、“黄色蒙版”(“黄色蒙版”的 R、G、B 值都为 255)，创建完成后，项目窗口如图 9.52 所示。在项目窗口中选中“灰色蒙版”文件，并将其拖曳到时间线窗口中的视频 1 轨道中。再将素材“归隐叠翠.jpg”拖曳到时间线窗口中的视频 2 轨道中。打开效果控制面板，展开“运动”选项，将“比例”设置为“18”。预览窗口内容如图 9.53 所示。

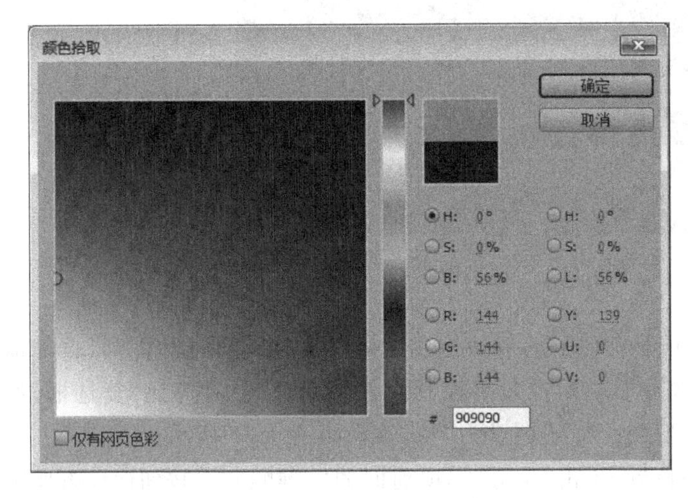

图 9.51　“颜色拾取”对话框

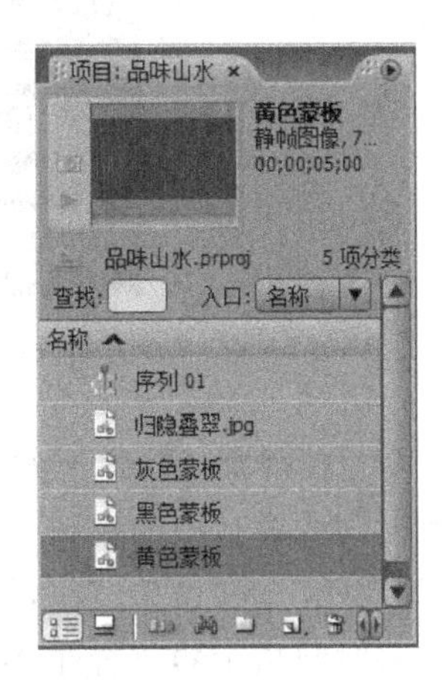

图 9.52　项目窗口内容

(4) 在时间线窗口中“归隐叠翠.jpg”文件的开始位置添加“卷页”文件夹中的“滚离”特效。然后在效果控制面板中展开“滚离”特效，将“持续时间”设为“4s”。

(5) 在项目窗口中选中“黑色蒙版”文件，将其拖曳到时间线窗口中的视频 3 轨道中，在效果控制面板中，展开“运动”选项，取消选中“等比”复选框，将“高度比例”选项设为“75”，将“宽度比例”选项设为“2”，效果如图 9.54 所示。

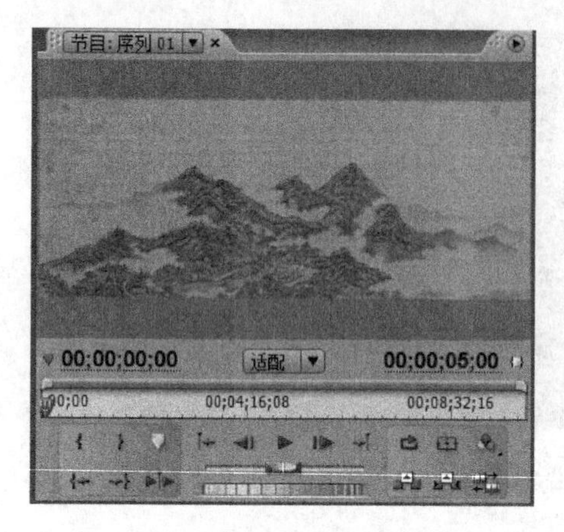

图 9.53 预览窗口内容

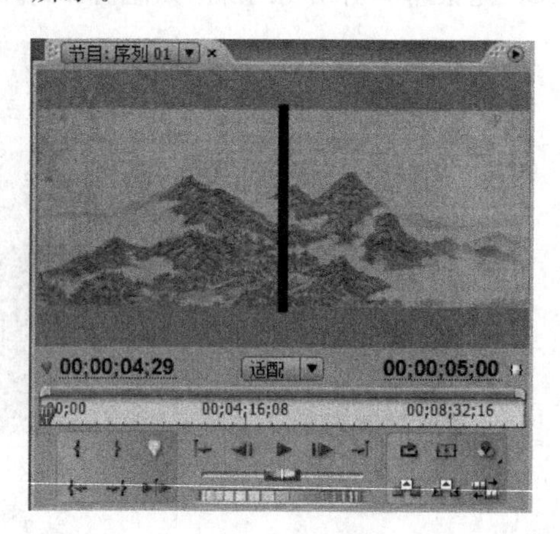

图 9.54 设置效果

将时间指示器放置在 0s 的位置，单击“位置”选项前面的关键帧开关按钮，添加第 1 个关键帧，将“位置”选项设为“0、240”。然后将时间指示器放置在 4s 的位置，将“位置”选项设为“725、240”，添加第 2 个关键帧，如图 9.55 所示。

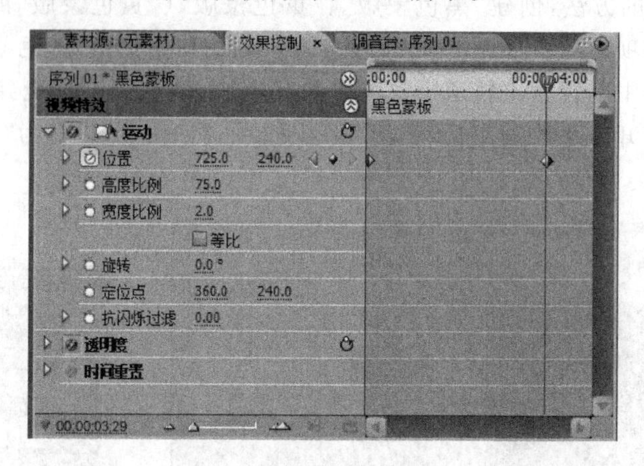

图 9.55 创建关键帧

(6) 在视频 3 轨道上方添加视频 4 轨道，在项目窗口中选中“黄色蒙版”文件，将其拖曳到时间线窗口中的视频 4 轨道中。然后在效果控制面板中取消选中“等比”复选框，将“高度比例”选项设为“72”，将“宽度比例”选项设为“4”，效果如图 9.56 所示。

将时间指示器放置在 0s 的位置，单击“位置”选项前面的关键帧开关按钮，添加第 1 个关键帧，将“位置”选项设为“0、240”。然后将时间指示器放置在 4s 的位置，将“位置”选项设为“725、240”，添加第 2 个关键帧。

(7) 时间线窗口的设置结果和预览效果如图 9.57 所示，至此，卷轴画效果制作完成。

图 9.56　黄色蒙版的效果

时间线窗口内容

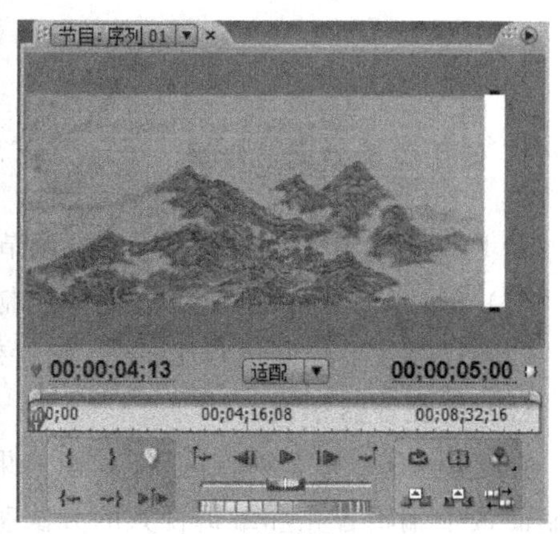

预览效果

图 9.57　设置结果和运行效果

9.3 Premiere 音频处理

一部好的影视作品，通常是声、画艺术的完美结合。对于视频和图像，通过转场和特效的设置，就可以得到需要的效果。接下来，还需要对音频进行转场和特效设置，以满足实际的需求。

9.3.1 简单的音频处理

对于音频文件，可以在混音器中进行加工，产生不同的效果。

新建一个项目文件，名为“音频的编辑.prproj”，然后导入素材“梅花三弄.wma”，将音频文件从项目窗口中拖曳到时间线窗口中的音频 1 轨道上。

使用剃刀工具在素材"00:02:08:04"处和"00:04:16:08"处单击，将文件分割为3段待用，如图9.58所示。

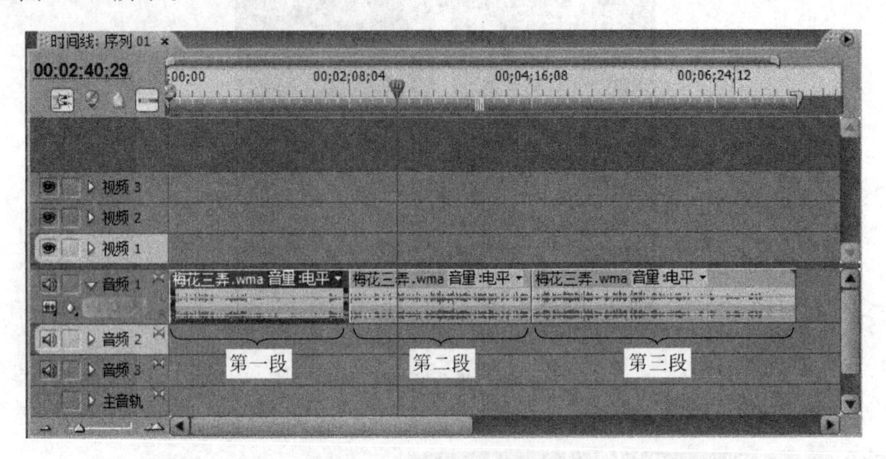

图 9.58 将音频分割为3段

1. 使用关键帧调节音量

在 Premiere 中，可以在3个地方调节音频的音量。

(1) 在时间线窗口中使用关键帧控制线调节。

(2) 利用效果控制面板中的"音频特效"调节。

(3) 在混音器中调节。

在这里，介绍第2种方法，即利用效果控制面板中的"音频特效"来调节音量。在效果控制面板中编辑音频和编辑视频的方法基本相似，具体过程如下：

(1) 在效果控制面板中显示"音频特效"选项，其中包含"旁路"和"电平"两个参数，如图9.59所示。

图 9.59 设置音频特效

(2) 为音频 1 轨道中的第 1 段素材设置 3 个音频关键帧：

将时间指示器移动到“00:00:00:00”处，建立第 1 个音频关键帧，将“电平”的数值改为“－12db”；将时间指示器移动到“00:01:04:02”处，将“电平”的数值改为“6db”；将时间指示器移动到“00:02:08:04”处，将“电平”的数值改为“0db”。

(3) 单击“电平”参数左侧的展开按钮，在效果控制面板的右侧出现“电平”参数变化的折线图，如图 9.60 所示。这一段音乐的音量实现了由低到高再到低的变化。

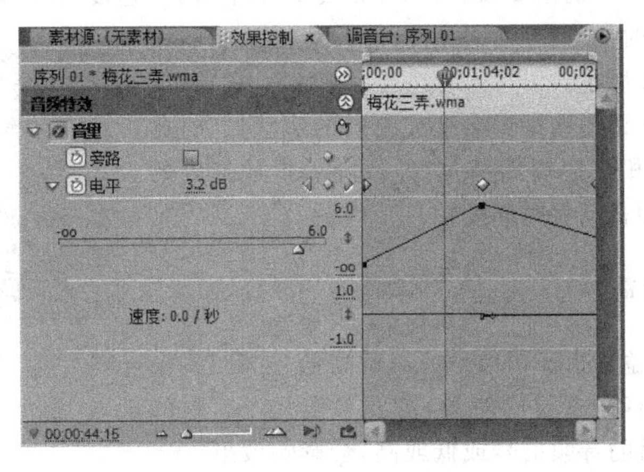

图 9.60　添加音频特效

2. 使用淡化线调节音量

单击音轨左侧的三角形按钮，展开音频轨道。在轨道中可以看见一条黄色的线，用鼠标上下移动该线条，可在整体上改变一段音频文件音量的大小。此时的淡化线标志着整个轨道的音量大小，如图 9.61 所示。

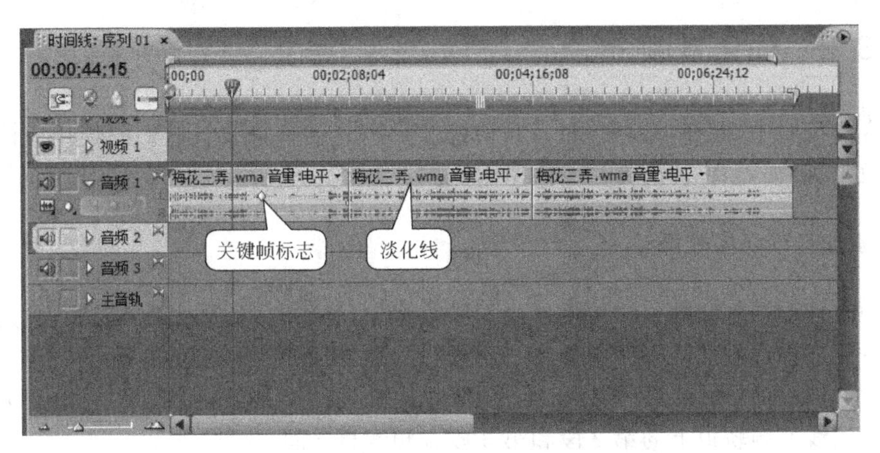

图 9.61　通过淡化线调节音频文件的音量

当音频文件上已经设置了音量关键帧以后，可以通过单击“显示关键帧”按钮，在下拉菜单中选择“显示素材关键帧”命令，将音频轨道上的关键帧显示出来，此时音频轨道上会出现对应的菱形关键帧标志。上升的线表示音量变高，下降的线表示音量变低。用鼠标上下左右移动音频 1 中的关键帧标志，可以更改关键帧出现的时间和参数的大小，从而改变关键帧上的音量。

3. 调节音频的持续时间和速度

右击音频 1 轨道中的第 2 段音频，在快捷菜单中选择“速度/持续时间”命令，在弹出的“素材速度/持续时间”对话框中输入修改后要达到的速度“200”，如图 9.62 所示。

单击链接标记，锁形的标记会变成断开的形状，这时速度与持续时间不再相互影响，否则会导致随着播放速度的提高，持续时间选项自动将时间变短。

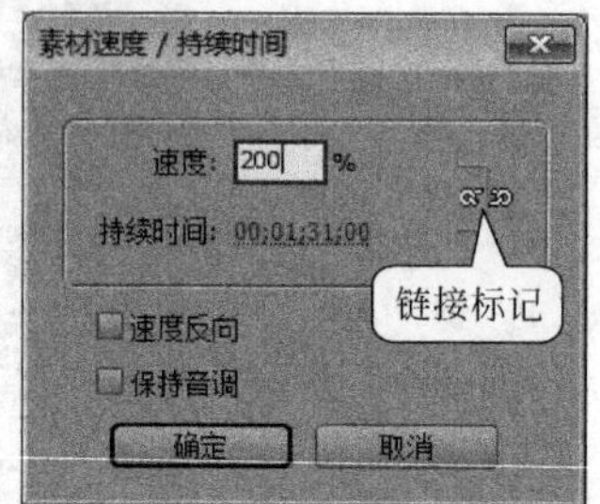

图 9.62 设置音频的速度和持续时间

4. 调节音频增益

音频素材的增益是指音频信号的声调高低。当同一个视频同时出现几个音频素材的时候，需要平衡几个素材的增益，否则一个素材的音频信号或低或高，会影响效果。

单击刚才改变了播放速度的第 2 段音频素材，在菜单栏中选择“素材/音频选项/音频增益”命令，弹出“音频增益”对话框，根据需要进行设置。

5. 使用混音器调节音频文件

在素材源窗口中有一个调音台，它就像音频合成控制台，为每一条音轨都提供了一套控制，用户可根据实际需求进行调整。

9.3.2 优化音频

在音频编辑中，同样可以使用“音频切换效果”和“音频特效”，它们的使用方法和“视频切换效果”、“视频特效”的使用方法基本相同。

1. 添加音频切换效果

音频文件和视频文件一样可以使用切换效果。最常用的效果是“恒定放大”效果，可以实现音频文件音量的淡入淡出控制。添加“音频切换效果”的过程如下：

(1) 在效果面板中找到“音频切换效果”文件夹，将“交叉淡化”中的“恒定放大”效果拖动到时间线音频轨道上的第 2 段和第 3 段音频素材之间。

(2) 单击刚加入的音频切换效果图标，在打开的效果控制面板中可以看到音频切换效果的属性，如图 9.63 所示。

设置后，音频文件在此处会产生音量由低到高或由高到低的变化。“恒定放大”切换

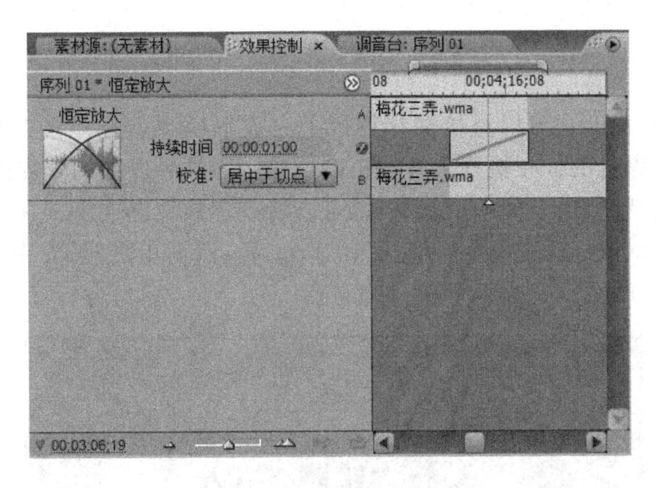

图 9.63　设置音频转场参数

效果使音频增益呈曲线变化，而"恒定增益"切换效果使音频增益呈直线变化。

2. 使用音频特效

对音频文件使用音频滤镜，可使音频产生特殊的效果。下面给第 3 段音频添加回音效果：

(1) 在效果面板中找到"音频特效"文件夹，该文件夹中只有 3 类音频特效。在"立体声"选项中找到"延迟"滤镜，使用鼠标拖动的方法加入到时间线音频 1 轨道中的第 3 段音频上。

该滤镜的作用是将原音频文件中的内容以规定的间隔时间、强度进行重复播放。

(2) 在效果控制面板中找到"延迟"滤镜，其中包含 4 个参数，如图 9.64 所示。更改其中的参数，仔细听音频文件在此段的播放效果，会发现出现了回音效果。

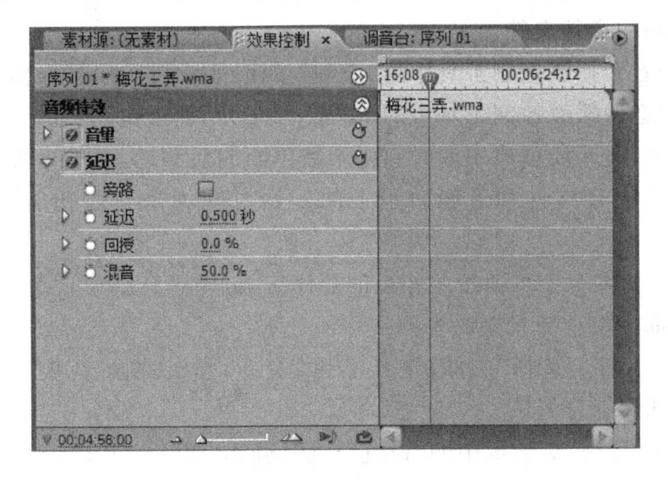

图 9.64　设置音频特效

3. 配音处理

Premiere中的混音台可以直接在计算机上完成解说或者配乐的工作。要使用配音功能，需要保证计算机的音频输入装置被正确连接。通常可以使用耳麦进行录音，录制的声音文件会成为音频轨道上的一个素材，也可以将该音频文件输出。具体步骤如下：

(1) 启动Premiere，新建一个项目“配音.prproj”，然后单击“调音台”标签，显示调音台面板，如图9.65所示。

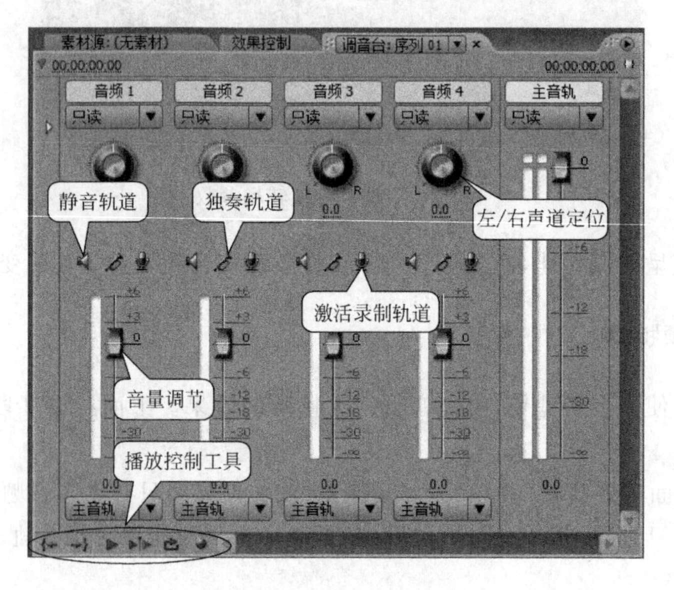

图9.65 调音台的基本组成

(2) 开始录音。录音操作需要顺序按下3个按钮才能实现。

首先，单击音频1轨道上的“激活录制轨道”按钮，该按钮变为红色，表示在音频1轨道上存放将要录制的音频文件。

然后，单击调音台播放控制工具中的“录制”按钮，表示进行录音操作。

最后，单击调音台播放控制工具中的“播放/停止开关”按钮，表示录音开始或停止。

在录音过程中，时间线窗口中的时间指示器不断向后移动，音频1轨道上会出现音频的波形。新录制的声音文件在音频轨道上的开始时间为录音之初时间指示器所在的位置。

(3) 结束录音。将3个按钮按照相反的顺序按下，则录音结束。录音后，在时间线窗口和项目窗口中都会出现新录制的音频文件。

(4) 输出声音文件。选择“文件/导出/音频”命令，弹出“输出音频”对话框，在该对话框中输入文件名和保存位置。

(5) 单击“输出音频”对话框中的“设置”按钮，弹出“导出音频设置”对话框，在其中选择输出文件类型和范围。通常采用默认参数。

(6) 单击“确定”按钮，文件开始渲染。

9.4 Premiere 字幕处理

在编辑视频的时候，往往要添加字幕，字幕分为静态字幕和动态字幕两种，它们的制作过程大同小异。静态字幕和静态视频图片一样，可以通过添加滤镜效果或场景切换效果，将静态字幕转化成精彩的动态效果。优秀的字幕效果能够为整个作品添加艺术性，使视频内容更加连贯、生动。

制作字幕的基本流程如下：

（1）选择菜单命令“字幕/新建字幕/默认静态字幕”，弹出“新建字幕”对话框。如果需要制作动态字幕，可以直接选择“新建字幕”命令下的“默认滚动字幕”和“默认游动字幕”。为新建的字幕取名，打开字幕编辑窗口。

（2）设置字幕的字体。

（3）选择文字工具，将鼠标指针移动到字幕编辑区，当其变为 T 状时，在编辑区的适当位置单击，会出现闪烁的光标，此时输入字幕的文字。

（4）根据个人喜好，在“字幕属性”中调整字体大小、字距、行距、倾斜等相关选项。

（5）使用选择工具移动字幕到合适的位置，完成字幕的创建。

9.4.1 制作静态字幕

1. 制作静态字幕

创建字幕的过程如下：

（1）启动 Premiere，打开项目“小女孩.prproj”。

（2）选择菜单命令“字幕/新建字幕/默认静态字幕”，弹出“新建字幕”对话框。为新建的字幕取名“淘气宝贝”，打开字幕编辑窗口，如图 9.66 所示。

在字幕编辑窗口中，按钮是用来设置动态字幕的。

在字幕编辑区中，系统自动显示当前节目窗口中的视频内容为背景。在编辑区右上方有一个按钮，可以控制字幕编辑区内视频背景是否需要显示。单击该按钮，可以完成加入/去除背景的操作。

（3）选择窗口左侧的工具箱中的文字工具，将鼠标指针移动到字幕编辑区，当其变为 T 状时，在编辑区的适当位置单击，会出现闪烁的光标。

（4）如果此时不对字体进行设置而直接输入中文，会出现各种奇怪的错误符号。在窗口中有 3 个位置可以选择字体。在图 9.66 中“1”和“2”所示的区域内，单击其右侧的下拉按钮，都可以打开一个下拉菜单可以，可以在下拉菜单中选择一种字体来输入字幕。在图 9.66 中“3”所示的区域内，有一些系统自带的字幕样式，只要单击任意一种样式，就可以在编辑区内编辑出同样效果的字幕。

在此单击选择字幕样式中的“方正隶书”样式。

图 9.66 编辑字幕窗口

(5) 将鼠标指针移动到字幕编辑区，输入“好大一根草”，可以看见有着高亮、阴影并且发光的文字出现在窗口中。

(6) 在右边的“字幕属性”中调整字体的大小、字距、行距、倾斜等相关选项，直到满足要求为止。然后使用选择工具移动字幕到与背景相匹配的位置上，完成字幕的创建，结果如图 9.67 所示。

图 9.67 字幕效果

(7) 关闭字幕编辑窗口。在项目窗口中，可以看到“淘气宝贝”字幕已经存在。

(8) 保存字幕。

保存字幕有两种方法：

① 选择“文件/保存”命令，或按Ctrl+S键。用这种方法保存出来的字幕是和源文件保存在一起的，字幕只能在该源文件中使用。

② 在项目窗口中单击需要保存的字幕，然后选择“文件/输出/字幕”命令。用这种保存方法可以将字幕以“.title”格式单独保存下来，并且支持其他“.prproj”文件的调用。

(9) 将“淘气宝贝”字幕拖到时间线窗口视频2轨道的最前面，预览时可以发现，在播放素材“女孩1.jpg”的同时出现了字幕。

2. 制作特殊效果的字幕

有时，还可能需要创建一些具有特殊效果的字幕，下面以创建“金色字幕”和“弯曲路径字幕”为例来说明特殊字幕的创建。

1) 金色字幕的创建

(1) 选择“字幕/新建字幕/默认静态字幕”命令，新建字幕“秋色满目”。

(2) 选择文字工具，在编辑区的合适位置单击，在“字幕属性”中选择字体“Simhei”后输入“秋色满目”，并调整文字的位置和大小。

(3) 在“字幕属性”中选中“填充”复选框，单击其左侧的按钮展开选项，在“色彩”中选择亮丽的紫色，设置“填充类型”为“实色”。选中“填充”下的“光泽”复选框，展开其选项，将“色彩”设置为黄色，将字体“大小”改为“30”，将“角度”设置为“32”。然后关闭字幕编辑窗口。

(4) 保存字幕，然后将该字幕加入到视频3轨道中。

(5) 为增强辉光的效果，将“辉光”滤镜加入到字幕中。

方法是：展开效果面板中的“视频特效”文件夹，找到“风格化”滤镜下的“Alpha辉光”滤镜，将其拖动到时间线窗口中的“秋色满目”字幕上。打开效果控制面板，改变“Alpha辉光”滤镜下的4个参数，参数设置如图9.68所示。字幕结果如图9.69所示。

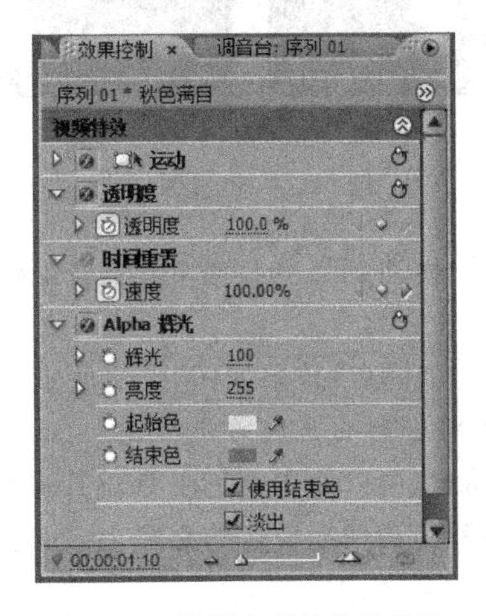

图9.68　设置字幕的特效参数

图 9.69　字幕结果

2）弯曲路径字幕的创建

（1）选择“字幕/新建字幕/默认静态字幕”命令，新建字幕“快乐的童年”。

（2）选择路径输入工具，将鼠标指针移动到字幕编辑区中，当其变为钢笔状时，在编辑区的适当位置单击并拖动鼠标，窗口内会出现一条带手柄的直线，这是设置的第 1 个锚点，如图 9.70 中的步骤一。

步骤一

步骤二

图 9.70　设置锚点

（3）释放鼠标，将鼠标指针移动到下一位置，在单击鼠标的同时拖动鼠标，设置第 2 个锚点，如图 9.70 中的步骤二。

（4）以同样的方法，设置 3 个锚点，效果如图 9.71 所示。

注意：带手柄直线的长度将会影响曲线的曲率。

如果对刚设置的路径不满意，可以使用钢笔工具对其进行修改，方法如下：

选择钢笔工具，将鼠标指针移动到编辑区的路径上，在需要修改的位置单击鼠标并拖动，可以改变曲线的曲率。

另外，还有两个常用的工具，其中，删除定位点工具 用来删除设置路径过程中多余的锚点；添加定位点工具 用来添加设置路径过程中新的锚点，使路径曲线的变化更加

图 9.71 锚点设置结果

流畅。

(5) 选择路径输入工具,将鼠标指针移动到路径所在的方框内单击,在路径的开头会出现光标,表示可以输入字符。

(6) 输入文字"快乐的童年!"。

(7) 关闭字幕创建窗口,保存字幕,并将该字幕加入到视频 4 轨道中,结果如图 9.72 所示。

图 9.72 设置结果

9.4.2 制作动态字幕

1. 制作垂直滚动字幕

具体步骤如下:

(1) 新建字幕,取名为"一条小蜥蜴"。

(2) 在编辑区内输入"一条小蜥蜴",并调整文字的位置和大小。

(3) 在"字幕属性"中选择"填充"复选框,在"色彩"中选择黄色。

(4) 单击字幕编辑区上方的"滚动/游动选项"按钮,弹出"滚动/游动选项"对话框,如图 9.73 所示。选择字幕类型为"滚动",选中"开始于屏幕外"复选框,并设置缓入为"0"、缓出为"10",然后单击"确定"按钮。字幕设置结果如图 9.74 所示。

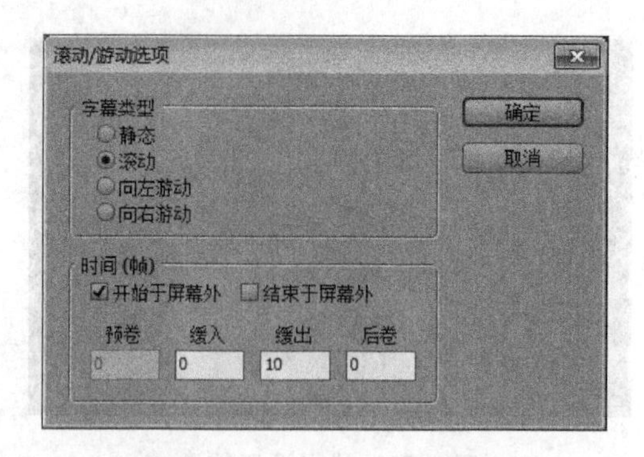

图 9.73 设置滚动/游动选项

图 9.74 字幕设置结果

(5) 将项目窗口中的字幕"一条小蜥蜴"拖放到时间线视频 2 轨道中，位置在"女孩 2.jpg"图片的上方。然后调整字幕长度，使二者的显示时间长度一致。

可以发现，新生成的字幕由屏幕上方滚入屏幕，最终停留在字幕编辑区中调整后的位置上不再移动。

2. 制作水平滚动的字幕

具体步骤如下：

(1) 新建字幕，取名为"小尾巴"。

(2) 在编辑区内输入文字"好好看一看小尾巴"，并调整文字的位置和大小。

(3) 在"字幕属性"中选中"填充"复选框，在"色彩"中选择粉红色。

(4) 单击字幕编辑区上方的"滚动/游动选项"按钮，弹出"滚动/游动选项"对话框，如

图 9.75 所示。选择字幕类型为“向左游动”，选中“开始于屏幕外”复选框，并设置缓入为“0”、缓出为“0”，然后单击“确定”按钮。字幕设置结果如图 9.76 所示。

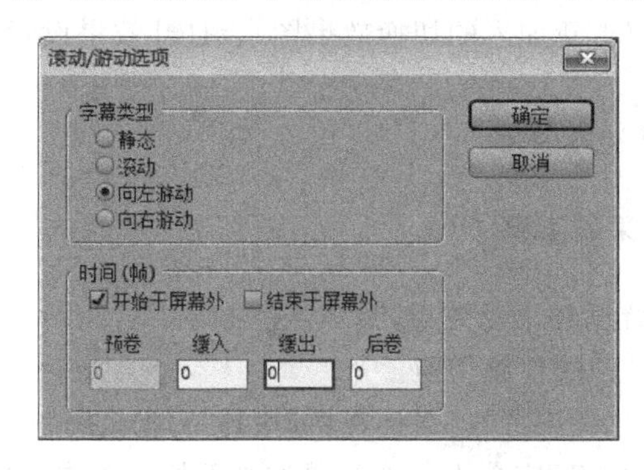

图 9.75　设置滚动/游动选项

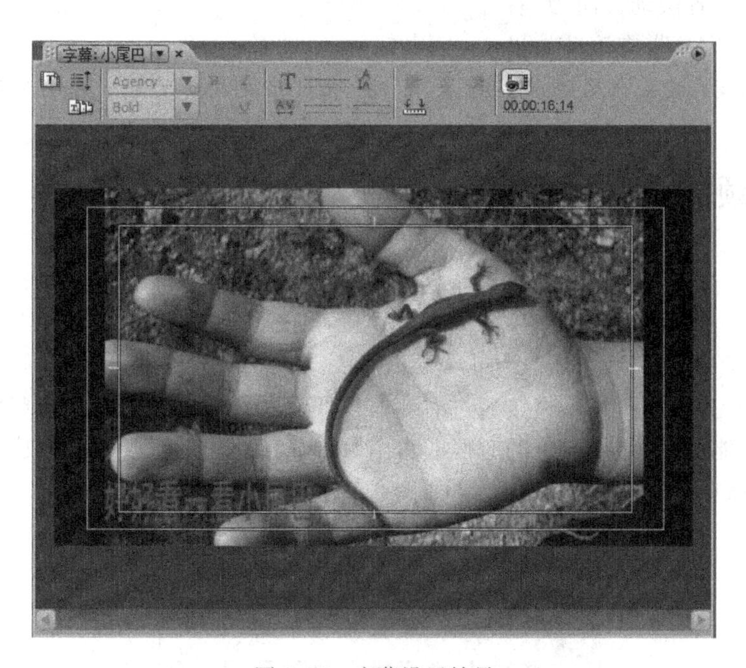

图 9.76　字幕设置结果

(5) 将项目窗口中的字幕“小尾巴”拖放到时间线视频 2 轨道中，位置在“女孩 3.jpg”图片的上方。然后调整字幕长度，使二者的显示时间长度一致。

可以发现，新生成的字幕由屏幕右侧水平向左滚入屏幕。

3. 制作带卷展效果的字幕

为字幕“小尾巴”设置卷展效果，具体步骤如下：

(1) 打开字幕“小尾巴”，单击字幕编辑区上方的“滚动/游动选项”按钮，“滚动/游动选项”对话框，将字幕类型设置为“静态”。

(2) 在效果面板中的“视频切换效果”文件夹中，找到“卷页”切换效果中的“滚离”选项，将该选项拖动到时间线上“小尾巴”字幕的前端。

(3) 在视频轨道中双击新加入的切换效果图示，打开效果设置对话框，将时间设置为“00:00:07:00”。

可以发现，字幕带有卷展效果。

4. 制作循环滚动效果的字幕

为字幕“小尾巴”设置循环滚动效果，具体步骤如下：

(1) 清除字幕“小尾巴”的视频切换。

(2) 在效果面板中的“视频特效”文件夹中，找到“变换”滤镜中的“滚动”选项，将该选项拖动到时间线上的“小尾巴”字幕上。在效果控制面板中单击滤镜设置图标，弹出“滚动设置”对话框，设置滚动方向为“右”。

可以发现，字幕带有滚动效果。

注意：“滚动”滤镜效果可以实现上、下、左、右 4 个方向中的任一方向移动。

9.5 视频的渲染和导出

9.5.1 视频的渲染

视频编辑完成之后，可以直接通过右侧监视器上的播放键进行整体视频的预览，但是由于计算机性能所限，往往预览的时候非常卡，所以这时要进行视频的渲染。选择“序列/渲染工作区”命令，系统自动开始渲染，如图 9.77 所示。

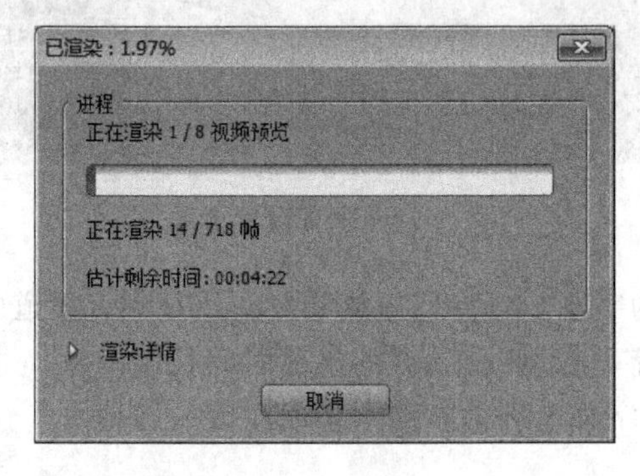

图 9.77 渲染进程

当文件渲染完成之后，可以发现，在时间线上出现了一条绿线，如图 9.78 所示，接下来就可以顺畅地预览视频了。

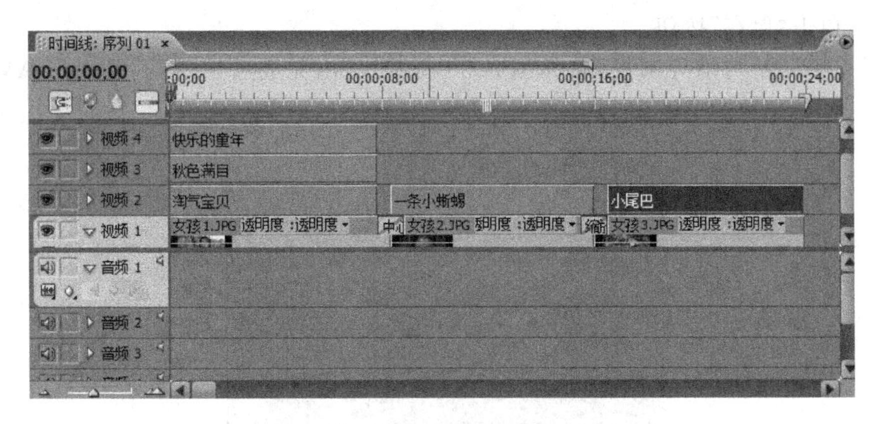

图 9.78　渲染完成结果

9.5.2　视频的导出

视频预览完成之后，如果没有什么问题就可以导出了。

Premiere 可以把作品录制到磁带上，以备在电视上播放；也可以输出为可在计算机上播放的视频文件、动画文件或者静态图片序列；还可以刻录到 DVD 光盘上。Premiere CS3 为各种输出途径提供了多种文件格式和视频编码方式，不同的输出方式之间可能有交叉。选择菜单栏中的“文件/导出”命令，在其子菜单中有各种输出命令，如图 9.79 所示。

图 9.79　“导出”子菜单

下面介绍其中各命令的基本功能。

(1) 影片：创建 Windows AVI 文件、Apple QuickTime 桌面视频文件，或者静态图像序列。

(2) 单帧：将选中的帧输出为 4 种格式的静态图像，即 BMP、GIF、Targa、TIFF。

(3) 音频：输出 3 种音频文件，即 WAV、AVI、QuickTime。

(4) 字幕：将选中的字幕文件导出为独立的文件，供其他项目使用。使用该命令，首先要在项目窗口中选择字幕。

(5) 输出到磁带：将作品输出到磁带中。

(6) 输出到 Encore：把作品输出到 Encore 中，以创建或者刻录光盘。

(7) 输出到 EDL：创建编辑决策列表，以便将项目送到制作机房进一步编辑。

(8) Adobe Clip Notes：输出一个 PDF 文件，其中包含序列视频。客户收到这个文件后可以打开，播放视频，直接在 PDF 文件中添加注释。

(9) Adobe Media Encoder：将作品输出为 4 种高端文件格式，即 MPEG、Windows Media、RealMedia、QuickTime。

选择“影片”命令，将弹出“导出影片”对话框，在该对话框中选择影片的保存位置，输入名称后,单击“保存”按钮。

此时系统开始自动导出视频,如图 9.80 所示,导出完成后,就得到了一个 AVI 视频文件。

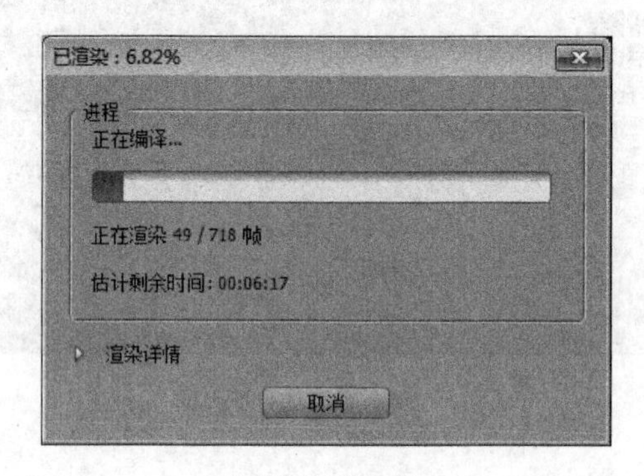

图 9.80 导出影片

9.6 综合实例

任务描述：使用焰火和动态字幕制作一段恭喜新年的视频片头。

1. 导入素材

创建“拜大年”项目,在项目窗口中导入素材“焰火..avi”和素材“金童.jpg”,将素材“焰火.avi”拖动到时间线的视频 1 轨道上。

2. 制作对联

(1) 新建字幕“迎新春对联背景”。在字幕工具栏中选择矩形工具,在编辑窗口中画出对联中需要的 3 个矩形。注意,两个竖向长矩形的大小要完全一致,可以使用“复制”、“粘贴”的方式制作。

(2) 将两个竖向长矩形同时选中,利用“字幕动作”下的“排列”工具中的“垂直-底对齐”按钮,将对联的左、右条幅的位置对齐排列好。再利用“字幕动作”下的“居中”工具中的“水平居中”按钮,将左、右对联条幅居中放置于屏幕上。用同样的方法,将对联的横幅部分置放于竖向条幅的上部,水平方向居中。

(3) 在“字幕属性”中选中“填充”复选框,将矩形内部填充为“红色”,设置透明度为“50”,结果如图 9.81 所示。

(4) 将“迎新春对联背景”字幕拖动到时间线的视频 2 轨道上,调整其长度为“00:00:08:00”。

(5) 新建字幕,取名为“对联”。在字幕编辑窗口中单击“显示视频为背景”按钮,则刚刚制作的对联红底出现在窗口之中。

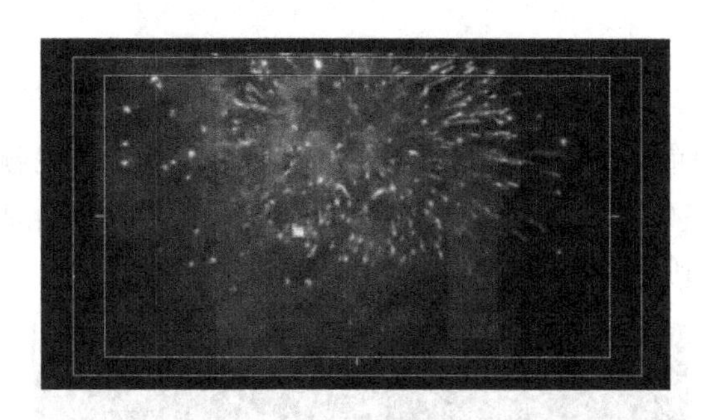

图 9.81 设置字幕背景

(6) 在编辑区中输入“柳探天暖增色”、“梅开春早生香”，横批“春色宜人”。设置字体为“STLiti”，并调整文字所在的位置、大小及字间距，使对联工整地出现在红底之上，结果如图 9.82 所示。

图 9.82 字幕设置结果

(7) 将“对联”字幕拖动到时间线的视频 3 轨道上，调整其长度为“00:00:08:00”。

3. 设置对联展开效果

打开效果面板，在“视频切换效果”文件夹中的“3D 运动”效果下找到“卷帘”效果。使用鼠标拖动的方法，将其拖放到时间线的“对联”字幕和“迎新春对联背景”字幕的前端，并将“持续时间”修改为“00:00:00:00”。

在节目窗口中观察效果，可见对联缓缓展开，如图 9.83 所示。

图 9.83 字幕展开效果

4. 添加人物图片

(1) 将项目窗口中的“金童.jpg”图片素材拖动到时间线的视频 2 轨道中,位置紧挨在“迎新春对联背景”字幕之后,修改图片的显示比例,使其大小合适,并设置其透明度为“30%”,然后移动位置到最左边,结果如图 9.84 所示。

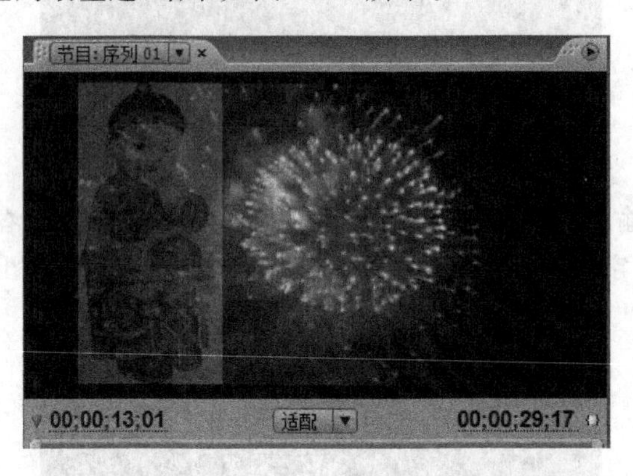

图 9.84 为图片素材设置效果

(2) 为“金童.jpg”图片设置不断放大的动态效果:单击“金童.jpg”图片,在效果控制面板中使用“比例”参数设置两个关键帧,第 1 个关键帧的“比例”参数为“37”,第 2 个关键帧的“比例”参数为“70”。这样,当视频播放时,照片呈放大拉近的效果。

5. 加入“新”、“春”、“快”、“乐”、“万事如意”字幕

(1) 新建字幕,取名为“新”。在其编辑窗口中输入文字“新”,将字幕样式默认的颜色修改为“金黄色”,将字体大小设置为“60”。

(2) 继续制作出“春”、“快”、“乐”3 个字幕,每个字幕中只包含一个文字,文字的样式相同,位置不重复,将字幕样式默认的颜色修改为“金黄色”,将字体大小分别设置为“70”、“80”、“90”。

(3) 将项目窗口中的“新”、“春”、“快”3 个字幕顺次拖曳到时间线的视频 3 轨道中,将“乐”字幕拖曳到时间线的视频 4 轨道中,显示位置与视频 3 轨道中的“快”字幕相接,结果如图 9.85 所示。

(4) 在效果面板的“视频切换效果”文件夹中,将“叠化”文件夹中的“叠化”效果拖曳到时间线的视频 3 轨道和视频 4 轨道中“新”、“春”、“快”、“乐”字幕的开始和交界位置处,并将“叠化”持续时间全部设置为“00:00:03:00”,结果如图 9.86 所示。

(5) 为“乐”字幕设置拉近效果:单击视频 3 轨道中的“乐”字幕,创建两个关键帧,在效果控制面板中更改“运动”选项下的“比例”参数。

(6) 新建字幕,取名“万事如意”,然后输入文字“万事如意”,并调整文字的位置。在“字幕属性”中,选中“填充”下的“纹理”复选框,用特定的纹理进行填充,如图 9.87 所示。

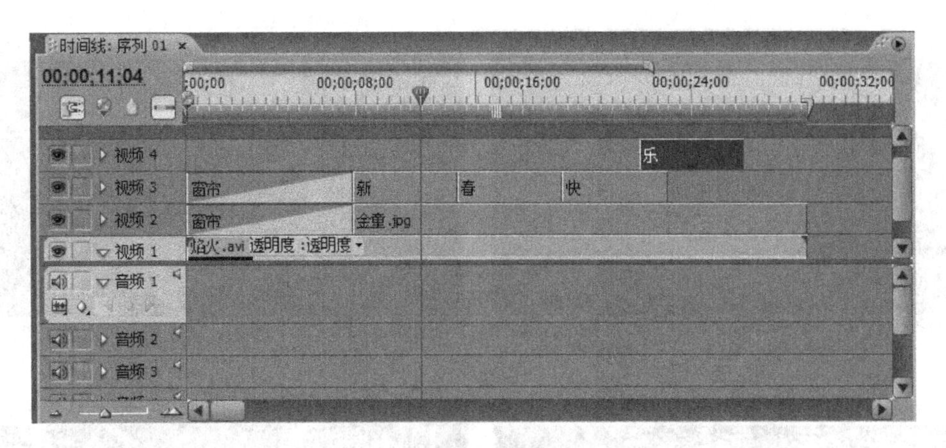

图 9.85 添加字幕效果

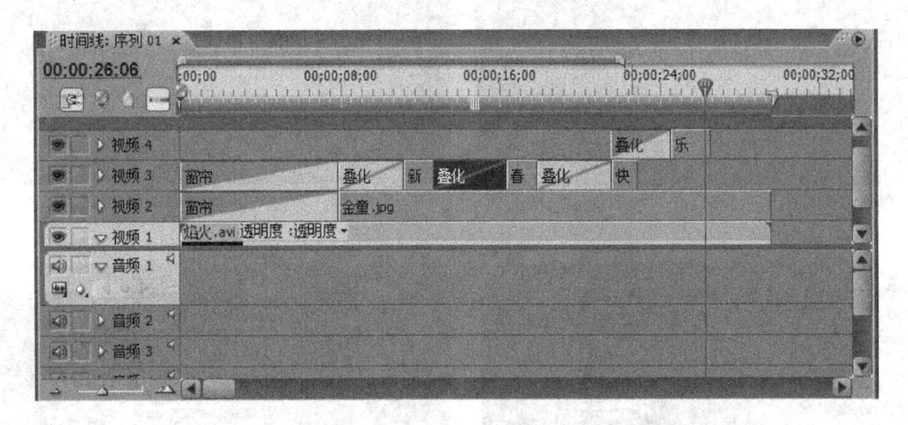

图 9.86 为字幕添加转场效果

图 9.87 “万事如意”字幕效果

(7) 将“万事如意”字幕拖曳到时间线的视频 4 轨道中“乐”字幕的后面。然后展开效果面板中的“视频切换效果”文件夹，在“拉伸”文件夹中找到“拉伸覆盖”切换效果，将该切换效果拖曳到时间线的视频 4 轨道中的“万事如意”字幕开始处，并设置持续时间为“00:00:03:00”。预览效果如图 9.88 所示。

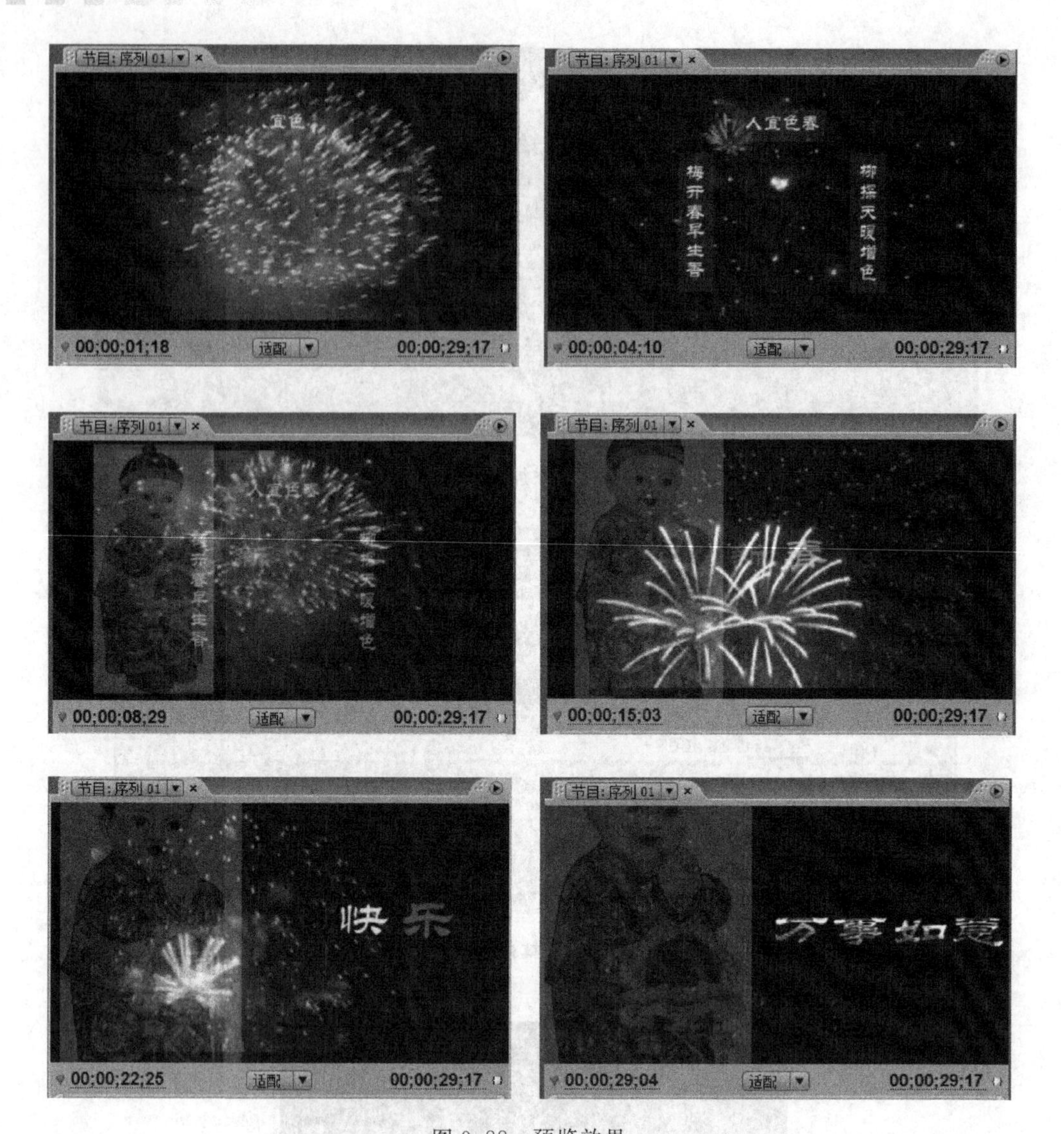

图 9.88 预览效果

习题 9

一、填空题

1. Premiere 是 Adobe 公司最新推出的产品，它是该公司基于 QuickTime 系统推出的一个________软件。

2. 素材可以通过“导入”对话框导入，也可以通过对项目窗口中的空白处做________操作导入。

3. 在 Premiere 中，使用________可以将素材分门别类地进行管理。

4. 执行________命令,可以将素材的视频和音频分离。

5. 选择________工具,将鼠标指针移到时间线上单击,即可剪切相应素材。

6. 选择已经添加的转场,按________键或________键,可以将转场删除。

7. ________类视频特效可以让图像的形状产生二维或三维变化,也可以使图像进行翻转,还可以将素材不需要的部分进行剪裁操作。

8. ________类视频特效可以为素材添加透视效果,如三维、阴影、倾斜等效果。

9. ________是指编辑视频时,需要使两个或多个画面同时出现时使用的一种方式。

10. 为了在整个剪辑的持续时间内创建多个方向的移动、尺寸大小的变化,或者旋转运动效果,需要添加________。

11. 使用________能够使音频之间的连接更加和谐,过渡更加自然,并且使影片充满生机与活力。

12. 扩展名为________的文件,其英文全称为 Audio Video Internet,即音频视频交错文件。

13. 一个动画素材的长度可以在裁剪后拉长,但不能超过素材的________长度。

14. Premiere CS3 能将________、________和图片等融合在一起,制作出精彩的数字电影。

15. 视频的快放或慢放镜头是通过调整播放速度或________实现的。

16. Premiere CS3 的效果分为________特效和音频特效。

17. 帧是电视、影像和数字电影中的基本信息单元。________是描述视频信号的重要概念,即对每秒钟扫描多少帧有一定的要求。

18. ________是指前一个镜头的最后一个画面结束,后一个镜头的第一个画面开始的过程。

19. 滚动字幕实现字幕的________移动,而游动字幕实现字幕的________移动。

20. 调整特效的参数值是通过________窗口操作的。

二、选择题

1. Premiere CS3 的项目文件的扩展名是(　　)。

A. .prproj　　B. .premiere　　C. .pro　　D. .proj

2. 某图像的尺寸为 720×576,其单位是(　　)。

A. 位　　B. 字节　　C. 颜色　　D. 像素

3. DV 的含义是(　　)。

A. 数字媒体　　B. 数字视频　　C. 模拟视频　　D. 预演视频

4. 帧是构成影像的最小单位,所以,在 PAL 模式下,帧速率为(　　)。

A. 24 帧/秒　　B. 25 帧/秒　　C. 29.97 帧/秒　　D. 30 帧/秒

5. 我国普遍采用的视频制式为(　　)。

A. PAL　　B. NTSC　　C. SECAM　　D. 其他制式

6. 下面不属于时间类视频特效的是(　　)。

A. 抽帧　　B. 拖尾　　C. 色渐变　　D. 时间扭曲

7. (　　)用于设置字幕和图形的排列分布方式。

A. 字幕动作　B. 字幕属性　C. 透明　D. 填充

8. Premiere中存放素材的窗口是(　　)。

A. 项目窗口　B. 素材源窗口　C. 时间线窗口　D. 调音台窗口

9. 在两个素材衔接处加入转场效果,两个素材应(　　)排列。

A. 分别放在上、下相邻的两个视频轨道上

B. 在同一轨道上

C. 可以放在任何视频轨道上

D. 可以放在任何音频轨道上

10. Premiere用(　　)表示音量。

A. 分贝　B. 赫兹　C. 毫伏　D. 安培

11. 当一个视频轨道被锁定的时候,(　　)。

A. 还可以对它进行参数选择　B. 还可以调整它的特效参数

C. 还可以调整它的轨道显示方式　D. 不能进行任何操作

12. 项目窗口主要用于管理当前编辑中需要用到的(　　)。

A. 素材片断　B. 工具　C. 效果　D. 视频文件

13. 效果控制面板不能控制素材的(　　)。

A. 运动　B. 透明　C. 切换　D. 剪辑

14. 下列不是导入素材的方法的是(　　)。

A. 选择“文件/导入”命令或直接使用该菜单的快捷键Ctrl+I

B. 在项目窗口中的任意空白位置右击,然后在弹出的快捷菜单中选择“导入”命令

C. 直接在项目窗口中的空白处双击

D. 在浏览器中拖入素材

15. 在Premiere中可以为素材设置关键帧,以下关于在Premiere中设置关键帧的方式,描述正确的是(　　)。

A. 仅可以在时间线窗口和效果控制面板中为素材设置关键帧

B. 仅可以在时间线窗口中为素材设置关键帧

C. 仅可以在效果控制面板中为素材设置关键帧

D. 不仅可以在时间线窗口和效果控制面板中为素材设置关键帧,还可以在监视器窗口中设置

16. 可以选择单个轨道上某个特定时间之后的所有素材或部分素材的工具是(　　)。

A. 选择工具　B. 滑动工具　C. 轨道选择工具　D. 旋转编辑工具

17. Premiere中不能完成(　　)。

A. 滚动字幕　B. 文字字幕　C. 三维字幕　D. 图像字幕

18. 透明度的参数越高,透明度(　　)。

A. 越透明　B. 越不透明　C. 与参数无关　D. 低

19. 为音频轨道中的音频素材添加效果后，素材上会出现一条线，其颜色是(　　)。
　　A. 黄色的　　B. 白色的　　C. 绿色的　　D. 蓝色的

三、简答题

1. 简述线性编辑与非线性编辑。

2. 在 Premiere 中编辑素材经常要使用关键帧，关键帧的作用是什么？如何为素材添加关键帧？

3. 简述管理素材的基本内容以及分离关联素材的方法。

4. 如何将转场应用到时间线窗口的素材上？

5. 简述字幕的制作方法。

6. 调整音频的持续时间会使音频产生何种变化？

四、操作题

1. Premiere 基本操作练习。

(1) 练习内容：

① 练习创建一个新的项目；

② 练习在项目窗口中选择素材，在时间线窗口中装配(组接)素材；

③ 练习应用视频转场；

④ 练习给影片添加字幕；

⑤ 练习简单的音频编辑。

(2) 实验要求：

① 熟悉创建项目、影片的组接、视频转场、添加字幕、声音合成等基本操作方法。

② 掌握有关的常用工具的功能和使用方法。

③ 特别提醒：不要在项目窗口中随意删除素材文件。

2. 制作一个电子相册。

制作一个有关自己的电子相册，前期准备是寻找或拍摄照片，然后将制作相册需要的图片归类输入到计算机中，选择其中质量良好的图片标号、归类，设计图片先后出现的顺序。

制作要点：设计故事板→新建文件→导入素材→编辑素材→应用转场效果→加入音频文件。

3. 制作一部小电影，影片内容自定。

制作一部影片主要分为计划准备阶段(包括文字稿本和分镜头稿本的编写)、拍摄阶段(包括摄像器材的准备和素材的拍摄)和后期制作阶段(包括素材整理、素材采集、素材编辑、添加转场、添加字幕、配音配乐、影片合成、输出影片)。

(1) 素材整理。根据分镜头稿本，将拍摄的素材进行浏览，并做好记载。例如，哪些镜头是影片需要的，哪些是废镜头，哪些镜头需要补拍，以及有用镜头的位置，这些都要一一记录好。

(2) 素材采集。将有用的镜头根据记载的起止时间上传到计算机非线性编辑系统指定的硬盘中，并为每个镜头取名，完成对素材的采集工作。

(3) 素材编辑。根据分镜头稿本，将采集的素材按照影片播放的顺序导入到相应的视频轨道上。注意每个镜头的长度，即每个镜头的编辑点的选择。

（4）添加转场。根据影片内容的需要，对某些镜头做转场特效。

（5）添加字幕。对于片名和演职员表，或者影片内容，制作必要的字幕，并添加到影片中。

（6）配音配乐。影片中的解说应该事先录音，并处理好噪声。再将录音文件导入到音频轨道上，做到声画对位。同时寻找适合影片风格的背景音乐，将其导入到另一条音频轨道上，并做适当的剪裁。

（7）影片合成。影片合成之前，应该仔细观看，特别是对编辑点（组接点）应反复推敲，做适当的修改。修改完成后，再一次从前至后仔细观看一次，确认无误后，再合成影片。

合成影片就是将其制作的节目生成一个可供播放器播放的文件，并对文件取名，指定保存路径。

（8）输出影片。利用刻录光驱，将生成的文件刻录成DVD（或VCD）光盘。

图书资源支持

感谢您一直以来对清华版图书的支持和爱护。为了配合本书的使用，本书提供配套的资源，有需求的读者请扫描下方的“书圈”微信公众号二维码，在图书专区下载，也可以拨打电话或发送电子邮件咨询。

如果您在使用本书的过程中遇到了什么问题，或者有相关图书出版计划，也请您发邮件告诉我们，以便我们更好地为您服务。

资源下载、样书申请

书圈

扫一扫，获取最新目录

课 程 直 播

我们的联系方式：

地　　址：北京市海淀区双清路学研大厦A座701

邮　　编：100084

电　　话：010-83470236　010-83470237

资源下载：http://www.tup.com.cn

客服邮箱：2301891038@qq.com

QQ：2301891038（请写明您的单位和姓名）

用微信扫一扫右边的二维码，即可关注清华大学出版社公众号“书圈”。